结构动力学有限元模型修正

Finite Element Model Updating in Structural Dynamics

M. I. Friswell　J. E. Mottershead 著

李双　王帅　洪良友　贾亮 译

科学出版社

北京

图字:01-2017-5314 号

内 容 简 介

本书研究内容是依据振动试验测试数据修改数值模型的问题,工程设计上最广泛应用的数值模拟方法是有限单元法。本书各章节详细阐述了导致试验结果和数值预示结果不一致的各种因素,其最终目的是依据试验结果来修正数值模型。模型修正对数值分析和振动测试工程分别提出了相应的技巧要求,且需要应用现代预估技术,从而达到所期望的改善模型的目的。本书对数值模拟、振动试验、估计方法分别进行了详细介绍。

本书可供从事结构工程(如航空、航天、土木、船舶、桥梁、车辆等)设计、研究的科技工作者,以及高等院校涉及模型修正领域的学生和教师参考使用。

图书在版编目(CIP)数据

结构动力学有限元模型修正/(英)M. I. 弗里斯韦尔(M. I. Friswell),(英)J. E. 莫特斯黑德(J. E. Mottershead)著;李双等译. —北京:科学出版社,2018. 1

书名原文:Finite Element Model Updating in Structural Dynamics

ISBN 978-7-03-055031-6

Ⅰ. ①结… Ⅱ. ①M… ②J… ③李… Ⅲ. ①结构动力学②有限元法 Ⅳ. ①O342②O241. 82

中国版本图书馆 CIP 数据核字(2017)第 264798 号

责任编辑:杨向萍 张晓娟 胡志强 / 责任校对:郭瑞芝
责任印制:吴兆东 / 封面设计:陈 敬

科学出版社 出版
北京东黄城根北街 16 号
邮政编码:100717
http://www.sciencep.com
北京中石油彩色印刷有限责任公司 印刷
科学出版社发行 各地新华书店经销
*
2018 年 1 月第 一 版 开本:720×1000 B5
2022 年 1 月第五次印刷 印张:14 1/2
字数:292 000
定价:108.00 元
(如有印装质量问题,我社负责调换)

译者序

本书英文原著为 *Finite Element Model Updating in Structural Dynamics*，1995 年出版第一版，作者为 M. I. Friswell 和 J. E. Mottershead。其中，M. I. Friswell 是英国斯旺西大学航空学院的教授，J. E. Mottershead 是英国利物浦大学应用力学专业的教授，两位教授在工程、力学领域都有很高的造诣，发表了很多论文和专著。

本书是动力学模型修正领域第一部总结性较为全面的著作。书中所介绍的理论方法是作者在前人的经验基础上，结合自身多年的工程经验总结提炼而成的，对模态试验和有限元模型修正都进行了系统深入的阐述，具有很强的工程实用性，多年来持续受到该领域学者、工程技术人员的关注。

译者在工作过程中经常参考英文原著，为了让我国读者更方便地分享本书的内容，产生了翻译这本书的想法，供模型修正领域的相关人员参考使用，相信本书的出版对我国航空、航天、汽车等工业结构动力学水平的提高会起到积极的推动作用。

本书的翻译工作由李双、王帅、洪良友和贾亮共同完成，初步校对工作由崔高伟、李佰灵完成，在此表示衷心感谢。另外，特别感谢西北工业大学的杨智春教授和北京航空航天大学的王建军教授在百忙之中审阅了全书译稿，对全书进行了校对和评述。

本书的出版得到了北京强度环境研究所和科学出版社的大力支持，北京强度环境研究所的荣克林副总工程师、侯传涛副主任以及科学出版社的张晓娟编辑为本书的出版做了大量的工作，在此表示衷心感谢。在与英文原著作者沟通过程中，陈小震给予了很大帮助，在此表示感谢。

由于译者水平有限，书中难免存在不妥之处，敬请广大读者批评指正。

译　者

2017 年 5 月于北京

前　　言

20 世纪 90 年代，有限元模型修正对机械系统和民用工程结构的设计、建造和维修所起到的重要作用就已经表现得很明显了。当今社会，改善工程设计产品以达到节约材料且增强性能的需求是永恒的。日本汽车公司曾表示，更大程度地关注细节可以使人造产品有更大的改善，而这得益于现代汽车具有良好的可靠性。随着设计越来越精细，有必要对越来越多的错综复杂的细节进行改善。分析者们将结构用非线性系统的数学模型模拟，通过较高阶元素即可反映整个系统的行为模式，而这是通过简化的数学分析无法实现的。20 世纪 60 年代，基于计算机的分析技术（特别是有限单元方法）的应用，对工程设计和产品开发发挥了巨大的作用。在许多工程产品领域，我们始终认为，再详细的有限元模型也不可能完全达到改善产品性能的要求。显然，对物理系统进行数值预示的方法受到开发数学模型时所采用假设的限制，而模型修正则是通过处理振动试验结果来最大限度地修正开发数学模型时采用的那些无效假设。

模型修正过程是充满数值困难的，所以这个过程也是令人不愉快的，这是由模型的不准确和测试信息的不准确、不完备引起的。本书着重解释模型修正原理，不仅可以作为研究参考，而且可以为有意了解和应用修正技术的工程师提供实际应用指导。书中包括模型修正所必需的模型预处理和获得试验数据的相关内容，并对参数选择、误差定位、灵敏度分析和预估计进行了详细叙述。由于书中涉及一定深度的数学知识，因此读者需具备稍高于工程上要求的数学知识水平。书中列举了大量例子用于描述和强调书中的观点，对于初学者来说，可以重复练习（甚至可以扩展）这些例子以增强对知识点的理解。

我们（M. I. Friswell 和 J. E. Mottershead）和许多同事（特别是 J. E. T. Penny 博士和 R. Stanway 和 A. W. Lees 教授）以及许多才华横溢的学生们一起从事模型修正研究，并从中受益。G. M. L. Gladwell 教授、D. J. Inman 教授、A. W. Lees 教授、M. Link 教授和 J. E. T. Penny 博士审阅了初稿，并提出了许多对形成本书最后版本有很大帮助的结论和建议，在这里对他们表示衷心感谢。最后，感谢妻子和孩子（Wendy 和 Susan、Clare 和 Robert、Stuart、James、Timothy 和 Elizabeth）的支持，他们是我们的坚强后盾。

M. I. Friswell　J. E. Mottershead

Swansea　1994

目　　录

第1章 绪 论

本书旨在研究依据振动试验数据修改数值模型的问题。现代计算机具备高速处理大型矩阵问题的能力，能够构建庞大复杂的数值模型，并且可以快速地将模拟测试数据数字化，工程设计上最广泛应用的数值模拟方法是有限单元法。在试验模态分析中，基于 Cooley-Tukey 运算法则及相关技术的快速傅里叶变换等引导了长久以来已经成熟的技术在计算机中的应用。本书各章节将详细阐述关于经常导致试验结果和数值预示结果不一致的各种因素，其实际目的是依据试验结果来改善数值模型。认为修正模型是简单容易的想法是肤浅错误的，因为其修正过程受试验结果不精确、不完备以及有限元模型不精确的干扰。模型修正尝试利用不精确、不完备的试验结果来改进不准确的有限元模型，就是挑战“两个错误的事物不可能形成一个正确的事物”这句谚语。

在回答上述问题之前，需要知道修正模型的目的。在某种情况下，修正好的模型是要用于复现真实试验数据。例如，针对一个涡轮机模型的修正，如果试验固有频率和模态振型是可利用的，那么修正的模型得出的数据相对于其他时间和其他设备得到的数据，是相当有用的。一个修正好的模型，不仅可以实现复现试验结果，而且通过改进物理参数(决定有限单元的质量和刚度分布)，可能找出轴承支座的缺陷位置或者转子的裂纹位置，而这些参数对于引起观测到的试验和预示之间的不一致应是合理的。对于一个大型涡轮发电机装置，利用其运转下的数据可能实现这个目的，同时也可能排除机器大量非运转状态下的特殊模态的测试需求。

在汽车工业中，由于不能准确模拟连接和挤压约束、垫片的厚度以及受到通过修正可以改进的模型误差的限制，有限元模型预示构件振动模态的能力是有限的(80Hz 以上)。如果模型真正得到了改善，那么修正后的模型能够用于评定结构变化的影响程度，例如，在白车身结构动力学问题中采用附加肋的方案。通过改进模型的物理参数来修正模型，总是需要选择大量的有物理意义的参数进行修正，振动试验中应选择合适的约束位置、载荷施加方式及响应测量方法。模型修正对数值分析和振动试验工程师都提出了技术要求，且需要应用现代预估技术，从而达到预期的改善目的。

1.1　数值模拟

对于要修正的常规结构的有限元模型，在准备阶段，不一定需要考虑所有因素。基于此，选择修正参数是最重要的。分析者应该尝试评估反映模型不同特征属性的置信度，例如，远离边界的梁主跨度的模拟准确度较高，连接和约束的模拟准确度较低，因此修正时需要对其着重考虑。模型中不确定因素的参数化是很重要的。数值预示数据(如固有频率和模态振型)对参数的小量变化应该是敏感的，试验结果表明，外表相同的试验部件固有频率受连接结构小量变化的影响显著，但是要找出数值预示具体对哪些连接参数比较敏感是非常困难的。如果数值预示数据对选定的参数不敏感，则修正将导致参数变为不适当的值，而预测和结果之间的差别，已经通过这个参数的变化得到协调，但是相对于其他更为灵敏的参数，这个参数的修正需求实际上是较弱的，而这种情况导致的结果就是，虽然修正后的模型和测试结果相匹配，但是缺少实际物理意义。

1.2　振动试验

数值模型通过修正得以改进的程度，依赖于对试验结构进行测量得到的信息的丰富程度。一般来说，测量是不精确和不完备的。不精确性表现为随机干扰和系统干扰，来自仪器设备的电子干扰很大程度上是通过高质量的传感器、放大器以及模拟数字转换设备等硬件来排除的。信号处理误差，如混淆和泄漏可以通过选择合适的滤波器和激振信号去掉。有时可能会发生系统误差，例如，悬吊系统不能准确复现自由-自由条件、测试固有频率时，移动的加速度传感器的质量、实际试验中刚性夹紧边界条件通常很难实现，这些情况都会产生系统误差特别需要考虑的是要么消除系统误差，要么对它进行评估，以备后续处理时加以应用。

某种程度上来说，测试是不完备的，以致其所测试的频率范围(取决于采样率)将远小于可能包含成百上千万自由度的数值模型分析得出的固有频率。数据不完备的一个极端情况是，当输入或响应传感器位于节点上或接近节点时，这样测试干扰会导致一个或者更多的模态体现的不明显。

除了模态范围的不完备性，空间上的测试也是不完备的，这是由测试点的数量远少于有限元模型自由度数量导致的，转动自由度通常不测试，而且，还有一些自由度测试是不可达的。空间不完备经常需要缩聚有限元模型或者扩展测试特征向量。

1.3 估计方法

在模型修正中采用的参数估计方法和常用于其他科学与工程领域的系统识别及参数估计方法类似。系统识别旨在从测试记录中抽象出数学模型阶次及其构形的问题。当数学模型构形已经确定时，因子可通过参数估计来确定。在控制工程中，系统识别(和参数估计)的目的通常是在线构建模型，这个模型可以被循环用作参考控制规划模型。相反，结构动力学模型修正通常是用离线批处理技术，目标是形成更优质的数值模型，这个模型可以用于不同载荷工况下的预示以及修正结构的构建。此目标是对模型修正技术提出的要求，在控制系统识别中则不会有这个要求，具体要求是质量、刚度和阻尼要建立在有实际物理意义的参数基础上。

测试数据的不完备性通常导致灵敏度矩阵的缺秩问题，这一点可能被测试干扰所掩饰。通过变换边界条件或者添加已知的质量进行更多的测试，从而获得更多的测试数据。常规的技术即与奇异值分解有关的技术，用于确保修正的参数小量偏离有限元参数。关于模型修正的深入研究（243 篇参考文献）见 Mottershead 和 Friswell（1993）的著述。

1.4　本书章节安排

第 1 章为绪论。

第 2 章从修正角度给出有限元模拟简介，详细介绍有限元理论和多自由度动力学，为后续章节出现的更高级的主题提供基础，并对模型修正中特别关键的灵敏度计算、连接的模拟和离散误差进行讨论。

第 3 章描述现代振动试验因素，介绍时域数据的傅里叶变换和试验模态分析，测试噪声和数据不完备性，为后续章节更高级的讨论做铺垫。

第 4 章为处理数值预示和测试结果的比较，详细讨论模型缩聚、特征向量扩展和模态置信准则等几个重要主题。

第 5 章以通用的方式描述最小二乘和最小方差估计表达式，这些主题在具体修正方案中的应用依次在第 8、9 章进行介绍，另外，本章还利用常规方法和奇异值分解技术同时描述病态条件和欠定问题。

第 6 章着重于修正参数选择问题，详细考虑误差定位方法以及测试关于选择参数的灵敏度。

第 7 章描述模型修正中所谓的直接法，这个方法可能复现测试固有频率和模态振型，但是由修正产生的质量和刚度矩阵的变化是缺少物理意义的，该方法需要扩展试验模态振型。

第 8 章主要解释基于特征值和特征向量灵敏度的修正方法。该方法能够有效找出物理意义更为明确的修正参数。本章给出超定和欠定最小二乘方法和最小方差方法的详细分析。

第 9 章介绍在方程误差和输出误差算式中利用频响函数灵敏度的模型修正，特征值灵敏度比频响灵敏度更有效。直接应用频响函数修正方法有可能消除所有误差，这一点在试验模态分析时已经介绍过。

第 10 章介绍一个实例学习，即一个 1991GM Saturn 46830 个自由度的四门小轿车有限元模型的修正。

第 11 章对不同的修正方法进行简单回顾，对各个方法的应用进行推荐。

参考文献

Mottershead J E, Friswell M I. 1993. Model updating in structural dynamics: A survey. Journal of Sound and Vibration, 167(2): 347-375.

第 2 章　有限元建模

当今，有限元方法已经成为结构设计领域被广泛接受的分析方法。该方法是构建一个用矩阵方程表示的离散系统来表示连续结构体质量和刚度因素，矩阵通常是带状对称的。因为质量和刚度矩阵是按照具有各自形状的简单形式的有限单元对质量和刚度的贡献组装而成的，故有限元方法不受结构几何复杂性的限制。这样，每个有限单元具有与其各自几何外形密切相关而与结构整体几何形状无关的数学表达式。因此，可将结构分割成离散的面和体，即所谓的单元。当节点仅通过一个用多项式表示的曲线或曲面互相连接时，即确定了单元边界。最普遍的(等参位移类型)单元，采用同样的多项式描述来建立与内部的关联，即由单元位移到节点位移，这个过程一般称为形函数插值。由于边界节点由相邻的单元共有，围绕单元边界的位移场通常是连续的。图 2.1 描述了一个模拟结构的有限单元网格的几何排列。

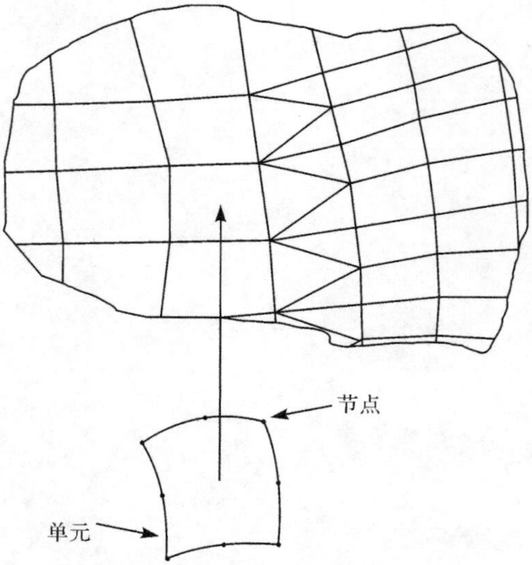

图 2.1　有限单元和节点

有限元方法的数学理论是用广义单元瑞利-里兹方法处理变分的问题和形函数离散化。另外，有限元方程可以通过将微分方程用单元形函数加权的伽辽金方法获得。毫无疑问，数学方法的多功能性和简单几何描述的联合，使得有限元方法在工程和科学领域得以广泛运用。

众所周知，Zienkiewicz 等详细介绍了不同结构单元（梁单元、板单元、壳单元、体单元）矩阵理论。NAFEMS（1986）撰写了有限元入门一书，书中详细地介绍了有限元方法。

关于模型修正，随着试验结果与数值预示结果越来越接近，如果模型修正的结果是实际参数化得以改善，则一定要清楚形函数对质量和刚度分布的影响。形函数离散化同时影响数值模型的特征值和灵敏度。

2.1　形函数和离散化

大多数有限元理论中，依据节点的坐标和位移用形函数表示内部点的坐标和位移。这样，若点的坐标记为(x,y,z)，位移记为(u,v,w)，那么有

$$x=\sum_{j=1}^{r}N_j x_j \tag{2.1}$$

和

$$u=\sum_{j=1}^{r}N_j u_j \tag{2.2}$$

式中，x_j 是 j 点的 x 坐标；u_j 是 j 点的位移，对于坐标 y 和 z，位移 v 和 w 也有类似的表达式。

式(2.1)和式(2.2)是将 r 个节点的对应项求和，N_j 是与 j 节点对应的形函数。形函数 N_j 是位置的函数，考虑一般性，以局部坐标(ξ_1,ξ_2,ξ_3)给出形函数，例如，用 ξ_1,ξ_2,ξ_3 形式描述 2×2×2 的八节点立方体单元边界。这样，在立方体的每个表面节点的局部坐标将取常值±1，为满足式(2.1)，以 k 节点为例，形函数必须满足：

$$N_k(\xi_{1k},\xi_{2k},\xi_{3k})=1 \tag{2.3}$$

$$N_j(\xi_{1k},\xi_{2k},\xi_{3k}) = 0, \quad j \neq k \tag{2.4}$$

更低阶的情况如 2×2 四节点正方形单元和二节点线单元也是同样道理，当然，普遍应用的是商业有限元程序。

广泛应用的八节点四边形单元如图 2.2 所示，其形函数表达式为

$$\begin{aligned}
N_1 &= -\frac{1}{4}(1-\xi_1)(1-\xi_2)(1+\xi_1+\xi_2)\\
N_2 &= \frac{1}{2}(1-\xi_1)(1+\xi_1)(1-\xi_2)\\
N_3 &= -\frac{1}{4}(1+\xi_1)(1-\xi_2)(1-\xi_1+\xi_2)\\
N_4 &= \frac{1}{2}(1-\xi_1)(1-\xi_2)(1+\xi_2)\\
N_5 &= \frac{1}{2}(1+\xi_1)(1-\xi_2)(1+\xi_2)\\
N_6 &= -\frac{1}{4}(1-\xi_1)(1+\xi_2)(1+\xi_1-\xi_2)\\
N_7 &= \frac{1}{2}(1-\xi_1)(1+\xi_1)(1+\xi_2)\\
N_8 &= -\frac{1}{4}(1+\xi_1)(1+\xi_2)(1-\xi_1-\xi_2)
\end{aligned} \tag{2.5}$$

八节点四边形单元有中间节点，能模拟在工程构件和结构中经常出现的曲边和曲面（以 x、y 表达式形式）。

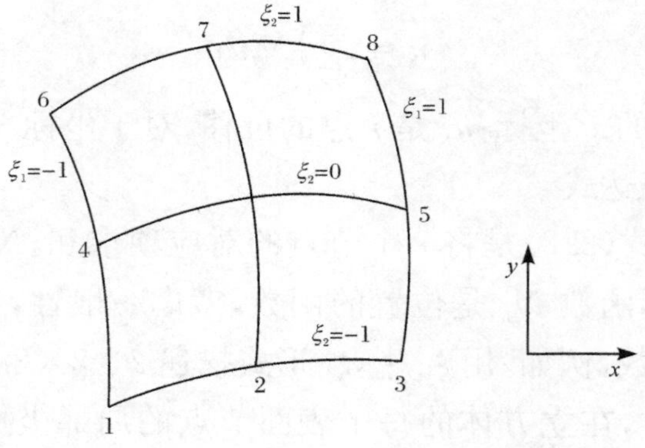

图 2.2　八节点四边形单元

质量和刚度分布一致性源于有限元方法的应用，从式(2.2)可以看出，形函数离散性具有将内部单元位移与节点位移关联的作用。因此，对于完整的结构，质量和刚度组合矩阵的维数由网格中不受约束的节点的自由度数目决定，网格布局(即使单元数目没有发生变化)或者单元类型的变化会引起不同的质量和刚度分布。显而易见，形函数离散方法是对结构矩阵元素物理意义上的解释。

2.2 单元质量和刚度

单元质量和刚度矩阵的一般形式通常可写为

$$\boldsymbol{m} = \int_{-1}^{1}\int_{-1}^{1}\int_{-1}^{1} \boldsymbol{N}^{\mathrm{T}}\rho\boldsymbol{N}\det(\boldsymbol{J})\,\mathrm{d}\xi_1\,\mathrm{d}\xi_2\,\mathrm{d}\xi_3 \tag{2.6}$$

$$\boldsymbol{k} = \int_{-1}^{1}\int_{-1}^{1}\int_{-1}^{1} \boldsymbol{B}^{\mathrm{T}}\boldsymbol{D}\boldsymbol{B}\det(\boldsymbol{J})\,\mathrm{d}\xi_1\,\mathrm{d}\xi_2\,\mathrm{d}\xi_3 \tag{2.7}$$

式中，ρ 代表密度；$\boldsymbol{D}$ 是弹性矩阵；$\boldsymbol{N}$ 是形函数矩阵；$\boldsymbol{B}$ 是形函数偏微分矩阵$\left[\frac{\partial N_j}{\partial x},\frac{\partial N_j}{\partial y},\frac{\partial N_j}{\partial z}\right]$，$j=1,\cdots,n$。

Jacobian 矩阵 $\boldsymbol{J}$ 可用于定义局部坐标与整体坐标之间的换算关系，有

$$\mathrm{d}x\mathrm{d}y\mathrm{d}z = \det(\boldsymbol{J})\mathrm{d}\xi_1\mathrm{d}\xi_2\mathrm{d}\xi_3 \tag{2.8}$$

式中，

$$\boldsymbol{J} = \begin{bmatrix} \frac{\partial x}{\partial \xi_1} & \frac{\partial y}{\partial \xi_1} & \frac{\partial z}{\partial \xi_1} \\ \frac{\partial x}{\partial \xi_2} & \frac{\partial y}{\partial \xi_2} & \frac{\partial z}{\partial \xi_2} \\ \frac{\partial x}{\partial \xi_3} & \frac{\partial y}{\partial \xi_3} & \frac{\partial z}{\partial \xi_3} \end{bmatrix} \tag{2.9}$$

对于一维欧拉梁，式(2.6)和式(2.7)可简化为

$$\boldsymbol{m} = \rho A\int_{-1}^{1} \boldsymbol{N}^{\mathrm{T}}\boldsymbol{N}\left(\frac{\mathrm{d}x}{\mathrm{d}\xi_1}\right)\mathrm{d}\xi_1 \tag{2.10}$$

$$\boldsymbol{k} = EI\int_{-1}^{1} \boldsymbol{B}^{\mathrm{T}}\boldsymbol{B}\left(\frac{\mathrm{d}x}{\mathrm{d}\xi_1}\right)\mathrm{d}\xi_1 \tag{2.11}$$

式中，$\boldsymbol{B}$ 为形函数关于 x 的二阶偏微分；EI 为弯曲刚度；A 为面积。

从以上介绍可以看出单元矩阵是对称的，且具体值取决于物理参数，如杨氏模量、质量、密度、面积、面积矩以及结构的物理尺寸。质量和刚度矩阵可以考虑从能量角度获得，例如，形函数和形函数偏微分代表位移和应变（或者转动）分布。

整个有限单元模型依据每个单元的贡献组装而成。对于许多单元共用的节点，它的运动依次受各单元节点自由度的影响；如果没有发生分离，对于各个单元节点自由度的运动都是相同的。将单元绑在一起的约束限制，导致每个单元在每一个自由度上的质量和刚度数据与其共用节点单元的质量和刚度数据相关联。整体质量和刚度矩阵一般很少是全满的，在组装的方程系统中，矩阵带状的程度受自由度排序的影响比较显著。

2.3 多自由度质量、弹簧系统，正则模态及质量归一化

采用有限单元表示一个连续体结构，引出一个 n 维二阶偏微分方程系统，方程一般包含静态因素和动态因素（通过离散刚度和质量元素表示），对应的方程可表达为如下矩阵形式：

$$\boldsymbol{M}\ddot{\boldsymbol{x}} + \boldsymbol{K}\boldsymbol{x} = \boldsymbol{f}(t) \tag{2.12}$$

式中，$\boldsymbol{M}$ 和 $\boldsymbol{K}$ 是 $n \times n$ 维矩阵，分别包含质量因素和刚度因素，由每个单元矩阵组装而成。

载荷系统构成 $n \times 1$ 维向量 $\boldsymbol{f}(t)$，有限单元分析时，通常遇到的问题是确定未知的位移响应，在式(2.12)中将该位移响应记为 $n \times 1$ 维向量 $\boldsymbol{x}(t)$。

考虑式(2.12)中的同类项，并假设位移响应是简谐响应，即

$$\boldsymbol{x}(t) = \boldsymbol{x}(\omega)\mathrm{e}^{\mathrm{i}\omega t} \tag{2.13}$$

那么所谓结构的特征问题可写为

$$\boldsymbol{K\phi}_j = \lambda_j \boldsymbol{M\phi}_j, \quad j = 1, \cdots, n \tag{2.14}$$

式中，$\lambda_j = \omega_j^2$ 是第 j 阶特征值；$\boldsymbol{\phi}_j$ 是第 j 阶特征向量。

众所周知，特征值和特征向量的物理解释分别是振动固有频率的

平方和模态振型。

无阻尼振动模态的重要特征是与质量阵正交，将式(2.14)两侧都乘以 $\boldsymbol{\phi}_k^{\mathrm{T}}$，有

$$\boldsymbol{\phi}_k^{\mathrm{T}}\boldsymbol{K}\boldsymbol{\phi}_j = \lambda_j \boldsymbol{\phi}_k^{\mathrm{T}}\boldsymbol{M}\boldsymbol{\phi}_j \tag{2.15}$$

通过互换下标 j 和 k 且转置会发现：

$$\boldsymbol{\phi}_k^{\mathrm{T}}\boldsymbol{K}\boldsymbol{\phi}_j = \lambda_k \boldsymbol{\phi}_k^{\mathrm{T}}\boldsymbol{M}\boldsymbol{\phi}_j \tag{2.16}$$

如果特征值是不同的($\lambda_j \neq \lambda_k$)，那么用式(2.16)减去式(2.15)，得

$$\boldsymbol{\phi}_j^{\mathrm{T}}\boldsymbol{M}\boldsymbol{\phi}_k = 0,\quad j \neq k \tag{2.17}$$

且

$$\boldsymbol{\phi}_j^{\mathrm{T}}\boldsymbol{M}\boldsymbol{\phi}_j = m_j \tag{2.18}$$

式中，m_j 是第 j 阶广义质量。

式(2.17)和式(2.18)表明无阻尼特征向量之间关于质量阵的正交性。

对于 j 阶特征值 $\det[\boldsymbol{K}-\lambda_j\boldsymbol{M}]=0$，可以推出矩阵$[\boldsymbol{K}-\lambda_j\boldsymbol{M}]$是非满秩的。如果特征值 λ_j 重复 p 次，那么矩阵$[\boldsymbol{K}-\lambda_j\boldsymbol{M}]$零空间正交基的个数为 p，即 $\mathrm{null}[\boldsymbol{K}-\lambda_j\boldsymbol{M}]=p$，特征值方程写成分块形式为

$$\begin{bmatrix} [\boldsymbol{K}-\lambda_j\boldsymbol{M}]_{aa} & [\boldsymbol{K}-\lambda_j\boldsymbol{M}]_{ab} \\ [\boldsymbol{K}-\lambda_j\boldsymbol{M}]_{ba} & [\boldsymbol{K}-\lambda_j\boldsymbol{M}]_{bb} \end{bmatrix} \begin{Bmatrix} \{\boldsymbol{\phi}_j\}_a \\ \{\boldsymbol{\phi}_j\}_b \end{Bmatrix} = \begin{Bmatrix} \boldsymbol{0} \\ \boldsymbol{0} \end{Bmatrix} \tag{2.19}$$

式中，$[\boldsymbol{K}-\lambda_j\boldsymbol{M}]_{bb}$ 是一个非奇异的$(n-p)\times(n-p)$阶矩阵；$\{\boldsymbol{\phi}_j\}_a$ 是一个 $p\times 1$ 维向量；$\{\boldsymbol{\phi}_j\}_b$ 是一个$(n-p)\times 1$ 维向量；$\{\boldsymbol{\phi}_j\}_b$ 可用$\{\boldsymbol{\phi}_j\}_a$ 形式来表示，即

$$\{\boldsymbol{\phi}_j\}_b = -[\boldsymbol{K}-\lambda_j\boldsymbol{M}]_{bb}^{-1}[\boldsymbol{K}-\lambda_j\boldsymbol{M}]_{ba}\{\boldsymbol{\phi}_j\}_a \tag{2.20}$$

如果选择 p 个线形无关的向量$\{\boldsymbol{\phi}_j\}_a, \{\boldsymbol{\phi}_{j+1}\}_a, \cdots, \{\boldsymbol{\phi}_{j+p-1}\}_a$，那么通过式(2.20)可得出其余的向量$\{\boldsymbol{\phi}_j\}_b, \{\boldsymbol{\phi}_{j+1}\}_b, \cdots, \{\boldsymbol{\phi}_{j+p-1}\}_b$，由于对 $\boldsymbol{\phi}_j$，$\boldsymbol{\phi}_{j+1}, \cdots, \boldsymbol{\phi}_{j+p-1}$ 的任何线性组合仍是特征向量，因此与重复的特征值对应的特征向量不是唯一的。

结果是一个特征向量乘以一个倍数仍是一个特征向量。这引出一个重要的问题，即特征向量的缩比或正则化，一个通用且有效的方法是使特征向量正则化，例如

$$\boldsymbol{\Phi}^{\mathrm{T}}\boldsymbol{M}\boldsymbol{\Phi} = \boldsymbol{I}_{n\times n} \tag{2.21}$$

$$\boldsymbol{\Phi} = [\boldsymbol{\phi}_1, \boldsymbol{\phi}_2, \cdots, \boldsymbol{\phi}_j, \cdots, \boldsymbol{\phi}_n] \tag{2.22}$$

这意味着 n 维广义质量总是置为单位值，且有

$$\boldsymbol{\Phi}^{\mathrm{T}} \boldsymbol{K} \boldsymbol{\Phi} = \boldsymbol{\Lambda} \tag{2.23}$$

式中，

$$\boldsymbol{\Lambda} = \mathrm{diag}(\lambda_j) \tag{2.24}$$

利用式(2.15)～式(2.18)可以很轻易地推出式(2.23)。正则化后的模态向量称为正则模态。

2.4 阻　　尼

在结构动力学问题中，还没有精确的阻尼原理。因此，相对于基于物理参数定义的质量和刚度，阻尼不可能写成二次清晰表达式形式。幸运的是，阻尼水平通常是足够低的，以至于可以忽略阻尼（如前面讨论所述）或者采用无阻尼系统的保持实数形式的正则模态振型向量的简化模型。

对于黏性阻尼模型（或者称为阻尼器），阻尼的阻力通过阻尼因子 c 给出，且速度与阻尼器反向。这样，对于单一自由度系统，动力学方程可写成如下形式：

$$m\ddot{x} + c\dot{x} + kx = f \tag{2.25}$$

式中，x 代表动态载荷体系作用下的位移响应。将黏性阻尼比率定义为

$$\zeta = \frac{c}{2\sqrt{km}} \tag{2.26}$$

$\zeta=1$ 是临界阻尼情况，标志着在阶跃载荷或者脉冲载荷作用下，从欠阻尼系统的震荡响应到过阻尼系统的非震荡响应的过渡，能量是以液体流动或者声辐射的形式耗散的，且能用黏性阻尼模型表示。黏性阻尼模型显著的优点是可以广泛应用于不同形式的激励，这不同于迟滞阻尼模型。

迟滞（或者材料阻尼）阻尼模型，能够写成如下形式：

$$m\ddot{x} + \left(\frac{\eta k}{\omega}\right)\dot{x} + kx = f\mathrm{e}^{\mathrm{i}\omega t} \tag{2.27}$$

或者写成另一种形式：

$$m\ddot{x} + k(1 + \mathrm{i}\eta)x = f\mathrm{e}^{\mathrm{i}\omega t} \tag{2.28}$$

式(2.28)仅在简谐激励下有效。其中，η 称为阻尼损失因子，复刚度 $k(1+\mathrm{i}\eta)$ 和复杨氏模量有关，复杨氏模量是可测试的，特别是类似于橡胶材料的复杨氏模量。黏性和迟滞阻尼模型之间主要的不同点是：黏性阻尼系统每循环一周能量耗散与振荡频率成正比，而迟滞阻尼模型每循环一周所耗散能量与频率无关。

对于 n 个自由度的有限单元情况，式(2.25)和式(2.28)的一般形式为

$$\boldsymbol{M}\ddot{\boldsymbol{x}} + \boldsymbol{C}\dot{\boldsymbol{x}} + \boldsymbol{K}\boldsymbol{x} = \boldsymbol{f} \tag{2.29}$$

和

$$\boldsymbol{M}\ddot{\boldsymbol{x}} + (\boldsymbol{K} + \mathrm{i}\boldsymbol{C})\boldsymbol{x} = \boldsymbol{f}\mathrm{e}^{\mathrm{i}\omega t} \tag{2.30}$$

式中，$\boldsymbol{M}$、$\boldsymbol{C}$ 和 $\boldsymbol{K}$ 分别是 $n\times n$ 维质量、阻尼和刚度矩阵；$\boldsymbol{x}$ 是 n 维位移响应向量。

在解式(2.29)和式(2.30)时，利用比例阻尼近似形式比较有效：

$$\boldsymbol{C} = \alpha\boldsymbol{M} + \beta\boldsymbol{K} \tag{2.31}$$

然而，关于比例阻尼的应用没有物理根据，但是当阻尼水平较低(小于临界阻尼的10%)时，没有比这更好的模型。数学上的优势是，无阻尼正则模态可以通过特征向量的正交性使阻尼矩阵对角化。如果按照式(2.22)定义 $n\times n$ 维无阻尼模态振型矩阵，且由于 n 个正交向量可以使 n 维空间张满，因此得

$$\boldsymbol{x} = \boldsymbol{\Phi}\boldsymbol{\gamma} \tag{2.32}$$

式中，$\boldsymbol{\gamma}$ 是模态参与因子向量。

式(2.29)、式(2.30)和式(2.32)组合能够分别得出

$$\ddot{\boldsymbol{\gamma}} + \boldsymbol{Z}\dot{\boldsymbol{\gamma}} + \boldsymbol{\Lambda}\boldsymbol{\gamma} = \boldsymbol{\Phi}^{\mathrm{T}}\boldsymbol{f} \tag{2.33}$$

$$\ddot{\boldsymbol{\gamma}} + \boldsymbol{\Lambda}(\boldsymbol{I} + \mathrm{i}\boldsymbol{N})\boldsymbol{\gamma} = \boldsymbol{\Phi}^{\mathrm{T}}\boldsymbol{f}\mathrm{e}^{\mathrm{i}\omega t} \tag{2.34}$$

式中，

$$\boldsymbol{Z} = \mathrm{diag}(2\zeta_j\omega_j) \tag{2.35}$$

$$\boldsymbol{N} = \mathrm{diag}(\eta_j) \tag{2.36}$$

$$\zeta_j = \frac{\alpha}{2\omega_j} + \frac{\beta\omega_j}{2} \quad j = 1,\cdots,n \tag{2.37}$$

$$\eta_j = \frac{\alpha}{\omega_j^2} + \beta, \quad j = 1, \cdots, n \tag{2.38}$$

且式中模态振型向量是经质量归一化后的向量。

可以看出，式(2.33)和式(2.34)代表 n 个以 γ_j($j=1,\cdots,n$)为变量的非耦合二阶微分方程。式(2.29)和式(2.30)中的未知量 $\boldsymbol{x}$ 可通过式(2.32)并根据互相独立的解 $\boldsymbol{\gamma}_j$ 来获得。

对于有限单元系统，另一个普遍应用的阻尼近似形式是模态阻尼。与比例阻尼相似，模态阻尼近似形式对黏性阻尼模型和迟滞阻尼模型都适用，但是它限于以模态坐标形式表示的动力学方程。

对于第 j 阶模态，采用黏性阻尼，可得

$$\ddot{\boldsymbol{\gamma}}_j + 2\zeta_j\omega_j\dot{\boldsymbol{\gamma}}_j + \omega_j^2\boldsymbol{\gamma}_j = \boldsymbol{\phi}_j^{\mathrm{T}}\boldsymbol{f} \tag{2.39}$$

而采用迟滞阻尼可得

$$\ddot{\boldsymbol{\gamma}}_j + \omega_j^2(1 + \mathrm{i}\eta_j)\boldsymbol{\gamma}_j = \boldsymbol{\phi}_j^{\mathrm{T}}\boldsymbol{f}\mathrm{e}^{\mathrm{i}\omega t} \tag{2.40}$$

以上两式中，固有频率和模态振型是有限单元系统非阻尼状态下的特征值和特征向量。阻尼比和阻尼损耗因子通常可由试验测定(Ewins, 1984)，然后代入式(2.39)和式(2.40)中。读者可参考 Nashif 等(1985)的著作，来了解关于振动阻尼的详细论述。

2.5 特征值、特征向量及频响函数

结构特征值问题已经用式(2.14)表示说明。当方程中的 $\boldsymbol{M}$ 是对称正定的且 $\boldsymbol{K}$ 是对称半正定时，特征值是非负实数值。零特征值将出现足够次数用以描述不受边界约束系统限制的结构的所有刚体运动(没有应变)。

需要指出的是，与无阻尼情况相比，当黏性阻尼或迟滞阻尼以比例阻尼形式考虑时，特征向量是不变的。

黏性阻尼模型特征值为成对共轭复数形式，表达式为

$$\lambda_j, \bar{\lambda}_j = -\zeta_j\omega_j \pm \mathrm{i}\omega_j\sqrt{1-\zeta_j^2} \tag{2.41}$$

式中，λ_j 与 $\bar{\lambda}_j$ 互为共轭复数。

迟滞阻尼模型特征值表达式为

$$\lambda_j = \pm \omega_j \sqrt{1+\mathrm{i}\eta_j} \tag{2.42}$$

以下关于特征值求解方法的讨论，仅限于无阻尼线性特征值问题。

广泛应用的特征值求解方法是迭代法或者相似变换的重复应用。迭代法作为求解特征多项式根的方法，包括能量法、反迭代法和偏置法。重复应用相似变换的方法包括运用 Jacobi、Householder 和 QR 方法获得三对角线矩阵、对角矩阵或者约当式矩阵，由这些矩阵再提取特征值是简单直接的。

读者可参考 Wilkinson(1965)和 Stewart(1973)了解关于上述方法的详细论述，还可参考 Bishop 等(1965)、Collar 和 Simpson(1987)的文献，这些文献详细讨论了特征值提取方法，特别是针对结构动力学领域。

对于大型有限单元模型，上述方法效率很低，必须考虑大型有限单元模型的特殊性质及其求解需求。有限单元模型是对称带状的，且在关心的频率范围内通常人们只需要少量特征值和特征向量。子空间迭代技术(Bathe and Wilson，1972)和 Lanczos(1950)方法适用于求解大型有限单元特征值问题。

子空间迭代法是将 q 个线性独立向量同步迭代，第 k 步迭代结果 $\boldsymbol{\Phi}_k$ 如果包含 q 个特征向量的预估值，再一次迭代后得出的 q 个向量 $\boldsymbol{\Phi}_{k+1}$ 与 $\boldsymbol{\Phi}_k$ 之间的关系表达式为

$$\boldsymbol{K}\widetilde{\boldsymbol{\Phi}}_{k+1} = \boldsymbol{M}\boldsymbol{\Phi}_k \tag{2.43}$$

向量 $\widetilde{\boldsymbol{\Phi}}_{k+1}$ 定义一个子空间，以它为基础可以递推得出

$$\boldsymbol{K}_{k+1} = \widetilde{\boldsymbol{\Phi}}_{k+1}^{\mathrm{T}}\boldsymbol{K}\widetilde{\boldsymbol{\Phi}}_{k+1} \tag{2.44}$$

$$\boldsymbol{M}_{k+1} = \widetilde{\boldsymbol{\Phi}}_{k+1}^{\mathrm{T}}\boldsymbol{M}\widetilde{\boldsymbol{\Phi}}_{k+1} \tag{2.45}$$

递推的特征系统为

$$\boldsymbol{K}_{k+1}\boldsymbol{Q}_{k+1} = \boldsymbol{M}_{k+1}\boldsymbol{Q}_{k+1}\boldsymbol{\Lambda}_{k+1} \tag{2.46}$$

改善后的 q 个特征向量的估计值可表示为

$$\boldsymbol{\Phi}_{k+1} = \widetilde{\boldsymbol{\Phi}}_{k+1}\boldsymbol{Q}_{k+1} \tag{2.47}$$

初始的子空间与所要求解的特征向量是非正交的，有

$$\boldsymbol{\Lambda}_{k+1} \to \boldsymbol{\Lambda}, \quad \boldsymbol{\Phi}_{k+1} \to \boldsymbol{\Phi}, \quad k \to \infty$$

子空间迭代法中向量的个数 q 要大于所求解的向量个数，这是因为与高频率相对应的子空间向量收敛较慢，且易受下一个超出子空间向量的影响，当少量超出子空间的向量即所谓的警告向量出现时，关注的向量收敛得就较快。矩阵 $\boldsymbol{\Phi}_{k+1}$ 中第 i 列的收敛速率为 λ_i/λ_{q+1}，需要迭代的次数依赖于其与初始子空间的接近程度。因为成功执行了重复计算特征值和特征向量修正迭代，所以这个方法特别适用于模型修正。

Lanczos 方法是用 QR 方法产生一系列的三对角线矩阵，具有提供关于原问题的渐进逼近的极特征值估计的特性。Lanczos 方法的主要特点是保持方程的带状形式，这与 Householder 方法不同，Householder 方法具有破坏稀疏性的作用，此外，三对角线矩阵不需要完全形成，而极特征值的收敛值与三对角线阵形成程度相同。用于形成三对角线矩阵的方程已经由 Bathe(1982)给出，该方程以质量归一化向量 $\boldsymbol{y}_1$ 为基础向量，后续向量 $\boldsymbol{y}_k$ $(k=2,3,\cdots)$按照式(2.48)～式(2.52)进行计算：

$$\boldsymbol{K}\hat{\boldsymbol{y}}_k=\boldsymbol{M}\boldsymbol{y}_{k-1} \tag{2.48}$$

$$\alpha_{k-1}=\hat{\boldsymbol{y}}_k\boldsymbol{M}\boldsymbol{y}_{k-1} \tag{2.49}$$

$$\tilde{\boldsymbol{y}}_k=\hat{\boldsymbol{y}}_k-\alpha_{k-1}\boldsymbol{y}_{k-1}-\beta_{k-1}\boldsymbol{y}_{k-2},\quad \beta_1=0 \tag{2.50}$$

$$\beta_k=\sqrt{\tilde{\boldsymbol{y}}_k^{\mathrm{T}}\boldsymbol{M}\tilde{\boldsymbol{y}}_k} \tag{2.51}$$

$$\boldsymbol{y}_k=\frac{\tilde{\boldsymbol{y}}_k}{\beta_k} \tag{2.52}$$

在第 k 步，三对角线矩阵为

$$\boldsymbol{T}=\begin{bmatrix}\alpha_1 & \beta_2 & & & \\ \beta_2 & \alpha_2 & \beta_3 & & \\ & \beta_3 & \alpha_3 & & \\ & & & \ddots & \\ & & & \alpha_{k-1} & \beta_k \\ & & & \beta_k & \alpha_k\end{bmatrix} \tag{2.53}$$

且矩阵 $\boldsymbol{Y}=[\boldsymbol{y}_1,\boldsymbol{y}_2,\cdots,\boldsymbol{y}_k]$满足：

$$\boldsymbol{Y}^{\mathrm{T}}(\boldsymbol{M}\boldsymbol{K}^{-1}\boldsymbol{M})\boldsymbol{Y}=\boldsymbol{T} \tag{2.54}$$

这样，$\boldsymbol{T}$ 的特征向量 $\tilde{\boldsymbol{\phi}}_j$ 通过线性变换与结构特征问题即式(2.14)相关，可写为

$$\boldsymbol{\phi}_j=\boldsymbol{Y}\tilde{\boldsymbol{\phi}}_j \tag{2.55}$$

通过联合式(2.14)、式(2.54)和式(2.55)可以得出：$\boldsymbol{T}(K=n)$ 的特征值与 $\lambda_j(j=1,\cdots,n)$ 是相对应的，以上分析仅当刚度阵正定时成立。Collar 和 Simpson(1987)考虑了消除零频模态。商业有限元程序 MSC/NASTRAN(1990)采用带移点的分块 Lanczos 法则，取整误差通过产生 Lanczos 向量正交损耗，在很大程度上影响 Lanczos 迭代行为。Golub 和 van Loan(1989)考虑了工程实践上切实可行的 Lanczos 方法的执行和奇异值求解应用以及最小二乘和线性方程问题。

可以通过求解无阻尼线性特征值问题，来获得无阻尼固有频率和模态振型。人们通常要求在特定频率范围内对有限元模型动力学计算结果与试验数据比较，在这个阶段需要包括阻尼比(或者损耗因子)，而目前阻尼比(或者损耗因子)既可以通过对角化比例阻尼因子矩阵获得，也可以通过试验测试获得。

大多数情况，是比较复频率响应函数数据，试验数据是试验模态分析时准备好的，以备后续利用，其与数值分析结果相对应。

复频率响应函数通常简称为频响，表示频域内输入和输出的关系，可将其看成等效于时域脉冲响应函数的傅里叶变换。理论上，频响是系统对白噪声干扰的响应，或者说是对选定频率范围内确定性正弦单位输入的响应；实际上，试验和数值分析得出的频响都是理想情况的近似。数值模型自由度个数是有限的，致使分析频率范围受到了限制。现代数字测试及处理技术使得依赖于采样率的试验频率响应有一定范围的限制。

当干扰外力在 q 点时，对于 p 点的位移响应，数值频响可表示为

$$h_{pq}(\omega)=\sum_{j=1}^{r}\frac{\{\boldsymbol{\phi}_j\}_p\,\{\boldsymbol{\phi}_j\}_q}{\omega_j^2-\omega^2+2\,\mathrm{i}\zeta_j\omega_j\omega} \tag{2.56}$$

式(2.56)针对的是黏性阻尼情况，对于迟滞阻尼数值频响可表示为

$$h_{pq}(\omega)=\sum_{j=1}^{r}\frac{\{\boldsymbol{\phi}_j\}_p\{\boldsymbol{\phi}_j\}_q}{\omega_j^2-\omega^2+\mathrm{i}\eta_j\omega_j^2} \tag{2.57}$$

第 j 个模态振型向量 $\boldsymbol{\phi}_j$，以质量归一化形式出现在式(2.56)和式(2.57)中，且 $\{\boldsymbol{\phi}_j\}_p$ 表示向量 $\boldsymbol{\phi}_j$ 的第 p 个元素，频响矩阵通常记为 $\boldsymbol{H}(\omega)$，由元素 $h_{pq}(\omega)$ 组装而成，下标表示行和列位置。实际动力学系统数值分析时，在小于 n 的 r 点处截断式(2.56)和式(2.57)的求和，这样就可将贡献较小且包含较大离散误差的较高阶模态排除掉。

大多数成功的修正方法依赖于特征数据或频响数据关于修正参数小量变化的灵敏度，2.6 节讨论特征数据和频响数据的灵敏度分析问题。

2.6 灵敏度分析

对于无阻尼结构特征值问题，特征值一阶导数的表达式由 Wittrick(1962)推出，特征向量的一阶导数由 Fox 和 Kapoor(1968)推出。将式(2.14)对修正参数 θ 取偏微分，很容易得出

$$[\boldsymbol{K}-\lambda_j\boldsymbol{M}]\frac{\partial\boldsymbol{\phi}_j}{\partial\theta}=-\left[\frac{\partial\boldsymbol{K}}{\partial\theta}-\lambda_j\frac{\partial\boldsymbol{M}}{\partial\theta}-\frac{\partial\lambda_j}{\partial\theta}\boldsymbol{M}\right]\boldsymbol{\phi}_j \tag{2.58}$$

将式(2.58)左乘质量归一化后的向量 $\boldsymbol{\phi}_j^{\mathrm{T}}$，并利用 $\boldsymbol{M}$ 和 $\boldsymbol{K}$ 是对称的特性，可以得出特征值灵敏度的表达式：

$$\frac{\partial\lambda_j}{\partial\theta}=\boldsymbol{\phi}_j^{\mathrm{T}}\left[\frac{\partial\boldsymbol{K}}{\partial\theta}-\lambda_j\frac{\partial\boldsymbol{M}}{\partial\theta}\right]\boldsymbol{\phi}_j \tag{2.59}$$

应该注意到仅仅需要计算第 j 个特征值和特征向量的灵敏度。

Nelson(1976)介绍了一种估计第 j 个特征向量灵敏度的技术，再次重申要求仅针对第 j 个特征值和特征向量，且维持有限单元方程的带状形式。通过联合式(2.58)和式(2.59)得

$$[\boldsymbol{K}-\lambda_j\boldsymbol{M}]\frac{\partial\boldsymbol{\phi}_j}{\partial\theta}=\boldsymbol{f}_j \tag{2.60}$$

式中，右边 $\boldsymbol{f}_j$ 的具体形式为

$$\boldsymbol{f}_j=-\left[\frac{\partial\boldsymbol{K}}{\partial\theta}-\lambda_j\frac{\partial\boldsymbol{M}}{\partial\theta}-\boldsymbol{\phi}_j^{\mathrm{T}}\left[\frac{\partial\boldsymbol{K}}{\partial\theta}-\lambda_j\frac{\partial\boldsymbol{M}}{\partial\theta}\right]\boldsymbol{\phi}_j\boldsymbol{M}\right]\boldsymbol{\phi}_j \tag{2.61}$$

将完整的特征向量导数分成两部分：

$$\frac{\partial \boldsymbol{\phi}_j}{\partial \theta} = \boldsymbol{v}_j + c_j \boldsymbol{\phi}_j \tag{2.62}$$

将第一个向量替换式(2.60)，给出 $\boldsymbol{f}_j$；第二个向量则是齐次解。

另外，将质量归一化方程式(2.63)对 θ 取偏微分，并将其结果和式(2.62)联合，消掉$\frac{\partial \boldsymbol{\phi}_j}{\partial \theta}$，得出参与因子 c_j 的表达式[式(2.64)]。

$$\boldsymbol{\phi}_j^{\mathrm{T}} \boldsymbol{M} \boldsymbol{\phi}_j = 1 \tag{2.63}$$

$$c_j = -\boldsymbol{\phi}_j^{\mathrm{T}} \boldsymbol{M} \boldsymbol{v}_j - \frac{1}{2} \boldsymbol{\phi}_j^{\mathrm{T}} \frac{\partial \boldsymbol{M}}{\partial \theta} \boldsymbol{\phi}_j \tag{2.64}$$

用式(2.60)计算$\boldsymbol{v}_j$ 有一个问题要考虑，即对于第 j 个非重复的特征值，有 $\mathrm{rank}[\boldsymbol{K}-\lambda_j \boldsymbol{M}]=n-1$，Nelson 对此问题的解决办法是设置$\boldsymbol{v}_k$中的第 k 个元素为零。这样，满秩方程分块表达形式为

$$\begin{bmatrix} [\boldsymbol{K}-\lambda_j \boldsymbol{M}]_{11} & 0 & [\boldsymbol{K}-\lambda_j \boldsymbol{M}]_{13} \\ 0 & 1 & 0 \\ [\boldsymbol{K}-\lambda_j \boldsymbol{M}]_{31} & 0 & [\boldsymbol{K}-\lambda_j \boldsymbol{M}]_{33} \end{bmatrix} \begin{Bmatrix} \boldsymbol{v}_1 \\ \boldsymbol{v}_k \\ \boldsymbol{v}_3 \end{Bmatrix} = \begin{Bmatrix} \boldsymbol{f}_1 \\ 0 \\ \boldsymbol{f}_3 \end{Bmatrix} \tag{2.65}$$

标记点 k 选在$|\{\boldsymbol{\phi}_j\}_k|$为最大值的位置，在此基础上，对应的方程应该是强耦合冗余的，因此可以将其去掉。关于$\frac{\partial \boldsymbol{\phi}_j}{\partial \theta}$的完整解最终可从式(2.62)获得，且应该注意到，在采用式(2.64)计算 c_j 时将$\boldsymbol{v}_k$ 任意设置为零给予了补偿。

Ojalvo(1987)、Mills-Curran(1988，1990)和 Dailey(1989)发展了 Nelson 的方法用来处理重复的和密集的特征值问题。Sutter 等(1988)将几种计算特征向量导数的方法进行了比较，从而发现 Nelson 的方法是最有效的。

有限元频响函数灵敏度可通过式(2.66)获得，即

$$\frac{\partial \boldsymbol{H}(\omega)}{\partial \theta} = -\boldsymbol{H}(\omega) \frac{\partial \boldsymbol{B}(\omega)}{\partial \theta} \boldsymbol{H}(\omega) \tag{2.66}$$

式中，

$$\boldsymbol{B}(\omega) = [-\omega^2 \boldsymbol{M} + \mathrm{i}\omega \boldsymbol{C} + \boldsymbol{K}] \tag{2.67}$$

$$\boldsymbol{H}(\omega) = \boldsymbol{B}^{-1}(\omega) \tag{2.68}$$

带有模态阻尼的有限元模型一般不采用频响函数灵敏度。

2.7 有限元模型误差

用有限元模型表示连续系统，离散过程不可避免地引入了误差。在2.8节将阐述估计离散误差的方法。但实际上，有许多其余的误差(与离散性无关)目前没有正式的评定方法。模型修正时，当网格分割好后，为了消除非离散性引起的误差，所做的努力是重要的。本章将讨论由连接和约束边界的不确定性以及网格扭曲引起的误差。

2.7.1 连接及运动约束

对于表示连接，正确运用运动约束是重要的，然而，这只是问题的一部分。连接和边界约束具有自身的刚度(也可能是质量)，这一点有限元模型必须考虑。通常情况是依照惯例，在有限元分析时，将约束定为刚性连接，没有与约束相关的参数可作为修正参数，由于连接和约束通常是高度不确定的，因此可用于修正的与约束相关的参数是重要的。

示例:两个梁之间的直角连接

定义梁、板和壳单元是将中性面和厚度等参数以非直观形式包括的，基本假设是这类单元很薄，而事实上，厚度可能是一个重要的因素，如图2.3所示，这里两个梁单元以直角连接。

从图2.3(a)中可以清楚地看出，该模型是阴影域内材料重叠，然而在对角域内则存在材料缺少的情况。为了克服材料重叠问题，可以定义偏移节点，如图2.3(b)所示，采用刚性约束来关联两个梁的端点位移和偏移后的节点位移，这一点可以通过关联矩阵来实现，见式(2.69)。

$$\begin{Bmatrix} u_1 \\ v_1 \\ \theta_1 \\ u_2 \\ v_2 \\ \theta_2 \end{Bmatrix} = \begin{bmatrix} 0 & 1 & -\alpha \\ -1 & 0 & \beta \\ 0 & 0 & 1 \\ 1 & 0 & 0 \\ 0 & 1 & 0 \\ 0 & 0 & 1 \end{bmatrix} \begin{Bmatrix} u \\ v \\ \theta \end{Bmatrix} \tag{2.69}$$

对于这种情况，刚性约束的应用可以使材料分布更加合理。我们所关心的是什么参数可以用于修正图 2.3(b)所示的偏移节点模型。一种方法是将与偏移节点相连接的两个单元分开，再用离散平动和转动方向弹簧来连接两个单元，这样，连接刚度矩阵如式(2.70)所示：

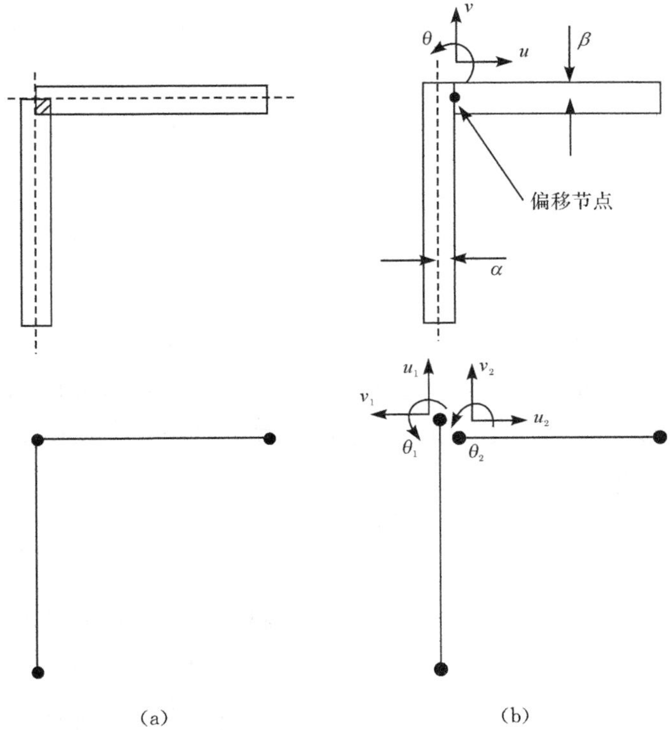

图 2.3　直角梁连接

$$
\boldsymbol{K}_c = \begin{bmatrix} k_u & & & -k_u & & \\ & k_v & & & -k_v & \\ & & k_\theta & & & -k_\theta \\ -k_u & & & k_u & & \\ & -k_v & & & k_v & \\ & & -k_\theta & & & k_\theta \end{bmatrix} \tag{2.70}
$$

式中，k_u、k_v、k_θ 是待修正的参数，由于连接刚度将相互之间有少量距离的两个节点分开，k_u、k_v、k_θ 取较其余刚度元素更高阶的量，且来源于常规的有限单元离散。

显而易见,由式(2.59)得出特征值关于 k_u 的小量变化灵敏度表达式为

$$\frac{\partial \lambda_j}{\partial k_u}=\boldsymbol{\phi}_j^{\mathrm{T}}\begin{bmatrix} 0 & & & & & & \\ & \ddots & & & & & \\ & & 0 & & & & \\ & & & 1 & -1 & & & \\ & & & -1 & 1 & & & \\ & & & & & 0 & & \\ & & & & & & \ddots & \\ & & & & & & & 0 \end{bmatrix}\boldsymbol{\phi}_j \tag{2.71}$$

由于 k_u 是很大的,因此与刚度为 k_u 的弹簧两端点相对应的模态振型元素几乎是确定的。这种情况下,从式(2.71)可以看出,特征值 λ_j $(j=1,\cdots,n)$关于 k_u 变化的灵敏度是极低的,同时特征值关于 k_v、k_θ 变化的灵敏度也是同样的结果。

一个成功的修正,首要的是特征值(或者其他模型输出量)对选定的修正参数敏感。

对于直角连接的梁,这一点可通过偏移尺寸 α 和 β 来实现,通过调整这两个参数,即轻微地改变连接,可以使测试结果和模型预示结果更加一致,从式(2.69)可以看出,应用关联矩阵组装一个包含 α 和 β(含二阶项)的连接刚度矩阵作为初始有限单元刚度元素的因子,再将刚度矩阵取关于 α 或 β 的偏微分,如式(2.59)所示,会使矩阵 $\dfrac{\partial \boldsymbol{K}}{\partial \theta}$ 的元素与有限单元刚度元素同阶。由于与 $\dfrac{\partial \boldsymbol{K}}{\partial \theta}$(灵敏度方程中的量)耦合的模态振型元素不相似,特征值相对偏移参数的灵敏度是较大的,因此将其作为修正参数比较有效。梁单元的刚度与其弯曲刚度 $EI\left(I=\dfrac{bd^3}{12}\right)$($b$ 为截面宽度,d 为截面高度)成正比,$\dfrac{\partial \boldsymbol{K}}{\partial d}$ 随着 d^2 的变化而变化,$\dfrac{\partial \boldsymbol{K}}{\partial b}$ 始终为常数,与 b 的变化无关。因为组装刚度矩阵中某些元素包含 α 和 β 的平方,所以特征值关于梁的偏移尺度是比较敏感的,与特征值关于杨氏模量或

者梁的宽度的变化灵敏度相比，选择 α 和 β 是比较有效的。关于参数化以及不同连接的修正，包括黏接、焊接以及螺栓连接已由 Mottershead 等(1994)进行了详细的论述。

2.7.2　网格扭曲

扭曲单元可以引起刚度和质量错误。单元矩阵的形成以及多重积分必须贯穿所有单元域，二维四边形面单元需要执行双重积分，三维体单元需要执行三重积分。执行高效的数值积分，普遍应用的程序需要利用由加或者减单位元素限制的局部坐标系，如式(2.6)和式(2.7)所示。

当采用曲边单元时(图 2.1)，整体坐标系和局部坐标系之间是非线性关联的，那么单元内各个节点的 Jacobi 矩阵 $\det(\boldsymbol{J})$ 将不同，极度的曲线扭曲或者中点取在错误的位置(即使沿着直边)，意味着 Jacobi 矩阵 $\det(\boldsymbol{J})\rightarrow 0$，会引起对应的单元矩阵元素产生严重的误差。大多数商业程序指出一个单元内 Jacobi 矩阵 $\det(\boldsymbol{J})$ 的极度变化，且针对这类单元矩阵，要考虑将等效连接参数及与简化网格几何相关联的参数作为待修正的选项。

2.8　误差评估

对于待修正的有限元模型，或许不确定因素的建模以及尽可能将其消除，比常规的有限元分析更加重要，如果不能量化模型中不确定的因素，那么也不可能量化待修正参数的不确定因素。

有限单元计算中评估误差问题不限于模型修正，过去十年，为了在已有误差评估经验基础上进一步发展合适的细化网格的方法，学者们进行了大量的研究。研究合适方法的目的是通过增加经判定认为网格细化程度不够的区域内自由度数目，来控制离散误差。Zienkiewicz 和 Zhu(1987)采用可以在一般的空间域 Ω 内定义的能量范数，该范数可写为

$$\| \boldsymbol{e}_\sigma \| = \left(\int_\Omega \boldsymbol{e}_\sigma^{\mathrm{T}} \boldsymbol{D}^{-1} \boldsymbol{e}_\sigma \mathrm{d}\Omega\right)^{\frac{1}{2}} \tag{2.72}$$

式中，

$$\boldsymbol{e}_\sigma = \sigma - \hat{\sigma} \tag{2.73}$$

其中，$\hat{\sigma}$ 和 σ 分别代表应力的近似值和准确值。用于加权式(2.72)误差的弹性矩阵 $\boldsymbol{D}$ 是可以忽略的。

通过将单元的贡献求和可以得到范数的平方，这样，对于由 M 个单元构成的子结构可写为

$$\| \boldsymbol{e}_\sigma \|^2 = \sum_{j=1}^{M} \| \boldsymbol{e}_\sigma \|_j^2 \tag{2.74}$$

相对误差为

$$\eta = \frac{\| \boldsymbol{e}_\sigma \|}{\left(\int_\Omega \sigma^{\mathrm{T}} \boldsymbol{D}^{-1} \sigma \mathrm{d}\Omega \right)^{\frac{1}{2}}} \times 100\% \tag{2.75}$$

有限元分析得到的应力不能用做式(2.73)中的准确应力 σ，因此有必要用比 $\hat{\sigma}$ 更接近 σ 的一个估计值 σ^* 来替代 σ。在弹性范围内定义形函数时，一般假设位移是连续的，但是近似应力 $\hat{\sigma}$（来源于形函数的偏微分）在单元边界处是不连续的，有多种方法可以确定源于有限单元应力 $\hat{\sigma}$ 并进一步改善的应力 σ^*，这样可以使非连续有限单元应力场得以平滑。最简单的办法是计算每个节点的平均应力和采用位移形函数法在单元内插分，如式(2.76)所示。

$$\sigma^* = N \bar{\sigma}^* \tag{2.76}$$

Hinton 和 Campbell(1974)采用最小二乘法计算平滑应力，将残差 $(\sigma^* - \hat{\sigma})$ 利用形函数加权得到式(2.77)：

$$\int_\Omega \boldsymbol{N}^{\mathrm{T}} (\sigma^* - \hat{\sigma}) \mathrm{d}\Omega = 0 \tag{2.77}$$

将式(2.76)代入式(2.77)，得到平滑节点应力 $\bar{\sigma}^*$ 如式(2.78)所示

$$\bar{\sigma}^* = \left(\int_\Omega \boldsymbol{N}^{\mathrm{T}} \boldsymbol{N} \mathrm{d}\Omega \right)^{-1} \int_\Omega \boldsymbol{N}^{\mathrm{T}} \hat{\sigma} \mathrm{d}\Omega \tag{2.78}$$

Zienkiewicz 和 Zhu(1992)利用由 Barlow 确立的理论，即在积分点采样的应力，是一个比形函数多项式低一阶的多项式，且是和节点位移同等准确度的。通常的方法是找到贯穿共享一个角节点的几个单元的

积分点的最小二乘拟合多项式函数。

与 $\boldsymbol{x}$ 的一维线性插分相对应的$\boldsymbol{e}_{\sigma}$ 值如图 2.4 所示，所有平滑方法的目标是得到较初始的有限元应力更接近于真实应力场的应力分布，这一点可用于判定哪些区域需要细化网格，同时是自适应网格技术的基础。需要注意的是，利用平滑节点应力 $\bar{\sigma}^*$ 计算的应变能，不一定改进了初始有限单元应变能，这一点可用于获得有限单元运动方程。

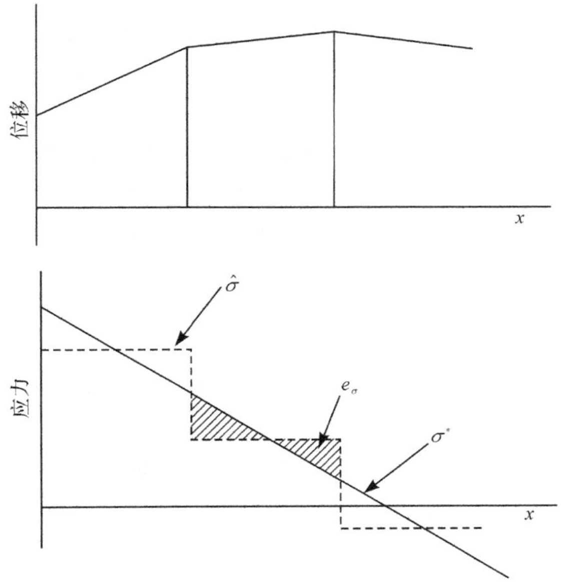

图 2.4　经验误差 e_{σ}

参 考 文 献

Barlow J. 1976. Optimal stress locations in finite element modeis. International Journal of Numerical Methods in Engineering, 10: 243-251.

Bathe K J. 1982. Finite Element Procedures in Engineering Analysis. Englewood Cliffes, New Jersey: Prentice Hall.

Bathe K J, Wilson E L. 1972. Solution methods for figenvalue problems in structural mechanics. International Journal of Numerical Methods in Engineering, 6: 213-226.

Bishop R E D, Gladwell G M L, Michaelson S. 1965. The Matrix Analysis of Vibration. Cambridge: Cambridge University Press.

Collar A R, Simpson A. 1987. Matrices and Engineering Dynamics. Chichester: Ellis Horwood.

Dailey R L. 1989. Eigenvector derivatives with repeated eigenvalues. AIAA Journal, 27(4): 486-491.

Ewins D J. 1984. Modal Testing: Theory and Practice. Letchworth: Research Studies Press.

Fox R L, Kapoor M P. 1968. Rates of change of eigenvalues and eigenvectors. AIAA Journal, 6(12): 2426-2429.

Golub G H, van Loan C F. 1989. Matrix Computations. Hopkins: The John Hopkins University Press.

Hinton E, Campbell J S. 1974. Local and global smoothing of discontinuous finite element functions using a least squares method. International Journal of Numerical Methods in Engineering, 8: 461-480.

Irons B M, Ahmad S. 1980. Techniques of Finite Elements. Chichester: Ellis Horwood.

Lanczos C. 1950. An iteration method for the solution of the eigenvalue problem of linear differential and integral operators. Journal of Research of the National Bureau of Standards, 45: 255-282.

Mills-Curran W C. 1988. Calculation of eigenvector derivatives for structures with repeated eigenvalues. AIAA Journal, 26(7): 867-871.

Mills-Curran W C. 1990. Comment on eigenvector derivatives with repeated eigenvalues. AIAA Journal, 28(10): 1846.

Mottershead J E, Friswell M L, Ng G H T, et al. 1994. Experience in mechanical joint model updating. The 19th International Seminar on Modal Analysis, Leuven: 481-492.

MSC/NASTRAN. 1990. Handbook for Numerical Methods. Los Angeles: The MacNeal Schwendler Corporation.

NAFEMS. 1986. A Finite Element Primer. East Kibride: National Agency for Finite Element Methods and Standards.

Nashif A D, Jones D I G, Henderson J P. 1985. Vibration Damping. New York: John Wiley.

Nelson R B. 1976. Simplified calculation of eigenvector derivatives. AIAA Journal, 14(9): 1201-1205.

Ojalvo I U. 1987. Efficient computation of mode-shape derivatives for large dynamic systems. AIAA Journal, 25(10): 1386-1390.

Stewart G W. 1973. Introduction to Matrix Computations. Orlando: Academic Press.

Sutter T R, Camarda C J, Walsh J L, et al. 1988. Comparison of several methods for calculating vibration mode shape derivatives. AIAA Journal, 26(12): 1506-1511.

Wilkinson J H. 1965. The algebraic eigenvalue problem. London and New York: Oxford University Press (Clarendon).

Wittrick W H. 1962. Rates of change of eigenvalues, with reference to buckling and vibration problems. Journal of the Royal Aeronautical Sociefy, 66: 590-591.

Zienkiewicz O C, Taylor R L. 1988. The Finite Element Method. 4th ed. London: McGraw-Hill.

Zienkiewicz O C, Zhu J Z. 1987. A simple error estimator and adaptive procedure for practical engineering analysis. International Journal of Numerical Methods in Engineering, 24: 337-357.

Zienkiewicz O C, Zhu J Z. 1992. The superconvergent patch recovery and a posteriori error estimates: Parts 1 and 2. International Journal of Numerical Methods in Engineering, 33: 1331-1382.

第3章 振动试验

振动试验是目前结构系统分析领域比较成熟而且应用广泛的方法。本章不可能对试验技术所涉及的各个方面都进行讨论，这也不是作者所期望的。目前所做的总结对于读者理解振动试验测试数据的误差来源应是足够的。要想获得令人满意的有限单元模型修正，测试数据的质量是至关重要的。尽管数据中的某些误差是不可避免的，但也应该采用较好的试验技术使其最小化。

关于振动试验，Ewins(1984)给出了很好的介绍，Allemang等(1987)、Zaveri(1984)和Snoeys等(1987)给出了更加详细的关于振动试验的论述。

3.1 测试硬件及方法

测试硬件基本由四部分构成，即安装系统、用于激励结构的某些装置、用于测试力输入和结构响应的传感器，以及记录和分析数据的仪器，下面将分别对这些硬件进行介绍。

不同的结构所需要的安装系统有很大的不同。例如，要测试在自然工作环境下的塔、桅杆或框架的模态，应将其固定在它的基础上，或许还需要用测试数据来修正基础的动力学属性。当对自由-自由状态的构件进行测试时，则必须以一定的方式将其约束，通常采用很柔的弹簧约束来模拟自由-自由边界，对该弹簧的要求是：加上弹簧约束后，结构的刚体模态固有频率要远低于其弹性模态的固有频率(通常要低于十倍)。另一些构件可以沿着边界部分夹紧，这需要详细设计夹具装置，以确保连接是刚性的。

激励结构有两个主要的方法，一种是采用连接到结构上的激振器，该激振器能够提供与确定的输入电压成正比的力，另一种是用力锤敲击结构。有时,也采用第三种方法,即对结构施加静态预载荷力,然后释放,释放过程就相当于对结构输入了力载荷。第三种方法典型的例子是从桥上释放重物、释放连接塔和地面的拉索。图 3.1 和图 3.2 分别给出了采用激振器和力锤进行振动测试的硬件框图。

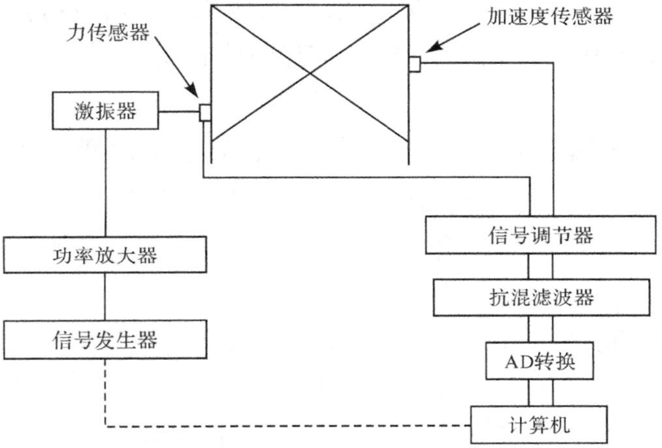

图 3.1 用激振器进行模态分析的测试硬件

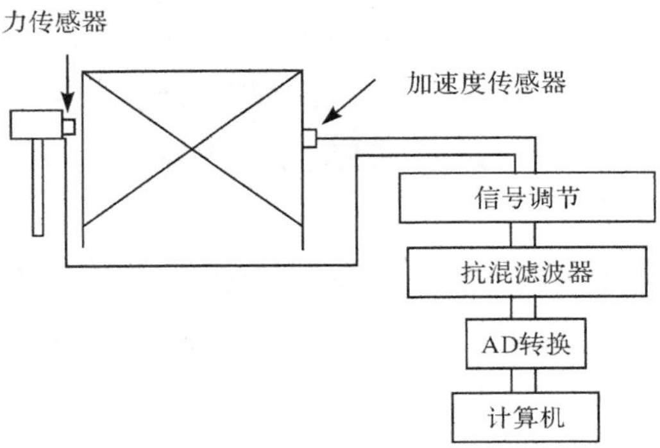

图 3.2 用力锤进行模态分析的测试硬件

激振器是一种基于电磁或者电液的驱动机构,后者具备产生较大力的能力,但是其频率范围存在限制,而且应用起来不方便。电磁激振器是对磁场中的线圈输入电信号,使线圈产生运动,再通过一个杆轴将运动传给结构。一般要求输入结构的力包含关心的所有频率,且所有频率的幅值都是相同的,尽管这样,由于不清楚结构的阻抗,输入给功率放大器一个信号，然后再传递给激振器，也不能确保施加在结构上的力能够包含所关心的全部频率。为确保输入给结构的力信号与电输入信号相匹配，需提供一个可将电信号反馈为力信号的控制系统，注意到力信号取决于所关心的频率范围和所要进行的分析，一般由分析人员来确定激振器输入信号。激振器也可以输入其他信号，如扫频信号和正弦信号，这类信号在分析计算中具有消除误差的优势，3.2 节将对此进行讨论。

还可用多个激振器激励结构，采用多个激振器激励可以使结构的能量分布更加均匀，且与采用少量激振器激励相比，更加不容易丢失模态。如果对不同的激振器输入的信号都是随机干扰信号，那么，各个激励信号之间将是统计独立的。

因为采用螺栓将激振器直接连接到结构上会改变结构本身，故一定要仔细考虑采用哪种方法将激振器连接到结构上。由力传感器引起的附属在结构上的任何因素，分析时都要视为结构的一部分来考虑。主要的影响是在连接点附加质量(所谓质量载荷)，连接也可能增加结构的局部刚度，激振器应该仅仅在力传感器测试方向上给结构提供力，可以通过在连接处增加一个托架的办法，将其在其余方向上对结构束缚的影响减到最小。托架是一个短而细的杆件，杆件轴向刚度相对较刚硬，弯曲刚度相对较低，从而将结构和激振器分离开来，使其仅沿着长度方向传输轴向力。

在广泛应用的激励方法中还有冲击激励或者力锤激励，在力锤尖头下面安装一个力传感器，力锤用于敲击结构，即给结构一个冲击力。如果冲击产生一个理想的脉冲力，即在无限短的时间内形成无限大的力，此脉冲力产生一个单位冲量，进而在所有频率上激起的幅值相同。实际产生的力是短时间范围的比较大的值。图 3.3 表示输入给结构的典型的力频谱，力水平在截断频率 ω_c 内相对恒定，一般是低于最大功率 10dB，通过采用不同刚度的锤头和不同质量的力锤来改变截断频率，采用更刚硬的力锤锤头和更低的力锤质量来提高截断频率。要准确测量所关心的模态，选择截断频率是关键，因为关心的频率一定要落在截断频率以内，所以力锤不能用来激励一个在其截断频率以外的结构，而且截断频率不应该太高，否则激励结构时，大量的能量会消耗在不关心的高频上，只有剩余的少量能量消耗在真正关心的频率上。

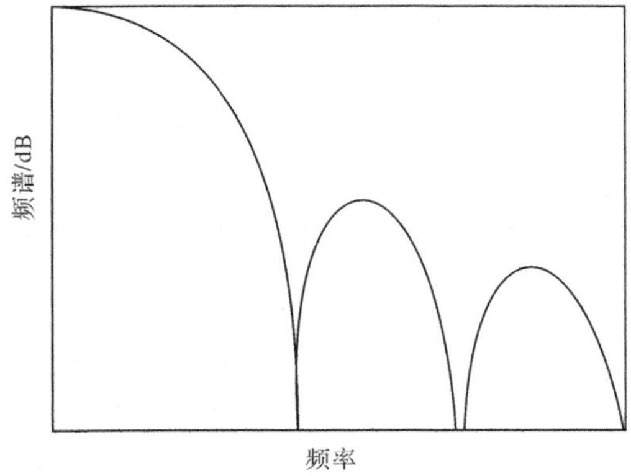

图3.3 典型冲击力的频谱

激振器和力锤激励各有优缺点，具体采用哪种方法取决于可利用的仪器设备、所分析的结构类型、测试结果的用途等。激振器能够输给结构比较高的能量，多个激振器可以使能量分布更加均匀，且可以产生更多的数据以增加后续分析的准确性。不幸的是，激振器一定要通过某种方式固定到结构上，这可能是困难的或者不可实施的，且可能会由于质量载荷或者局部刚度增大致使结果不准确。冲击激励一般比较容易快速施加到结构上，且不会产生任何显著的质量载荷，但有时要想输给结构足够的能量以产生令人满意的响应比较困难，且大量级的冲击可能损坏结构或者产生非线性响应。准确控制冲击输入方向比较困难，但这不算什么大问题，由于冲击激励法使用起来简易快捷，所以该方法得到广泛应用。

一般用基于压电材料特性的传感器测试激励结构的力和响应。压电材料的应变可产生电荷，再经适当的信号调节，可以转换为适当范围的电压。力传感器是将力直接施加到压电材料上。加速度计显然包含由压电材料构成的连接到结构上的质量，将其视为刚性比较大的弹簧，这个质量弹簧系统有其自身的谐振频率，这个频率应该远高于所关心的结构本身频率。结构的加速度使压电材料具有惯性，在远低于加速度计谐振频率的频率点上，该惯性与结构的加速度成正比。为了计量调节器的输出，例如，1g 加速度产生 1 个单位电压，信号调节通常包含给传感器输入标定常量的设备。也可采用其他类型的传感器，应变测量仪更适用于小量级加速度的低频响应，也可采用非接触装置，如光学式、电容式或者感应式传感器。

可以采用不同的方法将加速度计安装在结构上，如胶接、磁接、螺接或者蜡接，磁接和蜡接的优点是加速度计方便移动。可以在某一个特定的点互相垂直地安装三个传感器以提供一个完整的测量配置。可采用两种不同的方法对关心的位置进行测量：一种是当可利用的传感器数量足够多且分析者能力强时，可以在每一个需测试的位置都安装传感器，这就提供了每个点相同时刻的响应测试并得到了更加一致的数据，传感器一定是轻质的，不能给结构显著增加质量；另一种是只有一个加速度计可利用，依次将其放在关心的位置，因为每次测量时，重新置放加速度计会使结构产生变化，故采用这种方式测得的数据是不一致的。通常采用激振器提供激振力时，是通过移动加速度计以获得所需要的频响函数(frequency response function，FRF)，但是采用力锤激励时，是通过改变激励位置来获得所需的频响函数。

振动数据分析的大部分工作是数字化，通过模拟数字转换器(analogue to digital converter，ADC)将传感器测试的模拟信号转换成数字信号。采样率至少选择模拟信号中最大频率的 2 倍、最好稍高于 2 倍。这就是所谓的 Shannon 采样理论，即允许利用数字信号重新构建模拟信号。关于采样数据的一个主要问题是混叠现象，即不同频率的两个正弦信号可以产生同样的数字信号。

图 3.4 给出了一个关于这个现象的例子，交叉处表示数据采样点，产生这个问题的原因是采样率太低，导致高频信号以低频信号出现。解决办法是采用定义截止频率的低通滤波器来阻止模拟信号中出现频率高于采样频率一半的信号，低通滤波器即所谓的抗混滤波器。大多数分析系统包含的抗混滤波器的截断频率随着采样率和所关心的频率范围的变化而变化。数字信号的准确度依赖于转换后反映模拟值的二进制数字的位数和相对于 ADC 允许的最大值的模拟信号的量级。大多数现代分析系统采用至少 16 位的 ADC，当其分析范围为±10V 时，

可达到最小 0.3mV 的分辨率。测试时,手动或者自动选择准确的 ADC 范围,可以解决由于模拟信号量级太小引起的分辨率不准确的问题。

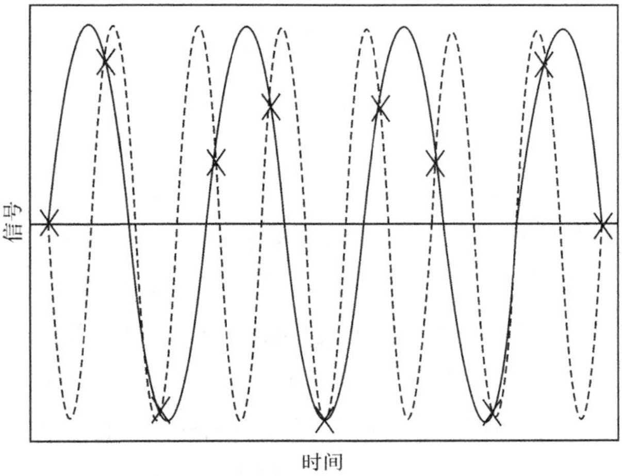

图 3.4　一个混叠现象的例子(测试点用×标记)

3.2　时域、频域及模态域

一旦测试数据转换成数字信号,就可以用计算机对其进行处理,此时信号是时域信号,该时域信号是在离散采样时刻测试得到的,代表输给结构的力以及以时间函数形式表现的结构响应。尽管采用时域数据进行参数辨识是可能的,且在控制系统分析领域是通用的,但是对于典型的结构系统,测试数据的数量和所需要的计算量使得开展时域数据分析不现实。此外,时域数据很难解释,且大多数试验振动工程师更偏好于在频域内分析。在频域内,信号可看作由不同频率的信号组成。特别地,对于离散采样的周期信号,可采用有限长的傅里叶级数来描述。对于周期为 T、采样点数为 N 的采样信号$\{x_k\}$,可以写成式(3.1)的形式即

$$x_k = x(t_k) = \frac{a_0}{2} + \sum_{j=1}^{N/2} \left\{ a_j \cos \frac{2\pi j t_k}{T} + b_j \sin \frac{2\pi j t_k}{T} \right\} \tag{3.1}$$

式中,

$$a_0=\frac{1}{N}\sum_{k=1}^{N}x_k$$

$$a_j=\frac{1}{N}\sum_{k=1}^{N}x_k\cos\frac{2\pi jk}{N}$$

$$b_j=\frac{1}{N}\sum_{k=1}^{N}x_k\sin\frac{2\pi jk}{N}$$

因为是周期信号,所以可采用傅里叶级数来表示,且因为信号是采样信号,所以级数是有限长的。确定因子 a_j 和 b_j 就是对信号 x 进行离散傅里叶变换。事实上,通过改进由 Cooley 和 Tukey(1965)提出的方法可以有效计算离散傅里叶变换,即通常所说的快速傅里叶变换(fast Fourier transformation,FFT)。傅里叶变换可在复数域内考虑,对于第 j 阶频率 $2\pi j/T$,在复数范围内可写为 $a_j+\mathrm{i}b_j$,这里 i 是 -1 的平方根。

振动数据分析的主要问题是假设信号在所选的采样时间长度内是周期信号,一般来说这是不真实的,这会导致一个人们所熟悉的泄漏问题。图 3.5 描述了泄漏问题,同一个正弦信号,一个采样时间长度等于信号周期的整数倍,如图 3.5(a)所示;另一个采样时间长度不是信号周期的整数倍,如图 3.5(c)所示。因为信号是正弦信号,傅里叶变换后,应该仅在某一频率点是非零的,如图 3.5(b)所示。第二种情况下,泄漏问题致使在正弦信号频率点的部分能量泄漏到附近的频率点上,如图 3.5(d)所示,将信号与一个窗函数相乘可以在一定程度上校正泄漏现象,窗函数以零开始且经历采样时间长度后结束,这样迫使采样信号是周期信号。好的窗函数产生的信号,其傅里叶变换与无限长时间采样的信号的傅里叶变换接近。图 3.6 表示将通用的海宁窗(Hanning window)加到图 3.5(c)信号后的影响,可以看出,信号的傅里叶变换的改善是显著的。但海宁窗不适用于冲击激励,冲击激励一般加指数窗。图 3.7 描述的是对力锤激励的结构响应加指数窗的结果,指数窗显著地增加了测试数据的阻尼,致使采样时间长度末端的响应近似为零。当计算得出固有频率和阻尼比后,可以很容易地去掉人为增加的阻尼。目前,大多数分析系统具备对测试数据加通用窗函数的能力。

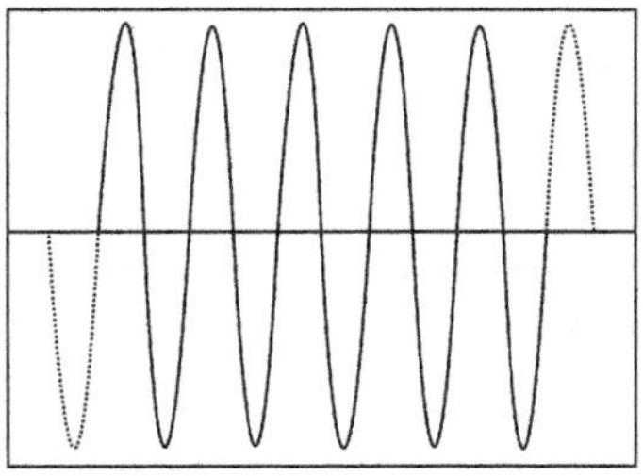

(a) 时域信号 1

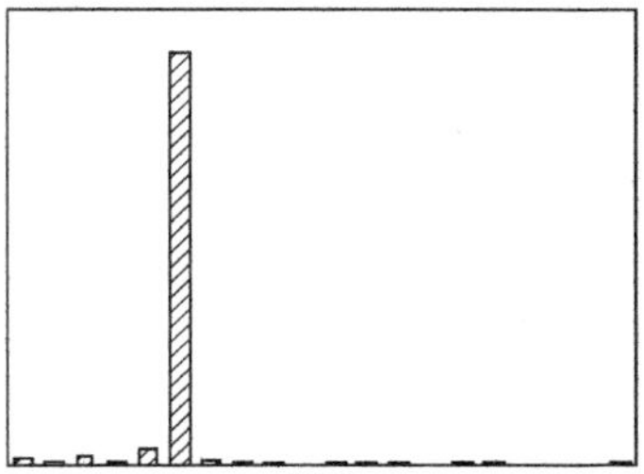

(b) 时域信号 1 傅里叶变换结果

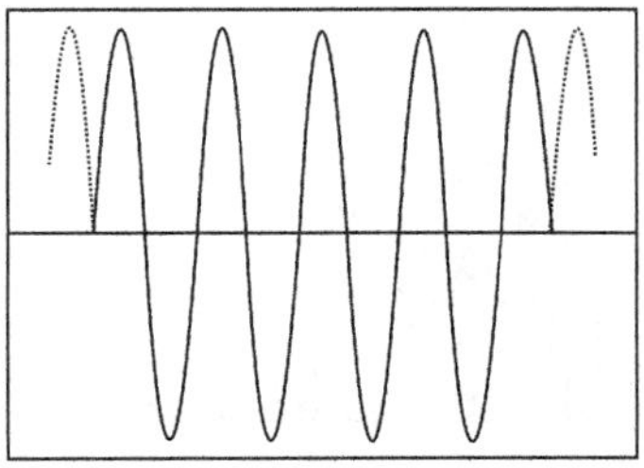

(c) 时域信号 2

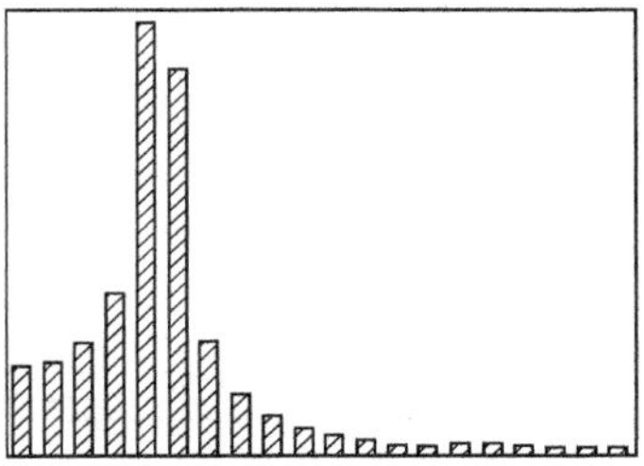

(d) 时域信号 2 傅里叶变换结果

图 3.5 采样间隔和泄漏对时域信号进行数字傅里叶变换的影响

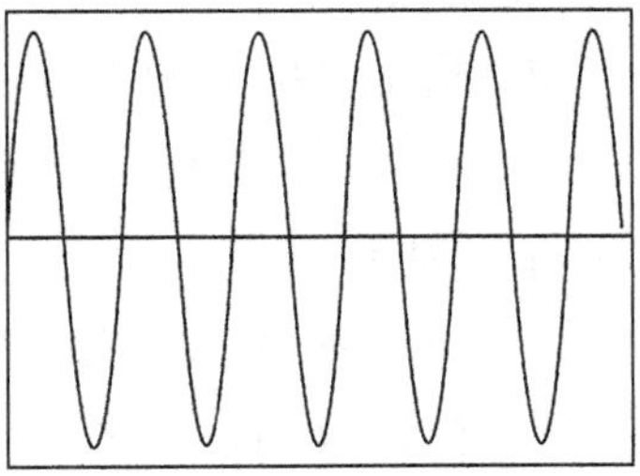

(a) 原始信号

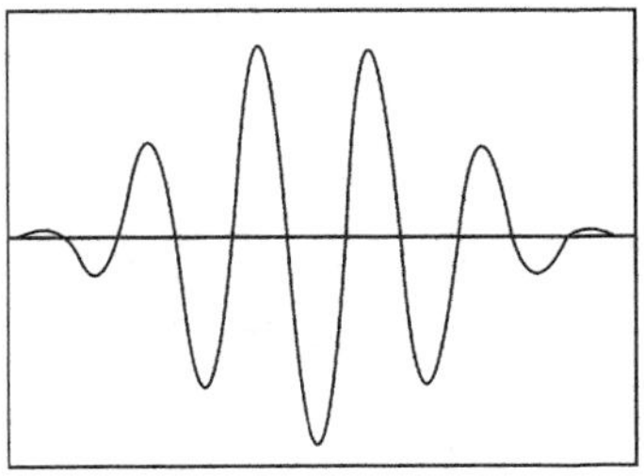

(b) 加海宁窗后的信号

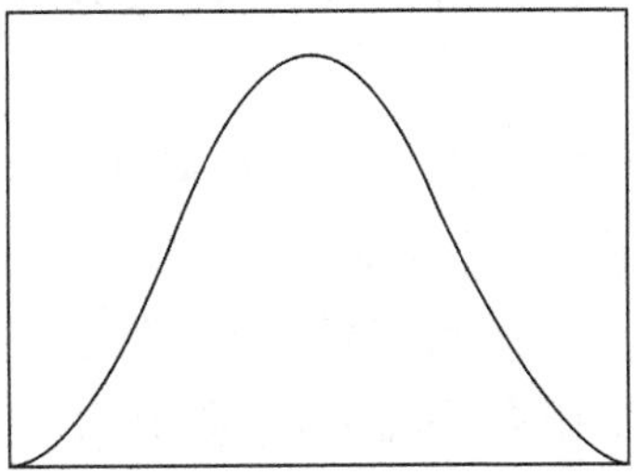

(c) 海宁窗

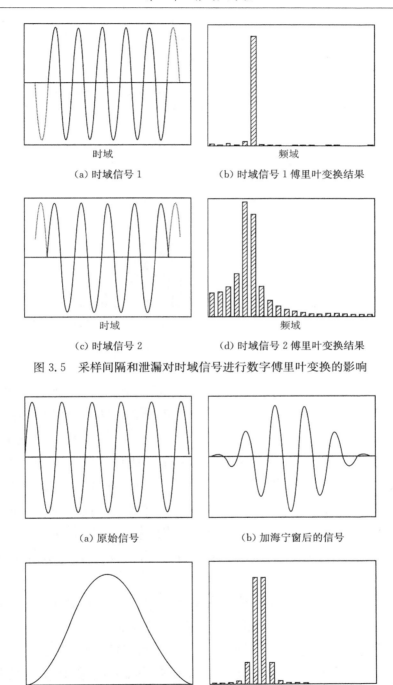

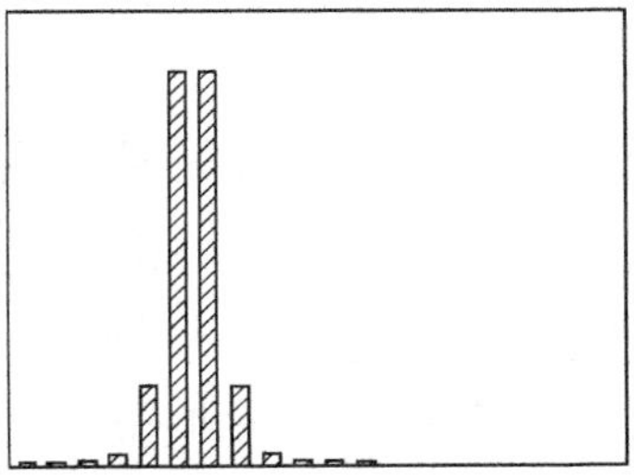

(d) 加海宁窗后信号的离散傅里叶变换

图 3.6 利用海宁窗减少泄漏的影响

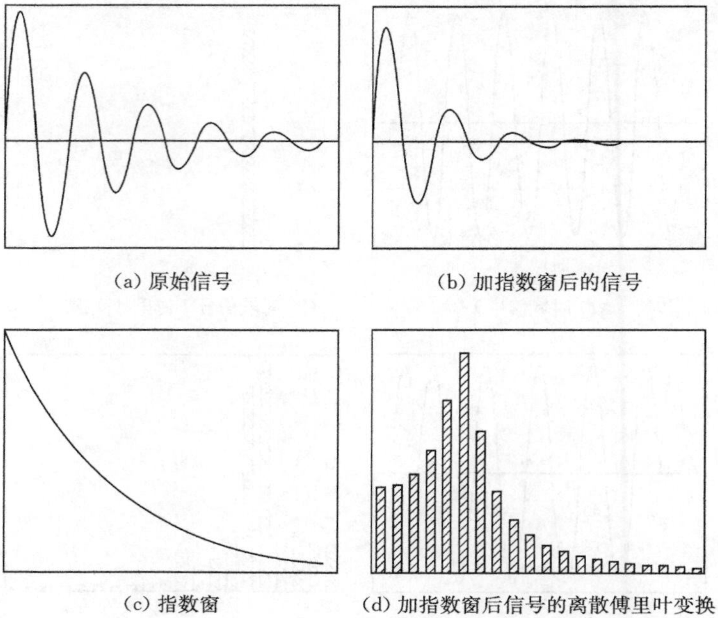
(a) 原始信号
(b) 加指数窗后的信号
(c) 指数窗
(d) 加指数窗后信号的离散傅里叶变换

图 3.7　指数窗在瞬态信号上的应用

现在针对振动测试采用的信号类型进行讨论。对于分析程序，振动信号可以分为宽带激励和单频激励，单频激励尽管能够输给结构高量级能量，但往往需要耗费很长的时间，同时，信号干扰量级也较高，单频激励没有泄漏问题，对于非线性系统研究是有效的。步进正弦测试，例如，依次以所需要频率的正弦信号激励系统，测试每个激励频率的同相和正交响应，利用类似于式(3.1)的表达式形成对应频率点的傅里叶变换项，在所有关心的频率点重复同样的过程。与宽带激励方法不同，步进正弦方法可以通过改变频率增量来加密共振或者反共振频率附近的频率点。

宽带激励方法是同时激励一段频率范围，且需要做 FFT 以获得傅里叶变换。对于所有不同的信号，分析程序类似，主要的不同点是所需要的窗函数类型不同。本节依据所需要的硬件和所采用的窗函数，对冲击激励进行了讨论。激振器提供随机信号，可以采用包含所关心频率范围内的所有频率，且所有频率具有相同功率的随机信号。尽管对相对长周期的测试数据取平均可以削弱干扰，但因个别频率点的能量相对较低，仍会产生相对干扰比来说，能量较低的信号。随机信号需要加一个窗，如海宁窗，来减少泄露的影响。与随机信号特性类似的确定性信号，如伪随机信号和周期随机信号，要考虑消除泄漏问题。

FRF 定义为响应的傅里叶变换和激励力的傅里叶变换之比。典型的响应测试是测量加速度，加速度反映了惯性。位移导纳是指测试位移的傅里叶变换和激励力的傅里叶变换之比，可由加速度频响除以一ω^2 得到。但 FRF 不是利用 FFT 的比直接计算，而是通过自谱密度和互谱密度来计算，也可以通过自相关和互相关函数来定义，为了便于应用，将谱密度写成 FFT 形式，如式(3.2)所示：

$$\boldsymbol{S}_{xx} = \boldsymbol{X}(\omega)\bar{\boldsymbol{X}}(\omega), \quad \boldsymbol{S}_{ff} = \boldsymbol{F}(\omega)\bar{\boldsymbol{F}}(\omega)$$

$$\boldsymbol{S}_{xf} = \boldsymbol{X}(\omega)\bar{\boldsymbol{F}}(\omega), \quad \boldsymbol{S}_{fx} = \boldsymbol{F}(\omega)\bar{\boldsymbol{X}}(\omega) = \bar{\boldsymbol{S}}_{xf} \tag{3.2}$$

式中，$\boldsymbol{X}(\omega)$ 和 $\boldsymbol{F}(\omega)$ 分别是响应和输入力的时域信号 $\boldsymbol{x}(t)$ 和 $\boldsymbol{f}(t)$ 的 FFT，上画线表示复数共轭。实际测试系统通常将谱密度在几个采样时间长度上取平均，以去掉干扰的影响。频响可定义为以下两种形式(Ewins，1984；Allemang et al.，1987)：

$$\begin{aligned} \boldsymbol{\alpha}(\omega) &= \frac{\boldsymbol{S}_{xf}(\omega)}{\boldsymbol{S}_{ff}(\omega)} \qquad (\text{H1 估计}) \\ \boldsymbol{\alpha}(\omega) &= \frac{\boldsymbol{S}_{xx}(\omega)}{\boldsymbol{S}_{fx}(\omega)} \qquad (\text{H2 估计}) \end{aligned} \tag{3.3}$$

若不做平均化，针对单帧数据，H1 估计和 H2 估计是等效的，通常将自谱密度和互谱密度平均化以去掉干扰。显而易见，H1 估计降低了输出或响应信号干扰引起的 FRF 误差，H2 估计降低了输入或激励信号干扰引起的 FRF 误差，可采用其他估计考虑激励和响应信号误差(Wicks and Mitchell，1987)。FRF 的 H1 估计和 H2 估计可用于确定测试数据的一致性。相干函数 $\boldsymbol{\gamma}^2$ 定义为 H1 估计和 H2 估计之比，用谱密度表示为

$$\boldsymbol{\gamma}^2 = \frac{\boldsymbol{S}_{xf}\boldsymbol{S}_{fx}}{\boldsymbol{S}_{xx}\boldsymbol{S}_{ff}} = \frac{|\boldsymbol{S}_{xf}|^2}{\boldsymbol{S}_{xx}\boldsymbol{S}_{ff}} \tag{3.4}$$

相干函数的值总是介于 0 和 1 之间，作为频率的函数，该值反映了测试数据的质量，相干函数值较高表示测试数据较准确，相干函数值较

低表示测试数据质量较差。一般模态分析中主要关心的是结构的共振问题。采用激振器激励，较小的激励力在结构的共振频率点处会产生较大的响应。共振点处的激励信号和反共振点处的响应信号可能有相对高量级的干扰。相干函数在结构的共振点和反共振点处是比较低的。图 3.8 表示一个典型的 FRF 测试，图中绘制了以 dB 表示的幅值曲线、相位曲线，以及有关的相干函数曲线。

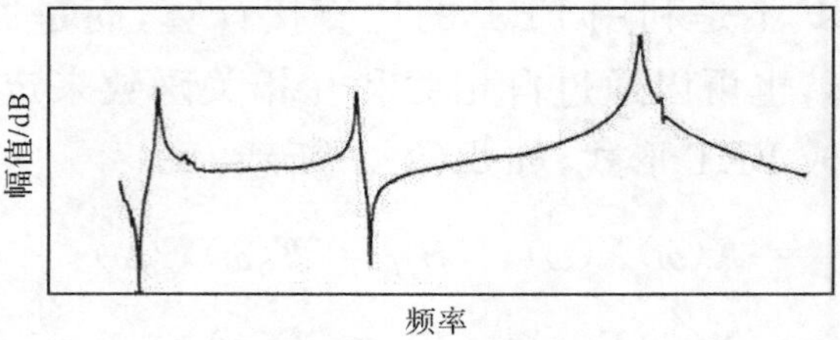

(a) 频响函数测试幅值曲线

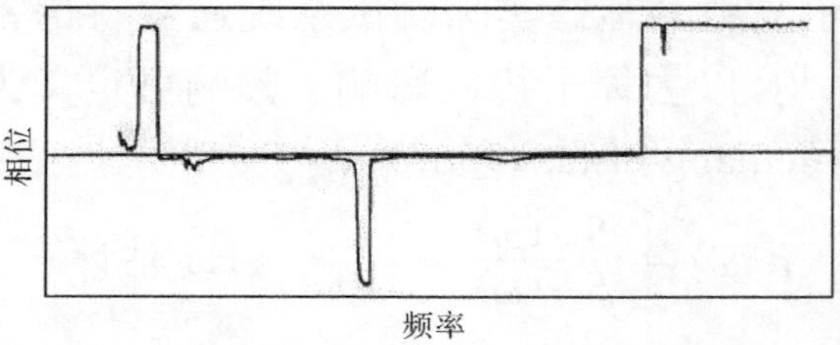

(b) 频响函数测试相位曲线

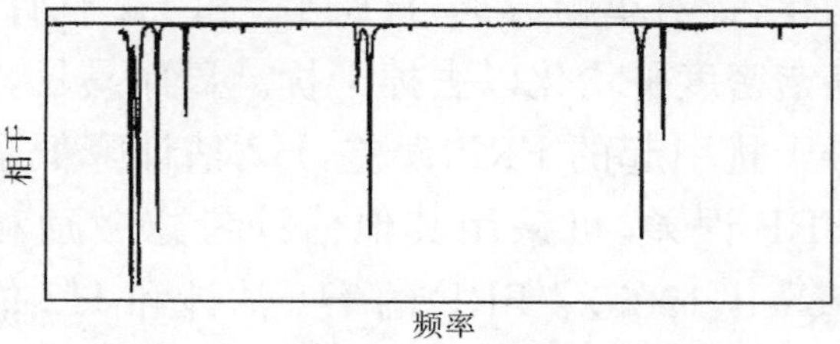

(c) 频响函数测试相干函数曲线

图 3.8　典型的 FRF 和相干函数曲线

一旦测出 FRF，可以进一步处理数据获得固有频率、阻尼比和结构的模态振型，这些数据构成了结构的模态模型。试验模态分析方法已经得到了很好的发展，采用现存的方法能够根据 FRF 数据准确地识别模态模型。这里只对方法类型进行简单总结，关于各种方法的详细论述见 Snoeys 和 Allemang(1987)等的著作。

模态分析方法大体上分为简单共振方法、频域方法和时域方法，也可以按照是否采用全部 FRF 来获得固有频率和阻尼比的全局估计来分类。对于一个给定结构，与测试方法和激励位置无关，由所有的 FRF 得出的固有频率和阻尼比应是相等的。采用非全局估计方法，需要对所有的 FRF 取平均，这可能会引起局部模态，但局部模态只在少量 FRF 中出现，可以忽略。任何模态提取方法的主要问题都是确定给定频率范围内的模态个数。采用类似于图 3.8 中的数据，主要是充分找出 FRF 中峰的个数，但是，对于具有密集空间模态结构的有干扰的 FRF 数据，要完成这个任务是很困难的。尽管某些更高级的频域和时域方法能够识别出密集模态或高阻尼模态，也应该谨慎对待得到的结果。这些先进的方法可以产生假的或者计算出来的模态，这些模态改善了数据的符合性，但并不是结构的真实模态。应该将试验模态模型与理论结果相比较以给出测试数据的置信度，并将理论分析和试验模态进行匹配。第 4 章将介绍理论分析和试验模态相比较的方法。

简单的共振技术是看每个共振点附近的 FRF 和识别出对应的单自由度系统的模态属性。对于低阻尼结构，固有频率出现在 FRF 幅值的尖峰附近。固有频率也可以通过识别同相位响应为零或者正交相位响应幅值最大(FRF 实部为零，虚部最大)的频率点来估计。通过响应峰值处的频率和响应半功率点处频率的相对值来获得阻尼比和模态振型留数。通过某些数据平滑方法，如圆拟合方法，可改善单自由度方法。尽管这些方法应用起来简单快捷，但对干扰很敏感，准确度受限，且对于高阻尼或者密集空间模态情况，效果不是很好。

频域方法一般是将 FRF 数据拟合为以频率为变量的合理的多项式。标准、合理的分数多项式方法是通过两个多项式之比近似每个 FRF，通过最小二乘法获得多项式因子。通常将多项式写为正交多项式形式以改善拟合精度，此方法已扩展应用到固有频率和阻尼比的全局估计中。对于直接参数模态识别方法，多项式变为多项式矩阵形式

(van der Auweraer and Leuridan,1987)。

时域方法是将 FRF 以脉冲响应函数形式转换到时域内。用最小二乘复指数法和多参考方法将阻尼复指数的加权和拟合到脉冲响应函数上。利用有限差分表达式计算固有频率和阻尼比并求解特征值问题。直接参数识别法采用有限差分方程模拟时域响应。依据识别出的方程因子获得模态模型。任何已消除信号处理误差,如消除泄漏问题的激励和响应的时间历程都可以应用。系统特征识别法则利用由控制工程领域发展而来的识别理论的概念来构建测试结构的状态空间模型。大多数时域方法可以用来计算全局频率和阻尼估计,确定系统的阶次,也就是分析出测试数据中出现的模态个数。

3.3 测试噪声:随机误差和系统误差

利用结构试验数据修正分析模型的参数,预测并消除测试中可能出现的误差是重要的。误差是随机误差或者系统误差。任何随机干扰信号,本质上是无法预测的。尽管各种干扰是随机的,但也可以通过统计分布来描述(Newland,1985;Hogg and Craig,1978)。均值和方差是两个重要的统计参数,均值反映干扰的平均值,方差反映干扰的可变化性。最通用的表示干扰的统计分布是高斯分布。总体分布用均值和方差表示,均值和方差分别用符号 μ 和 σ^2 表示。干扰信号 x 介于 x_1 和 x_2 之间的概率由式(3.5)获得:

$$P(x_1 \leqslant x \leqslant x_2) = \int_{x_1}^{x_2} p(x)\mathrm{d}x \tag{3.5}$$

式中,$p(x)=\dfrac{1}{\sqrt{2\pi\sigma}}\exp\left(\dfrac{(x-\mu)^2}{2\sigma^2}\right)$是概率密度函数。

图 3.9 表示高斯分布的概率密度函数,图中标出了均值 μ 和标准偏差 σ,注意到越接近均值水平出现的概率越大。分布规律比首次可能出现的值更重要。将相同分布的随机信号求和,中心极限定理(Hogg and Craig,1978)表明求和后的总信号的分布收敛于高斯分布,该高斯分布与原始信号的分布形式无关。

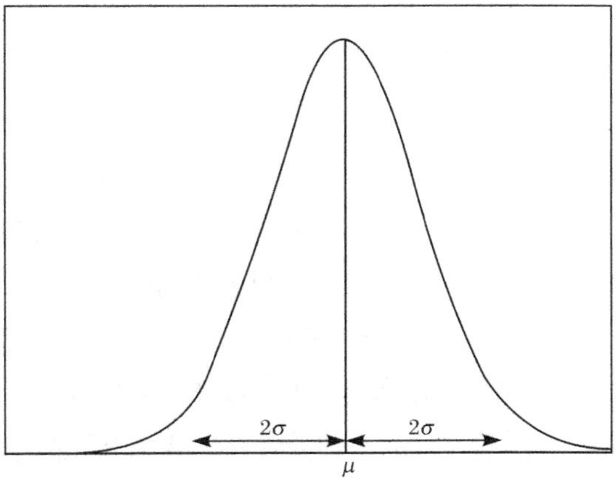

图 3.9 高斯分布概率密度函数

可以通过精细的试验技术，即选择适当的激励方法和对数据取平均来降低随机误差，数据取平均降低了平均后数据的干扰方差，从而降低了干扰的影响。某些激励技术，如步进正弦测试，允许更充分的平均，从而更有效地降低干扰。冲击激励，如力锤激励，其输入给结构少量的能量，也会产生干扰数据。包括模态提取的系统识别和通常满足要求的修正方案都是假设零均值的随机干扰。系统识别本质上是利用大量的数据来确定相对小量的参数的值，因此，适合将数据取平均。信号处理可以形成非零均值的干扰，且本质上反映了由均值给出的与随机干扰混合的系统误差。

将系统误差从数据中消除比较困难，但对于模型修正，这是一个严重的问题。这里首先从结构本身开始来回顾一些更加普遍的误差。应该系统准确地模拟结构的支座，例如，如果一个部件被刚性夹住，必须努力确保在所关心的频率范围内，支座相对结构更刚硬。类似地，如果结构在自由状态下测试，为了使结构的刚体模态远低于第一阶柔性模态，那么支座弹簧必须是非常柔性的。与一个准确的分析模型相比，如果假设刚性夹住结构，而实际测试时连接总是相对柔性的，故实际测试会引起测试数据包含显著的误差，如果可以测试与支座系统相关的刚度，那么建模时可以将其考虑在内。反之，应该避免明显未知的支座刚度，因为必须要识别这些刚度，所以就降低了模型中基本未知参数的识别效率。

传感器和激振器附属到结构上也会引入显著的系统误差，这一点在前面已经提到。附属系统带来的质量载荷或局部刚度会改变结构。类似地，托架设计不合理或者支座布置不合理都会给结构带来附加刚度。特别是对于轻结构，加速度计还能产生质量载荷和局部刚度问题，如果采用移动加速度计的方式测量加速度，由于质量载荷在结构上移动，导致事实上每次测量的都是不同的结构。加速度计放在不同位置测出的信号经 FRF 变换后会有不同的模态属性，这给某些全局模态提取方法的应用造成了困难。另一种是每个自由度都由不同的传感器进行测量，且试验过程中一直保留在结构上，这种测量方式的缺点是使附加到结构上的整体质量明显较高。

数据处理也会产生系统误差，前面提过的泄漏会导致过高估计阻尼。数据处理会将零均值的随机干扰变成非零均值的干扰。模态提取方法会产生统计上的偏差估计或计算出来的模态，而这些都不是结构本身的属性。

现实中人们接触到的结构存在一定的非线性。非线性作用受许多因素的影响，例如，激励类型和激励量级、边界条件和环境因素。基于 Hilbert 变换的方法或者高阶 FRF 法可以识别出结构是否以非线性方式工作。Tomlinson(1994)对这类方法进行了总结。尽管识别非线性模型的参数是可行的，但当前模型修正基本上是关于线性分析模型的。如果采用宽带激励信号，例如，一个随机激励力激励非线性结构，结果会接近于线性，试验模态分析法则能够将试验 FRF 数据拟合为一个合理的曲线。非线性作用被线性化后，其结果可用于获取结构修正过的线性化模型。工程师应该意识到，如果试验条件发生变化，线性化后的模型会有变化，例如，如果激励力幅值增大，会导致识别出的固有频率和模态振型发生变化。

不可能完全消除测试数据中的误差。通常固有频率估计品质是好的，然而，模态振型和阻尼估计通常包含干扰。尽管模态振型向量中的个别元素包含相对高量级的干扰，但是一般模态振型还是很准确的，目标是通过好的试验技术降低这些误差的影响，以获得高质量的测试数据。

3.4 数据不完备性

振动试验数据不完备性主要体现在两个方面：首先，没有测试出全部模态；其次，FRF 测试自由度是分析模型自由度的子集，依次考虑这些问题，通常仅将前者称为不完备性。

理论上能够测试需要的所有模态，但实际上这是不可能的，这是因为可利用的传感器和获得数据的硬件限制了能够测量的频率范围。同时随着频率增大，模态密度也增大，这就给模态提取法则的实施造成了相当大的困难。即使能够克服这些困难，准确测试结构的所有模态仍是不可能的。有限元模型只能准确预示大概前三阶固有频率和模态振型，因此，不可能期望结构测试结果可以复现分析模型预示的所有模态。

有限元模型可以是很大规模的，很多情况下达到几千个自由度，试验模态分析使用的传感器很少有大于几百个的。因此，不是分析模型中所有的自由度都能得到测试，内部的点经常得不到测试，转动自由度也是很难准确测量的。有两个方法可以克服这些困难，即分析模型降阶或者测试模态振型扩阶，第 4 章将对这两种方法进行讨论。

参 考 文 献

Allemang R J, Brown D L, Rost R W. 1987. Experimental Modal Analysis and Dynamic Component Synthesis: Volume Ⅱ Measurement Techniques for Experimental Modal Analysis. Wright Aeronautical Laboratories Report AFWAL-87-3069.

Cooley J W, Tukey J W. 1965. An algorithm for the machine calculation of complex Fourier series. Mathematics of Computation, 19(90): 297-311.

Ewins D J. 1984. Modal Testing: Theory and Practice. John Wiley: Research Studies Press Ltd.

Hogg R V, Craig A T. 1978. Introduction to mathematical statistics. Macmillan.

Newland D E. 1985. An Introduction to Random Vibrations and Spectral Analysis. 2nd ed. Longman Group Ltd.

Snoeys R, Sas P, Heylen W, et al. 1987. Trends in experimental modal analysis. Mechanical Systems and Signal Processing,1(1):5-27.

Tomlinson G R. 1994. Linear or nonlinear—That is the question. The 19th International Seminar on Modal Analysis,Leuven:11-32.

van der Auweraer H,Leuridan J. 1987. Multiple input orthogonal polynomial parameter estimation. Mechanical Systems and Signal Processing. 1(3):259-272.

Wicks A L,Mitchell L D. 1987. Methods for the Estimation of Frequency—Response Functions in the Presence of Uncorrelated Noise. The International Journal of Analytical and Experimental Modal Analysis,2(3):109-112.

Zaveri K. 1984. Modal Analysis of Large Scale Structures—Multiple Exciter Systems. Bruel and Kjaer Publications.

第 4 章　数值分析结果与试验结果比较

设计领域一个重要的需求是将结构设计初型的试验结果与相应的有限元模型预示结果进行比较。有限元模型修正时，应该比较试验和数值分析数据以评估响应的改善程度。数值分析模型有大量的自由度，而用于测量结构响应的传感器个数有限；模拟得不准确，特别是数值模型中对阻尼的忽略，这些因素会给比较分析带来问题，本章对这些问题的解决方法进行讨论。需要考虑用于测试模态和数值模态振型之间相关性的具体方法。

本章主要关心测试和数值预示模态之间的比较问题。因为有限元模型一般不包括阻尼，所以比较 FRF 一般是比较困难的。阻尼可以采用比例阻尼模型近似，或者利用试验得到的每阶模态的阻尼系数重新构建数值分析 FRF。

4.1　模态置信准则

模态置信准则(modal assurance criteria，MAC)(Allemang and Brown，1982)是广泛用于估计模态振型向量之间相关程度的方法。MAC 方法经常用于对数值分析模型得出的模态振型向量和试验测试得出的模态振型向量进行配对。MAC 方法应用起来很简单且不需要估计系统矩阵。试验模态 $\boldsymbol{\phi}_{mj}$ 和分析模态 $\boldsymbol{\phi}_{ak}$ 之间的 MAC 值定义为

$$\mathrm{MAC}_{jk}=\frac{\left|\boldsymbol{\phi}_{mj}^{\mathrm{T}}\boldsymbol{\phi}_{ak}\right|^{2}}{(\boldsymbol{\phi}_{ak}^{\mathrm{T}}\boldsymbol{\phi}_{ak})(\boldsymbol{\phi}_{mj}^{\mathrm{T}}\boldsymbol{\phi}_{mj})} \tag{4.1}$$

MAC 值总是介于 0 和 1 之间，值为 1 意味着两个模态振型向量是倍数关系。尽管试验和数值分析模态振型向量的缩放比例不一定完全相同，但包含的元素个数必须相同。如果传感器放在有限元模型节点上，那么应用 MAC 方法主要需要从完整的数值分析模态振型向量中选

择对应测试位置的元素。注意到只要将转置变为共轭转置，复模态振型相关也可以采用 MAC 法。通常将所有的数值分析模态与所有的试验模态相关并将结果放在同一个矩阵中。如果模态按数值分析阶次顺序相互匹配得很好，那么 MAC 矩阵对角线上的元素接近于 1，而其余的元素接近于 0。式(4.1)的分子是试验模态 $\boldsymbol{\phi}_{mj}$ 和分析模态 $\boldsymbol{\phi}_{ak}$ 标量积的平方，即使试验和数值分析模态是完全相同的，当 $j\neq k$ 时，试验模态 $\boldsymbol{\phi}_{mj}$ 和分析模态 $\boldsymbol{\phi}_{ak}$ 的标量积，一般也不为零，这是因为 $\boldsymbol{\phi}_{mj}$ 和 $\boldsymbol{\phi}_{ak}$ 分别与质量阵和刚度阵正交，即 $\boldsymbol{\phi}_{aj}^{\mathrm{T}}\boldsymbol{M}\boldsymbol{\phi}_{ak}=\boldsymbol{\phi}_{aj}^{\mathrm{T}}\boldsymbol{K}\boldsymbol{\phi}_{ak}=0$，而不是简单的正交，也就是 $\boldsymbol{\phi}_{aj}^{\mathrm{T}}\boldsymbol{\phi}_{ak}\neq 0$。

为了描述 MAC 方法的应用，考虑图 4.1 所示的离散质量、弹簧和阻尼系统。假设测试前三阶模态，结果作为实模态形式列于表 4.1 中，MAC 矩阵值也列于表 4.1 中。注意到模态振型按数值分析阶次顺序相互配对，而非对角元素是很大的。频率比较密集或者传感器测试点不充分时，运用 MAC 方法有一定困难。另一种 MAC 方法，即所谓的坐标 MAC(co-ordinate)即 COMAC 法，可用于误差定位。式(4.1)给出的是两个模态间的相关性，COMAC 方法与其类似，但是给出的是两个不同测点间的相关性(Lieven，1988)。

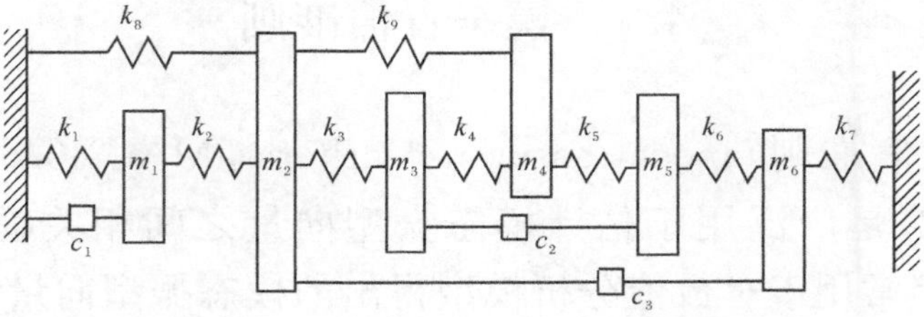

$m_1=m_2=m_5=2\text{kg}$,　$m_3=m_4=m_6=1\text{kg}$

$c_1=c_2=c_3=10^3\text{N}\cdot\text{s/m}$

$k_1=k_2=k_3=k_4=k_6=k_7=10^6\text{N/m}$,　$k_5=k_8=k_9=2\times10^6\text{N/m}$

图 4.1　离散质量、弹簧和阻尼系统实例

表 4.1　模态置信准则(MAC 值)实例

	坐标	“测试”模态振型序号		
		模态 1	模态 2	模态 3
“测试”模态振型向量	1	0.01	0.58	0.02
	2	0.29	0.17	0.24
	3	0.51	−0.10	0.65
	4	0.57	−0.05	0.21
	5	0.50	0.20	−0.36
	6	0.32	0.01	−0.63
	模拟模态序号	“测试”模态序号		
		模态 1	模态 2	模态 3
“测试”与模拟模态 MAC 值	1	**0.97**	0.34	0.08
	2	0.30	**0.82**	0.25
	3	0.10	0.16	**0.98**
	4	0.22	0.19	0.13
	5	0.05	0.01	0.32
	6	0.26	0.14	0.13

4.2　正交性检查

一个无阻尼结构的特征向量在某种意义上是正交的，对于质量正则化特征向量，有

$$\boldsymbol{\Phi}^{\mathrm{T}}\boldsymbol{M}\boldsymbol{\Phi}=\boldsymbol{I},\quad \boldsymbol{\Phi}^{\mathrm{T}}\boldsymbol{K}\boldsymbol{\Phi}=\boldsymbol{\Lambda} \tag{4.2}$$

式中，$\boldsymbol{\Phi}$ 是特征向量矩阵，$\boldsymbol{\Lambda}$ 是特征值对角线矩阵，$\boldsymbol{I}$ 是单位矩阵。如果将测试模态振型替代式(4.2)的数值特征向量，可以通过看其满足方程的程度来判定测试模态振型的品质。用测试模态替代式(4.2)中的数值分析特征向量来做正交性检查对模态配对不会起到指导作用。仅一个特征向量矩阵用测试数据替换，也就是替换左乘或者右乘中的一项可以指导测试和分析模态的配对。模态提取技术通常是估计质量正则化模态振型，而有了质量正则化假设以后就不能体现出式(4.2)的作用。主要有两个难点使正交性检查的应用受限，一是 4.3 节将讨论的

名义上的复模态，二是测试数据的不完备性。不完备性是由测点个数有限所致，这意味着一定要将质量和刚度矩阵降阶，或者将试验模态振型扩阶，本章后面的内容将会对这些问题进行讨论。

为描述正交性检查的应用，考虑图 4.1 所示的离散质量、弹簧和阻尼系统，表 4.1 给出了假设每个自由度都进行测试的三阶模态，表 4.2 表示将这些数据代入式(4.2)得到的结果，观察 MAC 矩阵，相比于对角元素，非对角元素应该是零。可以用加权矩阵来修正 MAC 矩阵，例如，利用质量矩阵来加权 MAC 矩阵，当测试模态和预示模态都与表 4.1 中的向量相同，没发生变化时，修正过的 MAC 矩阵为

$$\mathrm{MAC}_{jk} = \frac{\left|\boldsymbol{\phi}_{mj}^{\mathrm{T}}\boldsymbol{M}\boldsymbol{\phi}_{ak}\right|^{2}}{(\boldsymbol{\phi}_{ak}^{\mathrm{T}}\boldsymbol{M}\boldsymbol{\phi}_{ak})(\boldsymbol{\phi}_{mj}^{\mathrm{T}}\boldsymbol{M}\boldsymbol{\phi}_{mj})} \tag{4.3}$$

类似的表达方式是用刚度矩阵修正。表 4.2 也给出了这个准则的结果。因为质量矩阵是对角阵并接近于单位阵，且测试数据看起来与数值分析数据不是很接近，所以修正的 MAC 矩阵与标准的 MAC 矩阵结果相比只有小量改进，后者的问题主要是由复模态的出现引起的，下面讨论复模态问题。

表 4.2　正交性检查和修正后的模态置信准则(MAC 值)实例

$$\boldsymbol{\Phi}_m^{\mathrm{T}}\boldsymbol{M}\,\boldsymbol{\Phi}_m = \begin{bmatrix} 1.35 & 0.24 & 0.01 \\ 0.24 & 0.82 & -0.12 \\ 0.01 & -0.12 & 1.24 \end{bmatrix}$$

$$\boldsymbol{\Phi}_m^{\mathrm{T}}\boldsymbol{K}\,\boldsymbol{\Phi}_m = \begin{bmatrix} 0.59 & -0.18 & 0.16 \\ -0.18 & 0.89 & -0.35 \\ 0.16 & -0.35 & 1.65 \end{bmatrix}$$

	模拟模态序号	“测试”模态序号		
		模态 1	模态 2	模态 3
“测试”与模拟模态修正 MAC 值	1	**0.96**	0.46	0.04
	2	0.25	**0.83**	0.21
	3	0.07	0.16	**0.97**
	4	0.02	0.22	0.09
	5	0.03	0.03	0.05
	6	0.08	0.16	0.14

4.3　复模态问题

因为比例黏性阻尼不能完全准确地反映实际阻尼，所以源于试验数据的模态是复模态。比例黏性阻尼假设下，无阻尼模型的模态振型可作为阻尼系统的模态振型。大多数有限单元程序不包括阻尼特征，即使包括了阻尼特征，所选择的模型也不一定是简单准确的。将来源于无阻尼模型的数值分析数据和来源于阻尼特征不清楚的结构试验数据相比较是极其困难的，通常的处理方法是将试验测出的复模态数据实数化，使其变为实模态，或者采用相位共振测试得到实模态。由于修正方案一般是用试验模态数据修正一个无阻尼有限元模型，因此测试的复模态一定要近似等效为实模态。注意到实数化是描述模态振型向量元素的数值域，即对应元素是实数而不是复数。实模态有时称为正则模态，事实上，从某种意义来说实模态并不存在。一个实际结构在正则力条件下，表现的是复模态。关于这个问题，另一个解决方法是相位共振测试(Cooper et al. ,1992)，通常将其视为正则模态测试，以这种方式测试，即使采用大量激振器进行测试，也仅仅显示结构的一个模态。相位共振测试比较耗时，且执行起来比较困难，当对模态振型要求极准确时，才采用相位共振测试。

本节将用一个黏性非比例阻尼模型获得一些关于复模态的见解。本章后面(图 4.1)提到的例子考虑一个包含离散质量、弹簧和阻尼的系统。不同阻尼装置的连续系统也会表现出复模态，已成熟的形成实模态的方法可应用到这些情况，Caughey 和 O'Kelly(1965)以及 Mitchell(1990)回顾了复模态的概念。Ibrahim(1983)和 Niedbal(1984)阐述了获得实模态的方法，且 Sestieri 和 Ibrahim(1994)分析了这些方法引入的误差。

4.3.1　实数化方法

最简单通用的复模态振型实数化的方法是将复模态振型向量的每一个元素的模与其相位角余弦的正号或负号相乘。这样，如果对应的复模态振型元素的相位角在$-90°$和$90°$之间，那么实模态振型向量元素是正的，否则实模态振型元素是负的。对于小阻尼结构，当相位角接近于$0°$或$180°$时，此方法效果较好。

第二种方法需要利用复数转换以实模态振型表示复模态振型，另外，利用复数转换矩阵$\boldsymbol{T}$，以复模态振型矩阵$\boldsymbol{\Phi}_{\mathrm{C}}$表示实模态振型矩阵$\boldsymbol{\Phi}_{\mathrm{R}}$，如式(4.4)所示：

$$\boldsymbol{\Phi}_{\mathrm{R}} = \boldsymbol{\Phi}_{\mathrm{C}}\boldsymbol{T} \tag{4.4}$$

将式(4.4)分为实部和虚部两部分，分别记为Re和Im，注意到$\boldsymbol{\Phi}_{\mathrm{R}}$是实向量，得(Niedbal，1984)

$$\mathrm{Im}(\boldsymbol{\Phi}_{\mathrm{C}})\mathrm{Re}(\boldsymbol{T}) + \mathrm{Re}(\boldsymbol{\Phi}_{\mathrm{C}})\mathrm{Im}(\boldsymbol{T}) = 0 \tag{4.5}$$

对$\mathrm{Re}(\boldsymbol{\Phi}_{\mathrm{C}})$求伪逆得

$$\mathrm{Im}(\boldsymbol{T}) = -(\mathrm{Re}(\boldsymbol{\Phi}_{\mathrm{C}})^{\mathrm{T}}\mathrm{Re}(\boldsymbol{\Phi}_{\mathrm{C}}))^{-1}\mathrm{Re}(\boldsymbol{\Phi}_{\mathrm{C}})^{\mathrm{T}}\mathrm{Im}(\boldsymbol{\Phi}_{\mathrm{C}})\mathrm{Re}(\boldsymbol{T}) \tag{4.6}$$

设定转换矩阵的实部为单位矩阵，可以发现

$$\boldsymbol{\Phi}_{\mathrm{R}} = \mathrm{Re}(\boldsymbol{\Phi}_{\mathrm{C}}) + \mathrm{Im}(\boldsymbol{\Phi}_{\mathrm{C}})(\mathrm{Re}(\boldsymbol{\Phi}_{\mathrm{C}})^{\mathrm{T}}\mathrm{Re}(\boldsymbol{\Phi}_{\mathrm{C}}))^{-1}\mathrm{Re}(\boldsymbol{\Phi}_{\mathrm{C}})^{\mathrm{T}}\mathrm{Im}(\boldsymbol{\Phi}_{\mathrm{C}}) \tag{4.7}$$

注意到，如果模态振型矩阵是方阵，式(4.7)可以简化，故式中两个矩阵乘积的逆可以写成两个矩阵的逆的乘积，与各个模态的复杂程度无关，所有模态都要进行同样的转换。当然，这个假设对于高阻尼系统是无效的。

第三种由Ibrahim(1983)提出的方法是直接解特征系统方程来估计用于计算无阻尼系统特征的$\boldsymbol{M}^{-1}\boldsymbol{K}$，这样，阻尼特征值问题可写为

$$[\boldsymbol{M}^{-1}\boldsymbol{K} \quad \boldsymbol{M}^{-1}\boldsymbol{C}]\begin{Bmatrix}\boldsymbol{\phi}_j \\ \lambda_j\boldsymbol{\phi}_j\end{Bmatrix} = -\lambda_j^2\boldsymbol{\phi}_j, \quad j = 1,\cdots,n \tag{4.8}$$

如果所有模态都进行测试，或者所关心的频率范围内模态的个数与测试点的个数相同，那么此方法得到的结果很准确。事实上只测试了较少的模态，因此，得到的矩阵和估计的特征系统不是唯一的，Ibrahim建议利用结构分析模型数据补充缺少的模态。实数化后，再忽略补充的这些模态，此时，就确定了测试复模态对应的实模态。

4.3.2 方法比较

为了论证比较上述几种方法，考虑图4.1所示的离散质量、弹簧和

阻尼系统，假设每个质量上仅仅测试了前三阶模态，表 4.3 给出无阻尼状态下系统的实模态结果，同时，表 4.3 也给出了用上述三种方法估计的模态振型。表中的 MAC 值是由复模态计算估计出的实模态与准确的实模态之间的 MAC 值。对于最后一种基于式(4.8)的实数化方法，采用两个不同的方法补充未测试的高频模态数据，也就是来自于真实模型的名义上准确的高频和相关的模态，以及任意的高频和随机的模态振型，尽管利用随机数据得到的结果不是很差，但利用准确的高频模态得到的结果却很好。例子清晰地显示了当利用简单幅值方法将复模态转换成实模态时引起的潜在误差，这些误差随后会引入修正过程，同时会导致修正参数的低劣估计。

表 4.3　复模态实数化

坐标	真实的实模态	幅值法	式(4.4)变换法	直接解式(4.8)法	
				补充准确高频数据	补充随机高频数据
模态 1，固有频率=93.19Hz					
1	0.20	0.18	0.10	0.19	0.19
2	0.26	0.26	0.25	0.26	0.25
3	0.39	0.40	0.41	0.39	0.39
4	0.39	0.39	0.40	0.39	0.39
5	0.45	0.45	0.47	0.45	0.46
6	0.27	0.27	0.30	0.28	0.28
MAC 值	1.00	1.00	0.99	1.00	1.00
模态 2，固有频率=149.62Hz					
1	0.61	0.66	0.68	0.61	0.65
2	0.14	0.04	0.13	0.13	0.13
3	0.08	−0.16	0.04	0.10	0.06
4	−0.05	−0.09	0.00	−0.05	−0.03
5	−0.28	0.17	−0.10	−0.29	−0.22
6	−0.25	0.20	−0.07	−0.22	−0.16
MAC 值	1.00	0.55	0.93	1.00	0.99

续表

坐标	真实的实模态	幅值法	式(4.4)变换法	直接解式(4.8)法	
				补充准确高频数据	补充随机高频数据
模态 3，固有频率=187.97Hz					
1	−0.28	0.13	−0.07	−0.29	−0.40
2	0.22	0.24	0.23	0.24	0.21
3	0.66	0.59	0.61	0.62	0.63
4	0.17	0.07	0.08	0.18	0.20
5	−0.24	−0.36	−0.36	−0.22	−0.14
6	−0.40	−0.49	−0.49	−0.45	−0.33
MAC 值	1.00	0.87	0.95	1.00	0.98

4.4 模型缩聚

测试数据与数值分析数据相比较时，数据不完备性会带来问题。响应测试的测点和频率范围有限，意味着相对分析模型仅测试了少量的模态振型向量，且向量的元素个数也缩减了。比较这些数据的一种方法是缩减分析模型自由度个数，然后，就可以应用 4.2 节介绍的正交性检查方法。

4.4.1 Guyan 或静态缩聚

最通用的也是最简单的方法是由 Guyan(1965)提出的静态缩聚法。此方法中，位移和力向量分别记为 $\boldsymbol{x}$ 和 $\boldsymbol{f}$，质量和刚度矩阵分别记为 $\boldsymbol{M}$ 和 $\boldsymbol{K}$，按保留的主自由度和消掉的从自由度将矩阵和向量分块，从自由度上如果没有施加外力，那么式(2.12)变为

$$\begin{bmatrix}\boldsymbol{M}_{\mathrm{mm}} & \boldsymbol{M}_{\mathrm{ms}}\\ \boldsymbol{M}_{\mathrm{sm}} & \boldsymbol{M}_{\mathrm{ss}}\end{bmatrix}\begin{Bmatrix}\ddot{\boldsymbol{x}}_{\mathrm{m}}\\ \ddot{\boldsymbol{x}}_{\mathrm{s}}\end{Bmatrix}+\begin{bmatrix}\boldsymbol{K}_{\mathrm{mm}} & \boldsymbol{K}_{\mathrm{ms}}\\ \boldsymbol{K}_{\mathrm{sm}} & \boldsymbol{K}_{\mathrm{ss}}\end{bmatrix}\begin{Bmatrix}\boldsymbol{x}_{\mathrm{m}}\\ \boldsymbol{x}_{\mathrm{s}}\end{Bmatrix}=\begin{Bmatrix}\boldsymbol{f}_{\mathrm{m}}\\ \boldsymbol{0}\end{Bmatrix} \tag{4.9}$$

下标 m 和 s 分别代表主、从坐标，忽略惯性项，方程的第二个式子可写为

$$\boldsymbol{K}_{\mathrm{sm}}\boldsymbol{x}_{\mathrm{m}}+\boldsymbol{K}_{\mathrm{ss}}\boldsymbol{x}_{\mathrm{s}}=\boldsymbol{0} \tag{4.10}$$

此式可用于消除从自由度，因此有

$$\begin{Bmatrix}\boldsymbol{x}_{\mathrm{m}}\\ \boldsymbol{x}_{\mathrm{s}}\end{Bmatrix}=\begin{bmatrix}\boldsymbol{I}\\ -\boldsymbol{K}_{\mathrm{ss}}^{-1}\boldsymbol{K}_{\mathrm{sm}}\end{bmatrix}\{\boldsymbol{x}_{\mathrm{m}}\}=\boldsymbol{T}_{\mathrm{s}}\boldsymbol{x}_{\mathrm{m}} \tag{4.11}$$

式中，$\boldsymbol{T}_{\mathrm{s}}$ 代表全部坐标位移向量和主坐标位移向量之间的静态转换矩阵，缩聚后的质量阵和刚度阵为

$$\boldsymbol{M}_{\mathrm{R}}=\boldsymbol{T}_{\mathrm{s}}^{\mathrm{T}}\boldsymbol{M}\boldsymbol{T}_{\mathrm{s}},\quad \boldsymbol{K}_{\mathrm{R}}=\boldsymbol{T}_{\mathrm{s}}^{\mathrm{T}}\boldsymbol{K}\boldsymbol{T}_{\mathrm{s}} \tag{4.12}$$

式中，$\boldsymbol{M}_{\mathrm{R}}$ 和 $\boldsymbol{K}_{\mathrm{R}}$ 是缩聚质量和刚度矩阵，注意到由式(4.9)缩聚后得到的频响函数仅仅在零频时是准确的。随着激励频率的增加，忽略式(4.10)中惯性项的影响变得更加显著。

4.4.2　动力学缩聚

通过修正静态缩聚法可以获得任意频率下结构的准确响应。因此，动力学缩聚法是 Guyan 缩聚法的扩展。响应频率的选择可以采用几何均值，也可以采用关心频率范围的中心频率。分析结构特征体系时，Paz(1984)在迭代法则中利用中心频率法来提高计算效率。修改式(4.10)，使其包括选择频率点 ω_0 处的惯性，由主坐标向量得出从坐标向量的变换为

$$\begin{Bmatrix}\boldsymbol{x}_{\mathrm{m}}\\ \boldsymbol{x}_{\mathrm{s}}\end{Bmatrix}=\begin{bmatrix}\boldsymbol{I}\\ -(\boldsymbol{K}_{\mathrm{ss}}-\omega_0^2\boldsymbol{M}_{\mathrm{ss}})^{-1}(\boldsymbol{K}_{\mathrm{sm}}-\omega_0^2\boldsymbol{M}_{\mathrm{sm}})\end{bmatrix}\{\boldsymbol{x}_{\mathrm{m}}\}=\boldsymbol{T}_{\mathrm{d}}\boldsymbol{x}_{\mathrm{m}} \tag{4.13}$$

与式(4.12)由 $\boldsymbol{T}_{\mathrm{s}}$ 得到缩聚质量和刚度矩阵的方法类似，这个转换的使用方法与静态转换的使用方法相同。注意到如果式(4.13)中漂移频率 ω_0 为零，那么这个方法与静态缩聚方法是相同的。

4.4.3　改进的缩聚系统

O'Callahan(1989)介绍了一种方法，即改进的缩聚系统(improved reduced system，IRS)方法。该方法是对静态缩聚法的改进，实际是对静态转换增加一个假的静态力形式的惯性扰动。转换矩阵 $\boldsymbol{T}_i$ 如式(4.14)所示，此式用于由主坐标向量得出从坐标向量的转换：

$$\boldsymbol{T}_i = \boldsymbol{T}_{\mathrm{s}} + \boldsymbol{S}\boldsymbol{M}\boldsymbol{T}_{\mathrm{s}}\boldsymbol{M}_{\mathrm{R}}^{-1}\boldsymbol{K}_{\mathrm{R}} \tag{4.14}$$

式中，$\boldsymbol{S}=\begin{bmatrix}\boldsymbol{0} & \boldsymbol{0}\\ \boldsymbol{0} & \boldsymbol{K}_{\mathrm{ss}}^{-1}\end{bmatrix}$，且 $\boldsymbol{M}_{\mathrm{R}}$ 和 $\boldsymbol{K}_{\mathrm{R}}$ 是利用静态缩聚法得到的质量和刚度阵，Friswell 等(1994)给出了一个迭代的 IRS 法，此方法与系统等效缩聚扩展处理(system equivalent reduction expansion process，SEREP)法的转换阵相同。

4.4.4 系统等效缩聚扩展处理法

O'Callahan 等于 1989 提出了 SEREP 法，即利用计算分析得出的特征向量形成主从坐标向量之间的转换阵，分析特征向量按主从坐标分块，即 $\boldsymbol{\Phi}=\begin{bmatrix}\boldsymbol{\Phi}_{\mathrm{m}}\\ \boldsymbol{\Phi}_{\mathrm{s}}\end{bmatrix}$，利用$\boldsymbol{\Phi}_{\mathrm{m}}$ 的广义逆阵或者伪逆阵给出转换，当主坐标个数多于模态的个数时，如式(4.15)所示：

$$\boldsymbol{T}_u = \begin{bmatrix}\boldsymbol{\Phi}_{\mathrm{m}}\\ \boldsymbol{\Phi}_{\mathrm{s}}\end{bmatrix}\boldsymbol{\Phi}_{\mathrm{m}}^{+} \tag{4.15}$$

式中，$\boldsymbol{\Phi}_{\mathrm{m}}^{+}=(\boldsymbol{\Phi}_{\mathrm{m}}^{\mathrm{T}}\boldsymbol{\Phi}_{\mathrm{m}})^{-1}\boldsymbol{\Phi}_{\mathrm{m}}^{\mathrm{T}}$。

可以采用与式(4.12)类似的方式得出缩聚的质量和刚度阵。利用这种方法缩聚后的模型会准确地复现未缩聚前完整模型的低阶固有频率。

4.4.5 方法比较

采用图 4.1 所示的基于离散质量和弹簧的系统，但是不考虑阻尼的例子来描述模型缩聚方法。Avitable 等(1989，1992)更详细地比较了这几种方法。假设希望模型缩聚到第一、三、五个质量的三个平动自由度上。表 4.4 给出了利用 4.4.1 节～4.4.4 节提过的四种缩聚法缩聚后，重新计算出缩聚系统固有频率，动力学缩聚计算选择了 150Hz 的频率，这与完整模型二阶固有频率很接近，表 4.4 也给出了完整模型的前三阶模态。

表 4.4　缩聚模型的固有频率　(单位:Hz)

完整模型	静态缩聚	动力学缩聚	IRS 法缩聚	SEREP 法缩聚
93.19	95.46	103.55	93.21	93.19
149.62	151.40	149.62	149.88	149.62
187.97	197.63	191.09	190.84	187.97

静态缩聚法不会复现原始分析模型的任何固有频率,且所有频率都要高于原始分析模型的频率。静态缩聚忽略了惯性项,因为惯性项对于较高固有频率的准确估计更为关键,所以较高固有频率准确性更低。动力学缩聚准确地估计了二阶固有频率,这是选择的频率 ω_0 与其巧合的结果,应该需要多个固有频率,故可以选择不同的频率 ω_0 应用此方法。利用 IRS 方法缩聚的模型的固有频率非常接近于完整模型的固有频率。正如所期待的,与公式表示的一样,利用 SEREP 方法缩聚的模型得出的固有频率是准确的。

Goh 和 Mottershead(1993)考虑了模型修正中模型缩聚的影响,并对动力学缩聚与模态截断(等效于 SEREP 方法)进行了比较。

4.5　模 态 扩 展

与缩聚有限元模型矩阵相对的另一种方法是扩展测试模态振型向量以估计出未测试位置的振型数据。扩展测试数据总是需要利用有限元模型分析结果来补充缺失的数据。本质上,模态振型扩展与模态振型缩聚相反,且方法有一定的类似。最简单的方法是用有限元分析模态振型向量的元素来代替未测试自由度的数据,仅当分析和测试模态振型以同样的方法缩放时,可以应用这个简单的方法。模态扩展也可以利用前面章节叙述的用于分析模型缩聚的转换。本节讨论的两种方法分别与动力学缩聚和 SEREP 法相对应。本节中下标 m 和 s 分别代表测试和未测试的自由度。

4.5.1　质量和刚度阵扩展

假设 ω_{mj} 和 $\boldsymbol{\phi}_{mj}$ 分别代表第 j 阶测试固有频率和对应的测试坐标的

模态振型。有限元模型的质量和刚度阵按测试和未测试坐标分块，然后，将与测试坐标对应的数据用测试的固有频率和模态振型代替，意味着运动方程可以写为

$$\left(-\omega_{mj}^2\begin{bmatrix}\boldsymbol{M}_{mm} & \boldsymbol{M}_{ms}\\ \boldsymbol{M}_{sm} & \boldsymbol{M}_{ss}\end{bmatrix}+\begin{bmatrix}\boldsymbol{K}_{mm} & \boldsymbol{K}_{ms}\\ \boldsymbol{K}_{sm} & \boldsymbol{K}_{ss}\end{bmatrix}\right)\begin{Bmatrix}\boldsymbol{\phi}_{mj}\\ \boldsymbol{\phi}_{sj}\end{Bmatrix}=\begin{Bmatrix}\boldsymbol{0}\\ \boldsymbol{0}\end{Bmatrix} \tag{4.16}$$

式中，$\boldsymbol{\phi}_{sj}$代表从自由度或者未测试自由度上的估计模态振型，重新整理矩阵方程下半部分，得出测试自由度模态振型向量从坐标上的解，这样就有

$$\boldsymbol{\phi}_{sj}=-(-\omega_{mj}^2\boldsymbol{M}_{ss}+\boldsymbol{K}_{ss})^{-1}(-\omega_{mj}^2\boldsymbol{M}_{sm}+\boldsymbol{K}_{sm})\boldsymbol{\phi}_{mj} \tag{4.17}$$

式(4.17)由式(4.16)下半部分导出。其余未测试自由度的估计可以利用式(4.16)上半部分或者上下部分联合求得。注意到这个计算会包括伪逆，仅当测试自由度个数超出未测试自由度个数时，利用方程上半部分求得的结果较令人满意。从实际应用角度看，如果有限元数据不包含模型矩阵中的所有元素，例如，如果在分析早期阶段应用了缩聚，那么这个方法执行起来便很困难。这个方法与动力学缩聚方法很类似。

4.5.2　模态数据扩展

第二种扩展方法是利用有限元模型模态数据估计未测试自由度的模态，假设测试模态是数值分析模态的线性组合，且转换矩阵 $\boldsymbol{T}$ 由式(4.18)定义：

$$\boldsymbol{\Phi}_m=[\boldsymbol{\Phi}_a]_m\boldsymbol{T} \tag{4.18}$$

式中，$[\boldsymbol{\Phi}_a]_m$ 是主自由度或者测试自由度的数值分析模态振型。尽管可利用的模态个数不受限制，但通常仅考虑数值分析模型和测试数据关联很好的模态，将式(4.18)做伪逆，给出转换矩阵 $\boldsymbol{T}$ 如式(4.19)所示：

$$\boldsymbol{T}=[\boldsymbol{\Phi}_a]_m^+\boldsymbol{\Phi}_m \tag{4.19}$$

式中，+号代表伪逆。这个转换可以用于根据有限元数值分析模态数据改进未测试自由度模态估计，也可以用于平滑测试数据。

$$(\boldsymbol{\Phi}_m)_{smoothed}=[\boldsymbol{\Phi}_a]_m\boldsymbol{T},\quad \boldsymbol{\Phi}_s=[\boldsymbol{\Phi}_a]_s\boldsymbol{T} \tag{4.20}$$

式中，$[\boldsymbol{\Phi}_a]_s$ 是从自由度或未测试自由度的数值分析模态振型。此方法

中全部分析特征向量都能只以测试自由度模态振型来表示，转换矩阵可以单独使用分析数据获得，也可以使用测试和分析数据的不同组合获得（O'Callahan，1989）。

这种方法与前面讨论的 SEREP 方法类似。

4.5.3　方法比较

考虑图 4.1 所示的离散质量、弹簧和阻尼系统，假设测试了第一、三、五个质量的响应，且假设仅测试了前三阶模态，测试的数据是复模态，然后利用 4.3.1 节提到的方法，考虑相位角将其转化为实模态。分别利用式(4.17)和式(4.20)描述的方法扩展模态。注意到此种情况下，当采用模态数据扩展时，没有平滑数据。表 4.5 给出了扩展后的模态和完整的质量阵之间的质量正交性结果，结果应该接近于单位矩阵。很明显，模态之间有差别，利用模态数据即式(4.20)扩展出的结果稍好一点。Gysin(1990)、Imregun 和 Ewins(1993)给出了多个模态振型扩展方法应用的例子。

表 4.5　扩展模态振型的质量正交性

采用式(4.17)扩展	1.01	0.53	0.01
	0.53	1.07	−0.01
	0.01	−0.01	1.02
采用式(4.20)扩展	1.00	0.44	0.02
	0.44	1.00	−0.10
	0.02	−0.10	1.01

4.6　传感器位置优化

4.5 节所描述的比较测试和分析数据的方法依赖于令人满意的传感器放置，例如，如果结构中存在局部模态，但是对应的位置没有放置传感器，该阶模态会有显著的偏差，那么将其与分析模型的特征向量进行比较是很困难的。工程上判断传感器的放置需要一定的经验，通常，振动测试中传感器个数远多于严格意义上所要求的传感器个数。这里描述一些自动选择测试位置的方法。

4.6.1 传感器位置选择

有两种方法选择测试位置，第一种方法是基于前面描述的 Guyan 缩聚法(Penny et al，1994)，第二种方法是由 Kammer(1991，1992)利用 Fisher 信息矩阵(Fisher information matrix，FIM)发展起来的，即所谓的有效独立分布向量法。可将第二种方法扩展到选择传感器位置问题，也就是选择测点问题，以识别结构的模态参数(Lim，1993)。

1. Guyan 缩聚法

正如最初设想的，Guyan 缩聚法的目的[Guyan(1965)；式(4.9)～式(4.12)]是缩聚大型有限元模型自由度个数以使特征值问题求解更加方便。问题归结到如何选择主坐标，Guyan 缩聚的基本假设是一种理想状态，即相对弹性载荷忽略了从坐标上的惯性载荷，这样，从坐标一定要选在惯性较低而刚度较高的位置，以使质量很好地连接到结构上。反过来，主坐标要选在相对于刚度来说惯性较高的位置，这个过程可以通过检查第 i 个坐标上 k_{ii}/m_{ii} 的比自动实现(Henshall and Ong，1975)。如果 k_{ii}/m_{ii} 值较小，代表对应坐标上惯性影响显著，因此该坐标必须作为主坐标。如果 k_{ii}/m_{ii} 值较大，那么对应的第 i 个坐标作为从坐标去掉。

按照上述规则选择从坐标不是一次全部完成的，而是一次只选择和去掉一个。这样的过程有两个优势，首先，在每个阶段，每个去掉的坐标的影响作用重新分布到所有保留的坐标上，这样，下一次将根据减缩后的质量和刚度阵中最高的 k_{ii}/m_{ii} 比值来判定要减缩去掉的坐标。第二个优势是坐标选择和去掉的一系列过程，判定准则很简单(Henshall and Ong，1975)。

正如一直以来所描述的，Guyan 缩聚法用于产生保持初始模型低阶固有频率特征的缩聚模型，在许多方面，对于大结构系统选择测试位置的准则与其相同，都是想准确地测量较低阶频率模态。因此，将有限元模型主坐标作为模态试验测试位置是合理的，保证所选主坐标位置与结构实际测点有很好的一致性是明智的。

实际上，确定测点的过程如下。最初，有限元模型坐标远多于事实上可以测试的坐标。作为初始步骤，自动选择程序启动之前，将有限元模型中没有准备测试的坐标去掉。这些通常包括转动坐标和不容易测得的坐标。然后利用自动选择程序缩聚有限单元模型主坐标的个数以达到实现测试目标所要求的坐标个数。

2. 有效独立分布向量法

此方法的目标是选择测试点以使关心的模态振型尽可能地线性独立，同时，测试数据中保留模态响应的信息尽可能多。测试位置问题从估计理论着手。

与 Guyan 缩聚法相同，此方法也是由系统的有限元模型开始的，第一步仍是去掉不能测试的坐标，如转动坐标和不容易测得的坐标。Kammer(1991,1992)关于这一问题阐述得更加深刻，且允许分析者减掉认为不重要的坐标。目前，有效独立的程序由形成 Fisher 信息矩阵 $\boldsymbol{A}$ 开始：

$$\boldsymbol{A}=\boldsymbol{\Phi}^{\mathrm{T}}\boldsymbol{\Phi} \tag{4.21}$$

式中，$\boldsymbol{\Phi}$ 是缩聚和截断后的模态矩阵。模态矩阵要缩聚，因为它仅仅包含关心的模态，且这些模态仅在当前选择的坐标上定义。然后由式(4.22)定义矩阵 $\boldsymbol{E}$：

$$\boldsymbol{E}=\boldsymbol{\Phi}\boldsymbol{A}^{-1}\boldsymbol{\Phi}^{\mathrm{T}} \tag{4.22}$$

矩阵 $\boldsymbol{E}$ 是幂矩阵，也就是$\boldsymbol{E}^2=\boldsymbol{E}$，由于这个性质，该矩阵的迹与它的秩相等，这样，矩阵 $\boldsymbol{E}$ 对角线上的元素反映了每个测量位置对矩阵 $\boldsymbol{E}$ 的秩的少量贡献，也就是对所选模态的独立性的少量贡献。

如果关心的所有模态是线性独立的，那么矩阵 $\boldsymbol{E}$ 是满秩的。选择程序就是检查矩阵 $\boldsymbol{E}$ 对角线上的元素，由于最小的元素与所选模态独立性贡献最小的坐标关联，故将该对应自由度去掉。然后重新计算矩阵 $\boldsymbol{E}$，且重复同样的判断过程，迭代过程中去掉对应坐标，当迭代过程停止时，所保留的坐标即作为测试的位置。

4.6.2 评估传感器位置的合理性

为了对所选测试位置的品质进行评估，建立评估准则，这里讨论四个评估准则。

模态置信准则(modal assurance criteria，MAC)：任何模态测试，只有将测试模态分离开，模态振型数据才是真正有用的。也就是模态振型向量应该是线性独立的。当测试结果用来验证或修正有限元模型时，这一点特别重要。检查模态振型线性独立性最简单的方法是使用 MAC 法。通常 MAC 方法用于检查测试和数值分析模态振型之间的相关性。这里仅利用所选测试坐标上的数值分析模态振型，所以，对角元素是单位值。因为特征向量分别与质量阵和刚度阵正交，而 MAC 方法没有计入这些权重影响，所以，通常非对角元素不是零。也可以利用式(4.3)给出的修正的 MAC 法。

奇异值分解(singular value decomposition，SVD)：Golub 和 van Loan(1989)提出的基于测试自由度的特征向量矩阵奇异值分解法可用于确定所选测试位置是否合适。该方法是简单评估特征向量矩阵的最大奇异值与最小奇异值之比，如果该比值接近于 1，表明测试位置的选择是好的，该比值越大，测试位置选择质量越差。有三种方式证明 SVD 方法的可应用性：名义上的模态正交性、模态扩展问题条件、模态的可观测性。如果模态振型向量是正交的(MAC 阵是单位阵)，那么所有的奇异值是相等的。如果向量是线性相关的，那么至少有一个奇异值是零，会有一个无限大的比值。4.5 节描述的利用模态数据的模态振型扩展问题需要对模态振型矩阵作伪逆，它的条件与 SVD 比值直接相关。

每阶模态测试能量：系统的动能可划分到系统的每阶模态上。对于任一阶模态的动能可以分割到基于整个结构质量分布的测试与未测试自由度上。对于一个令人满意的模态测试来说，要求任一模态的测试坐标上的动能占该阶模态全部能量的比例一定要明显大。

Fisher 信息矩阵(FIM)：Kammer(1991，1992)提出的 Fisher 信息矩阵的行列式可以看成与信息的确定性相似。行列式越大，矩阵包含的信息越多，这样，FIM 阵的行列式应该维持一个较高的值，FIM 的缺陷是它的行列式值不在固定的范围内，因此，根据这个值来判断测试位置选择的好坏是困难的。显而易见，FIM 的条件数是特征向量矩阵最大奇异值与最小奇异值之比的平方。

参考文献

Allemang R J, Brown D L. 1982. A correlation coefficient for modal vector analysis. The 1st International Modal Analysis Conference, Orlando: 110-116.

Avitabile P, O'Callahan J, Milani J. 1989. Comparison of system characteristics using various model reduction techniques. The 7th International Modal Analysis Conference, Las Vegas: 1109-1115.

Avitabile P, Pechinsky F, O'Callahan J. 1992. Study of vector correlation using various techniques for model reduction. The 10th International Modal Analysis Conference, San Diego: 572-583.

Caughey T K, O'Kelly M M J. 1965. Classical normal modes in damped linear dynamic systems. Transactions ASME, Journal of Applied Mechanics, 32: 583-588.

Cooper J E, Hamilton M J, Wright J R. 1992. Experimental evaluation of normal mode force appropriation methods using a rectangular plate. The 10th International Modal Analysis Conference, San Diego: 1327-1333.

Friswell M I, Garvey S D, Penny J E T. 1994. Model reduction using an iterated IRS technique. The 5th International Conference on Recent Advances in Structural Dynamics, Southampton: 879-889.

Goh E L, Mottershead J E. 1993. On model reduction techniques for finite element updating. NAFEMS/DTA International Conference on Structural Dynamics, Modelling, Test, Analysis and Correlation, Milton Keynes: 421-432.

Golub G, van Loan C. 1989. Matrix Computation. 2nd ed. Baltimore: John Hopkins University Press.

Guyan R J. 1965. Reduction of stiffness and mass matrices. AIAA Journa, 3(2): 380.

Gysin H. 1990. Comparison of expansion methods for FE model localisation. The 8th International Modal Analysis Conference, Kissimmee: 195-204.

Henshell R D, Ong J H. 1975. Automatic masters for eigenvalue economisation. International Journal of Earthquake Structural Dynamics, 3: 375-383.

Ibrahim S R. 1983. Computation of normal modes from identified complex modes. AIAA Journal, 21(3): 446-451.

Imregun M, Ewins D J. 1993. An investigation into mode shape expansion techniques. The 11th International Modal Analysis Conference, Kissimmee: 168-175.

Kammer D C. 1991. Sensor placements for on-orbit modal identification and correlation of large space structures. Journal of Guidance,Control and Dynamics,14(2):251-259.

Kammer D C. 1992. Effect of noise on sensor placement for on-orbit modal identification and correlation of large space structures.` Transactions ASME,Journal of Dynamical Systems,Measurement and Control,114(3):436-443.

Lieven N A J. 1988. Spatial correlation of mode shapes,the coordinate modal assurance criterion. The 6th International Modal Analysis Conference,Kissimmee:690-695.

Lim T W. 1993. Actuator/Sensor placement for modal parameter identification of flexible Structures. Modal Analysis,8(3):1-14.

Mitchell L D. 1990. Complex modes: A review. The 8th International Modal Analysis Conference,Kissimmee:891-899.

Niedbal N. 1984. Analytical determination of real normal modes from measured complex responses. The 25th Structures, Structural Dymnamics and Materials Conference, Palm Springs: 292-295.

O'Callahan J C. 1989. A procedure for an improved reduced system (IRS) model. The 7th International Modal Analysis Conference,Las Vegas:17-21.

O'Callahan J,Avitabile P,Riemer R. 1989. System equivalent reduction expansion process. The 7th International Modal Analysis Conference,Las Vegas:29-37.

Paz M. 1984. Dynamic condensation. AIAA Journal,22(5):724-727.

Penny J E T,Friswell M I,Garvey S D. 1994. Automatic choice of measurement locations for dynamic testing. AIAA Journal,32(2):407-414.

Sestieri A,Ibrahim S R. 1994. Analysis of errors and approximations in the use of modal co-ordinates. Journal of Sound and Vibration,177(2):145-157.

第 5 章　估 计 技 术

本章从一般角度介绍最小二乘估计和相关估计，没有特别针对模型修正问题。参数估计在模型修正中所特有的作用将在第 8 章和第 9 章阐述。本章还考虑有关噪声污染和非满秩问题，并介绍正则化和奇异值分解。在撰写此章内容时，作者已经仔细参阅了由 Golub 和 van Loan(1989)、Soderstrom 和 Stoica(1989)著写的卓越文章，这些文章提供了细节参考。

5.1　最小二乘估计

5.1.1　经典最小二乘估计法

经典最小二乘问题，其目标是利用式(5.1)确定 l 维向量参数 $\boldsymbol{\theta}$ 的具体值，即

$$\boldsymbol{A\theta} = \boldsymbol{b}_k - \boldsymbol{\varepsilon}_k \tag{5.1}$$

式中，$\boldsymbol{b}$ 是 m 维观测向量，$\boldsymbol{A}$ 是$(m \times l)$维矩阵，而式中 m 维向量 $\boldsymbol{\varepsilon}$ 代表观测误差。下标 k 是观测计数器，为了简化，在下面的分析中将忽略下标 k。

假设：

(1) 观测向量的期望值以参数 $\boldsymbol{\theta}$ 的线性组合形式给出，即

$$E[\boldsymbol{b}] = \boldsymbol{A\theta} \tag{5.2}$$

(2) 每个观测向量有相同的方差 σ^2，且每组观测向量都是互不相关的，即

$$E[(\boldsymbol{b} - E[\boldsymbol{b}])\ (\boldsymbol{b} - E[\boldsymbol{b}])^{\mathrm{T}}] = \sigma^2 \boldsymbol{I}_{m\times m} \tag{5.3}$$

通过应用式(5.2)和式(5.3)，可直接得出如下结论：

(1) 由式(5.4)给出的估计参数 $\hat{\boldsymbol{\theta}}$ 的期望值是无偏的，如式(5.5)

所示：

$$\hat{\boldsymbol{\theta}} = (\boldsymbol{A}^{\mathrm{T}}\boldsymbol{A})^{-1}\boldsymbol{A}^{\mathrm{T}}\boldsymbol{b}, \quad \mathrm{rank}(\boldsymbol{A}) = l \tag{5.4}$$

$$E[\hat{\boldsymbol{\theta}}] = \boldsymbol{\theta} \tag{5.5}$$

(2) $\mathrm{var}(\hat{\boldsymbol{\theta}}) = E[(\hat{\boldsymbol{\theta}} - E[\hat{\boldsymbol{\theta}}])(\hat{\boldsymbol{\theta}} - E[\hat{\boldsymbol{\theta}}])^{\mathrm{T}}] = \sigma^2 (\boldsymbol{A}^{\mathrm{T}}\boldsymbol{A})^{-1}$ (5.6)

这样，$(\boldsymbol{A}^{\mathrm{T}}\boldsymbol{A})^{-1}$代表参数协方差的非缩放矩阵。

应该注意的是，应用最小二乘法估计出的 $\hat{\boldsymbol{\theta}}$，一般不能重新准确地构建观测向量 $\boldsymbol{b}$。下面从几何学介绍该现象，考虑将矩阵 $\boldsymbol{A}$ 按列分割：

$$\boldsymbol{A} = [\boldsymbol{a}_1, \cdots, \boldsymbol{a}_l] \tag{5.7}$$

式中，$[\boldsymbol{a}_1, \cdots, \boldsymbol{a}_l]$和 $\boldsymbol{b}$ 是 m 维空间中的向量，且$\boldsymbol{a}_1, \cdots, \boldsymbol{a}_l$ 定义了一个 l 维子空间。重新构建的观测向量记为 $\hat{\boldsymbol{b}}$，$\hat{\boldsymbol{b}}$ 是以$\boldsymbol{a}_1, \cdots, \boldsymbol{a}_l$ 为基生成的 l 维子空间内的长度为 m 的向量。

通过重新整理式(5.4)，且引入重新构建 $\hat{\boldsymbol{b}}$ 的公式：

$$\hat{\boldsymbol{b}} = \boldsymbol{A}\hat{\boldsymbol{\theta}} \tag{5.8}$$

可以证明将向量 $\hat{\boldsymbol{b}}$ 描述为向量 $\boldsymbol{b}$ 在 l 维子空间的正交投影，其数学表达形式为

$$(\boldsymbol{b} - \hat{\boldsymbol{b}})^{\mathrm{T}} \boldsymbol{a}_i = \boldsymbol{0}, \quad i = 1, \cdots, l \tag{5.9}$$

图 5.1 描述了 $l=2, m=3$ 的简单情况。

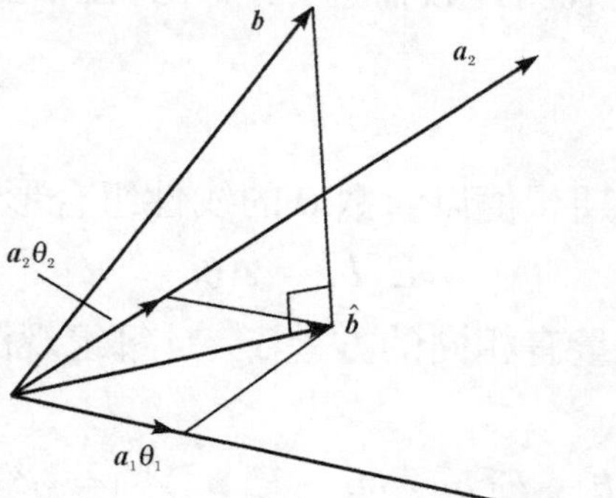

图 5.1　正交投影重新构建观测向量的几何解释

如果向量 $\boldsymbol{b}$ 恰巧位于 $\boldsymbol{a}_1,\cdots,\boldsymbol{a}_l$ 形成的子空间内，那么重新构建得到的向量 $\hat{\boldsymbol{b}}$ 就是精确的，这需要保证 $l=m=\mathrm{rank}(\boldsymbol{A})$，此时 Moore-Penrose 伪逆为

$$\boldsymbol{A}^{+}=(\boldsymbol{A}^{\mathrm{T}}\boldsymbol{A})^{-1}\boldsymbol{A}^{\mathrm{T}} \tag{5.10}$$

退化成矩阵的逆 $\boldsymbol{A}^{-1}$。很显然，在这种情况下，不需要近似就能够获得式(5.1)中 $\boldsymbol{\theta}$ 的解，这个解也不是最小二乘估计。通常，$(m-l)/m$ 越接近 1，估计的准确性越高。

上述分析没有考虑观测向量不是以同等的置信度进行记录的。对于加权最小二乘方法，每一个测试残差的平方都要乘以一个加权值 w_i，通过最小化残差的加权平方和，可以容易地得到

$$\boldsymbol{A}^{\mathrm{T}}\boldsymbol{W}\boldsymbol{A}\boldsymbol{\theta}=\boldsymbol{A}^{\mathrm{T}}\boldsymbol{W}E[\boldsymbol{b}] \tag{5.11}$$

式中，

$$\boldsymbol{W}=\mathrm{diag}(w_1,w_2,\cdots,w_i,\cdots,w_m) \tag{5.12}$$

如果观测向量的方差是不相关的，那么有

$$E[(\boldsymbol{b}-E[\boldsymbol{b}])(\boldsymbol{b}-E[\boldsymbol{b}])^{\mathrm{T}}]=\boldsymbol{V} \tag{5.13}$$

式中，

$$\boldsymbol{V}=\mathrm{diag}(\sigma_1^2,\sigma_2^2,\cdots,\sigma_i^2,\cdots,\sigma_m^2) \tag{5.14}$$

且 σ_i^2 是第 i 个观测量的方差。

当加权值以观测向量方差的逆的形式给出时，即

$$\boldsymbol{W}=\boldsymbol{V}^{-1} \tag{5.15}$$

可以看出，估计值将是无偏的，其协方差为

$$\mathrm{var}(\hat{\boldsymbol{\theta}})=(\boldsymbol{A}^{\mathrm{T}}\boldsymbol{V}^{-1}\boldsymbol{A})^{-1} \tag{5.16}$$

有必要指出，大多数情况下，关于测试不确定度（或者噪声）的统计属性的信息很少。干扰可以通过一阶和二阶统计矩来描述，即通过由高斯提出的均值和协方差矩阵来描述。

高斯概率密度不是执行最小二乘法必需的先决条件，但是它有助于解释一些基本的关系，且有助于引进最小方差估计。

5.1.2　最小方差估计

推导最小方差估计法公式的一种途径是利用似然函数。一般假设

有 k 个观测向量可利用，且其误差 $\boldsymbol{\varepsilon}$ 服从高斯联合分布，分布密度如式(5.17)所示：

$$p(\boldsymbol{\varepsilon})= f(\boldsymbol{V},k)\exp\left(\frac{1}{2}\boldsymbol{\varepsilon}^{\mathrm{T}}\boldsymbol{V}^{-1}\boldsymbol{\varepsilon}\right) \tag{5.17}$$

式中，干扰协方差矩阵 $\boldsymbol{V}$ 是已知的先验值，$p(\cdot)$表示概率密度函数，$f(\cdot)$是标量函数，且 $E[\boldsymbol{\varepsilon}]=0$。似然函数 $p(\hat{\boldsymbol{\varepsilon}})$定义如式(5.18)所示：

$$p(\hat{\boldsymbol{\varepsilon}})= p(E[\boldsymbol{b}]-\boldsymbol{A}\hat{\boldsymbol{\theta}}) \tag{5.18}$$

要使 $\ln[p(\hat{\boldsymbol{\varepsilon}})]$取最大值，估计参数 $\hat{\theta}$ 要满足式(5.19)：

$$\frac{\partial}{\partial\hat{\boldsymbol{\theta}}}[\ln\{p(E[\boldsymbol{b}]-\boldsymbol{A}\hat{\boldsymbol{\theta}})\}]=0 \tag{5.19}$$

用 $p(E[\boldsymbol{b}]-\boldsymbol{A}\hat{\boldsymbol{\theta}})$替代式(5.17)中的 $p(\boldsymbol{\varepsilon})$，且按照式(5.19)计算偏微分，可得出参数 $\boldsymbol{\theta}$ 的最小方差估计(或者 Markov)如式(5.20)所示：

$$\hat{\boldsymbol{\theta}}=(\boldsymbol{A}^{\mathrm{T}}\boldsymbol{V}^{-1}\boldsymbol{A})^{-1}\boldsymbol{A}^{\mathrm{T}}\boldsymbol{V}^{-1}\boldsymbol{b} \tag{5.20}$$

式中，$\boldsymbol{V}$ 是对称正定的且一般是非稀疏的。估计参数的方差可由式(5.21)确定：

$$\begin{aligned}\operatorname{var}(\hat{\boldsymbol{\theta}}) =&E[((\boldsymbol{A}^{\mathrm{T}}\boldsymbol{V}^{-1}\boldsymbol{A})^{-1}\boldsymbol{A}^{\mathrm{T}}\boldsymbol{V}^{-1}\boldsymbol{b}-E[\hat{\boldsymbol{\theta}}])\\ &((\boldsymbol{A}^{\mathrm{T}}\boldsymbol{V}^{-1}\boldsymbol{A})^{-1}\boldsymbol{A}^{\mathrm{T}}\boldsymbol{V}^{-1}\boldsymbol{b}-E[\hat{\boldsymbol{\theta}}])^{\mathrm{T}}]\end{aligned} \tag{5.21}$$

利用式(5.20)得出 $\hat{\boldsymbol{\theta}}$ 的期望值，再代入式(5.21)，然后可得

$$\operatorname{var}(\hat{\boldsymbol{\theta}})=(\boldsymbol{A}^{\mathrm{T}}\boldsymbol{V}^{-1}\boldsymbol{A})^{-1} \tag{5.22}$$

接下来，还需要证明其他无偏线性估计[式(5.23)]所得结果的协方差。

$$\hat{\boldsymbol{\theta}}_z=\boldsymbol{Z}^{\mathrm{T}}\boldsymbol{b} \tag{5.23}$$

对于任何矩阵，范数都满足关系式(5.24)，即

$$\|\operatorname{var}(\hat{\boldsymbol{\theta}}_z)\| \geqslant \|\operatorname{var}(\hat{\boldsymbol{\theta}})\| \tag{5.24}$$

为了证明这一点，从定义下面的估计误差开始讨论：

(1) 对于最小方差估计，

$$\tilde{\boldsymbol{\theta}}^{*}=\hat{\boldsymbol{\theta}}-\boldsymbol{\theta} \tag{5.25}$$

(2)对于一般情况有式(5.26)

$$\tilde{\boldsymbol{\theta}} = \hat{\boldsymbol{\theta}}_z - \boldsymbol{\theta} \tag{5.26}$$

那么有

$$\begin{aligned}\mathrm{var}(\hat{\boldsymbol{\theta}}_z) &= E[\tilde{\boldsymbol{\theta}}\tilde{\boldsymbol{\theta}}^{\mathrm{T}}] \\ &= E[(\tilde{\boldsymbol{\theta}} - \tilde{\boldsymbol{\theta}}^*)(\tilde{\boldsymbol{\theta}} - \tilde{\boldsymbol{\theta}}^*)^{\mathrm{T}}] + E[\tilde{\boldsymbol{\theta}}\tilde{\boldsymbol{\theta}}^{*\mathrm{T}}] + E[\tilde{\boldsymbol{\theta}}^*\tilde{\boldsymbol{\theta}}^{\mathrm{T}}] - E[\tilde{\boldsymbol{\theta}}^*\tilde{\boldsymbol{\theta}}^{*\mathrm{T}}]\end{aligned} \tag{5.27}$$

根据式(5.22)得

$$E[\tilde{\boldsymbol{\theta}}^*\tilde{\boldsymbol{\theta}}^{*\mathrm{T}}] = (\boldsymbol{A}^{\mathrm{T}}\boldsymbol{V}^{-1}\boldsymbol{A})^{-1} \tag{5.28}$$

且根据式(5.23)得

$$E[\hat{\boldsymbol{\theta}}_z] = E[\boldsymbol{Z}^{\mathrm{T}}(\boldsymbol{A}\boldsymbol{\theta} + \boldsymbol{\varepsilon})] = \boldsymbol{Z}^{\mathrm{T}}\boldsymbol{A}\boldsymbol{\theta} \tag{5.29}$$

式中，由于 $\hat{\boldsymbol{\theta}}_z$ 是无偏的，它满足式(5.30)，即

$$\boldsymbol{Z}^{\mathrm{T}}\boldsymbol{A} = \boldsymbol{I} \tag{5.30}$$

同时，有式(5.31)成立：

$$\begin{aligned}E[\tilde{\boldsymbol{\theta}}\tilde{\boldsymbol{\theta}}^{*\mathrm{T}}] &= E[\boldsymbol{Z}^{\mathrm{T}}\boldsymbol{\varepsilon}\boldsymbol{\varepsilon}^{\mathrm{T}}\boldsymbol{V}^{-1}\boldsymbol{A}(\boldsymbol{A}^{\mathrm{T}}\boldsymbol{V}^{-1}\boldsymbol{A})^{-1}] \\ &= \boldsymbol{Z}^{\mathrm{T}}\boldsymbol{V}\boldsymbol{V}^{-1}\boldsymbol{A}(\boldsymbol{A}^{\mathrm{T}}\boldsymbol{V}^{-1}\boldsymbol{A})^{-1} \\ &= \boldsymbol{Z}^{\mathrm{T}}\boldsymbol{A}(\boldsymbol{A}^{\mathrm{T}}\boldsymbol{V}^{-1}\boldsymbol{A})^{-1}\end{aligned} \tag{5.31}$$

通过联合式(5.30)和式(5.31)得

$$E[\tilde{\boldsymbol{\theta}}\tilde{\boldsymbol{\theta}}^{*\mathrm{T}}] = (\boldsymbol{A}^{\mathrm{T}}\boldsymbol{V}^{-1}\boldsymbol{A})^{-1} \tag{5.32}$$

通过比较式(5.28)和式(5.32)可以推出：

$$E[\tilde{\boldsymbol{\theta}}^*\tilde{\boldsymbol{\theta}}^{*\mathrm{T}}] = E[\tilde{\boldsymbol{\theta}}\tilde{\boldsymbol{\theta}}^{*\mathrm{T}}] = E[\tilde{\boldsymbol{\theta}}^*\tilde{\boldsymbol{\theta}}^{\mathrm{T}}] = (\boldsymbol{A}^{\mathrm{T}}\boldsymbol{V}^{-1}\boldsymbol{A})^{-1} \tag{5.33}$$

将上述关系式代入式(5.27)可写成如下形式：

$$\begin{aligned}\mathrm{var}(\hat{\boldsymbol{\theta}}_z) &= E[(\tilde{\boldsymbol{\theta}} - \tilde{\boldsymbol{\theta}}^*)(\tilde{\boldsymbol{\theta}} - \tilde{\boldsymbol{\theta}}^*)^{\mathrm{T}}] + (\boldsymbol{A}^{\mathrm{T}}\boldsymbol{V}^{-1}\boldsymbol{A})^{-1} \\ &= E[(\tilde{\boldsymbol{\theta}} - \tilde{\boldsymbol{\theta}}^*)(\tilde{\boldsymbol{\theta}} - \tilde{\boldsymbol{\theta}}^*)^{\mathrm{T}}] + \mathrm{var}(\hat{\boldsymbol{\theta}})\end{aligned} \tag{5.34}$$

利用矩阵范数的三角不等式，由式(5.34)可证明不等式(5.24)。

许多情况下，无法直接获得矩阵 $\boldsymbol{V}$。通过迭代同时获得矩阵 $\boldsymbol{V}$ 和 $\hat{\boldsymbol{\theta}}$ 的最小方差估计的方法将在第 8 章进行描述。

5.1.3 Gauss-Newton 方法

当模型结构中的参数是非线性时，Gauss-Newton 法（Kalaba and Springarn，1982）通过线性化迭代获得参数估计的收敛值。

举一个例证：考虑非线性，连续时间状态空间下的模型，有

$$\frac{\mathrm{d}\boldsymbol{x}}{\mathrm{d}t} = \boldsymbol{f}(\boldsymbol{x}, \boldsymbol{\theta}, t) \tag{5.35}$$

式中，$\boldsymbol{x}$ 是状态向量，t 代表时间。通过在第 j 次迭代后的估计值 $\hat{\boldsymbol{\theta}}_j$ 附近线性化，根据关系式（5.36）可得第 $j+1$ 次迭代的改进的估计值为

$$\boldsymbol{S}_j(\boldsymbol{\theta}_{j+1} - \boldsymbol{\theta}_j) = \boldsymbol{e}_j + \boldsymbol{\varepsilon} \tag{5.36}$$

式中，

$$\boldsymbol{e}_j = \begin{Bmatrix} \boldsymbol{x}_m(t_1) \\ \boldsymbol{x}_m(t_2) \\ \vdots \\ \boldsymbol{x}_m(t_i) \\ \vdots \\ \boldsymbol{x}_m(t_L) \end{Bmatrix} - \begin{Bmatrix} \boldsymbol{x}(\hat{\boldsymbol{\theta}}_j, t_1) \\ \boldsymbol{x}(\hat{\boldsymbol{\theta}}_j, t_2) \\ \vdots \\ \boldsymbol{x}(\hat{\boldsymbol{\theta}}_j, t_i) \\ \vdots \\ \boldsymbol{x}(\hat{\boldsymbol{\theta}}_j, t_L) \end{Bmatrix} \tag{5.37}$$

向量 $\boldsymbol{x}_m(t_i)$ 代表测试状态，预示状态 $\boldsymbol{x}(\hat{\boldsymbol{\theta}}_j, t_i)$ 可通过将式（5.35）对时间增量 $t_i(i=1,\cdots,L)$ 积分获得。很显然，式（5.36）与式（5.3）形式相同。然而，将矩阵标记为 $\boldsymbol{S}$ 是为了表示它包含该状态中的对应参数的灵敏度（一阶偏微分）。当差异足够小达到收敛时，即求得了 $\hat{\boldsymbol{\theta}}_{j+1} - \hat{\boldsymbol{\theta}}_j$ 的最小二乘解。

Gauss-Newton 法应用于特征值（和特征向量）灵敏度将在第 8 章进行讨论，Gauss-Newton 法应用于非线性输出误差将在第 9 章进行讨论。特别需要提醒的是，Gauss-Newton 法依赖于参数 $\hat{\boldsymbol{\theta}}_0$ 初始估计的有效性。初始估计的质量影响收敛速度和是否收敛于参数的真值。

实际上，参数估计问题经常作为约束最小极值问题出现，在参数非

线性的情况下，参数估计问题是在一个包含许多最小值和最大值的表面上寻找一个特别的最小值。当初始模型有一定置信度时，寻找到的是局部范围的最小值，否则，就是求解全局范围内唯一的最小值。

5.2 偏差问题

前面关于最小二乘法[基于式(5.3)]的统计解释是假设测试时所有的非确定性因素都与向量 $\boldsymbol{b}$ 相关，且矩阵 $\mathbf{A}$ 完全不受噪声干扰。而在某些情况下，对于结构模型修正问题，矩阵 $\mathbf{A}$ 和向量 $\boldsymbol{b}$ 是在有干扰状态下测得的。通过前面所描述的处理程序不能消除干扰的影响作用，且参数估计将是有偏的。

5.2.1 完全线性最小二乘法

在一定状态下，Golub 和 van Loan (1980)、van Huffel 和 Vandewalle(1985)提出的完全线性最小二乘(total linear least squares, TLLS)法具有优良的排斥干扰的特性。为说明这一点，考虑单一参数问题，见式(5.38)和式(5.39)：

$$b_k = a_k\theta + \varepsilon_{1k} \tag{5.38}$$

$$\bar{a}_k = a_k + \varepsilon_{2k} \tag{5.39}$$

式中，ε_1 和 ε_2 代表零均值噪声且与 a 和 b 无关，下标 k 表示观测序号。当 $\varepsilon_2=0$ 时，线性最小二乘法可给出如图 5.2(a)所示的解。

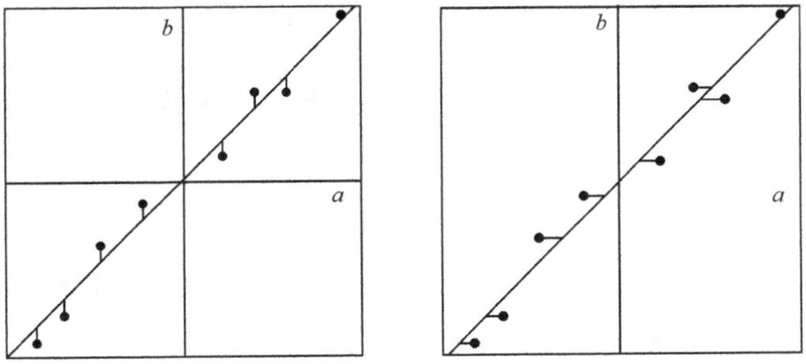

(a) (b)

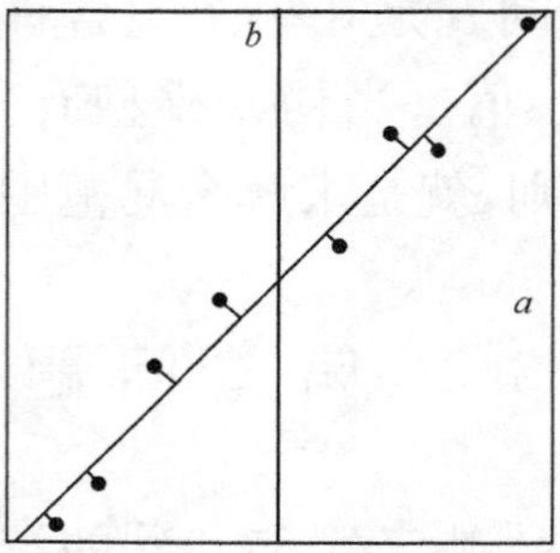

(c)

图 5.2 参数估计方法的几何解释

当 $\varepsilon_1=0$、$\varepsilon_2\neq 0$ 时，式(5.38)和式(5.39)可重写为

$$\bar{a}_k=\frac{1}{\theta}b_k+\varepsilon_{2k} \tag{5.40}$$

参数 θ 的解可从图 5.2(b)所给出的几何解释中获得。一般情况下，$\varepsilon_1\neq 0$、$\varepsilon_2\neq 0$，通过某种缩放，可使 $E[\varepsilon_1^2]=E[\varepsilon_2^2]$。那么通过求解与直线的垂直距离最短来获得参数 θ 的最佳估计值，如图 5.2(c)所示。

对于式(5.1)描述的多变量超定系统，其最小二乘解满足式(5.8)。假设仅向量 $\boldsymbol{b}$ 有误差，将该向量投影到以矩阵 $\boldsymbol{A}$ 的列为基的子空间，得到向量 $\hat{\boldsymbol{b}}$。TLLS 解是假设矩阵 $\boldsymbol{A}$ 也有误差，且记为 $\hat{\boldsymbol{A}}$。通过求解 m 个线性方程组成的方程组即式(5.41)，可获得 $\hat{\boldsymbol{\theta}}$ 的最小范数解。

$$\hat{\boldsymbol{A}}\boldsymbol{\theta}=\hat{\boldsymbol{b}} \tag{5.41}$$

式中，$\hat{\boldsymbol{b}}$ 是向量 $\boldsymbol{b}$ 在以矩阵 $\hat{\boldsymbol{A}}$ 的列为基组成子空间中的投影。矩阵 $\hat{\boldsymbol{A}}$ 和向量 $\hat{\boldsymbol{b}}$ 要尽可能分别与矩阵 $\boldsymbol{A}$ 和向量 $\boldsymbol{b}$ 接近，也就是尽可能使式(5.42)取最小值。

$$\|[\boldsymbol{A};\boldsymbol{b}]-[\hat{\boldsymbol{A}};\hat{\boldsymbol{b}}]\|_{\mathrm{F}} \tag{5.42}$$

式中，$[\boldsymbol{A};\boldsymbol{b}]$ 表示 $m\times(l+1)$ 的矩阵，由矩阵 $\boldsymbol{A}$ 的列和向量 $\boldsymbol{b}$ 组成，$\|\boldsymbol{M}\|_{\mathrm{F}}$ 代表矩阵 $\boldsymbol{M}$ 的 Frobenous 范数，定义为

$$\|\boldsymbol{M}\|_{\mathrm{F}}=\sqrt{\sum_{i,j}[\boldsymbol{M}]_{i,j}^2} \tag{5.43}$$

式中，$[\boldsymbol{M}]_{i,j}$表示矩阵$\boldsymbol{M}$的(i,j)元素，最小范数解可以通过 5.4 节讨论的 SVD 获得。本质上$[\hat{\boldsymbol{A}};\hat{\boldsymbol{b}}]$的解是秩为 l 且与矩阵$[\boldsymbol{A};\boldsymbol{b}]$最接近的一个矩阵。

5.2.2　辅助变量法

本方法所处理的常见问题可以式(5.44)的形式表示

$$(\boldsymbol{x}-\boldsymbol{\xi})=\boldsymbol{B}^{-1}(\boldsymbol{\theta})\boldsymbol{f} \tag{5.44}$$

式中，矩阵 $\boldsymbol{B}$ 是关于参数线性的，$\boldsymbol{\xi}$ 代表输出量 $\boldsymbol{x}$ 中所包含的噪声，且 $\boldsymbol{f}$ 是已知的输入量。重新整理式(5.44)使其变为式(5.45)的形式，以便于计算。

$$\boldsymbol{f}-\boldsymbol{B}(\boldsymbol{\theta})\boldsymbol{x}=\boldsymbol{\varepsilon} \tag{5.45}$$

式(5.45)中，引入的参数变为

$$\boldsymbol{\varepsilon}=\boldsymbol{B}(\boldsymbol{\theta})\boldsymbol{\xi} \tag{5.46}$$

Kendall 和 Stuart(1961)指出这种处理不会形成简单的回归问题，但是会导致所谓的“结构”问题，该问题中有噪声的各输入参数之间会产生乘积形式的耦合。

误差 $\boldsymbol{\varepsilon}$ 和参数 $\boldsymbol{\theta}$ 之间有一个函数关系。这会导致误差量是非独立的，且估计是有偏的。作为说明，下面考虑灵敏度矩阵

$$\boldsymbol{S}=\frac{\partial}{\partial\boldsymbol{\theta}}(\boldsymbol{B}\boldsymbol{x}) \tag{5.47}$$

当不计及 $\boldsymbol{x}$ 中包含的测试噪声时，式(5.47)是一个常数矩阵。

这样，若 $\boldsymbol{S}$ 关于 $\boldsymbol{\xi}$ 是线性关系，那么 Hessian 矩阵 $\boldsymbol{S}^{\mathrm{T}}\boldsymbol{W}_{\varepsilon}\boldsymbol{S}$ 则明显是关于 $\boldsymbol{\xi}$ 二次的。这将导致不能通过多次观测取平均值的方法，即 Hessian 矩阵平均法(也就是 $E[\boldsymbol{S}^{\mathrm{T}}\boldsymbol{W}_{\varepsilon}\boldsymbol{S}]$)将测量干扰去除。解决的办法是利用式(5.48)代替 Hessian 矩阵。

$$\frac{1}{2}[\boldsymbol{S}^{\mathrm{T}}\boldsymbol{W}_{\varepsilon}\boldsymbol{T}+\boldsymbol{T}^{\mathrm{T}}\boldsymbol{W}_{\varepsilon}\boldsymbol{S}] \tag{5.48}$$

式中，$\boldsymbol{T}$(有时看成辅助量)与 $\boldsymbol{\xi}$ 是非相关的，因此，修正过的 Hessian 矩阵与 $\boldsymbol{\xi}$ 是线性的，这样就可通过取平均值消除测量噪声。另外，将辅助量应用于包含二次干扰因素的向量 $\boldsymbol{S}^{\mathrm{T}}\boldsymbol{W}_{\varepsilon}(\boldsymbol{f}-\boldsymbol{B}(\boldsymbol{0})\boldsymbol{x})$也是必要的，此

向量中 $\boldsymbol{B}(\boldsymbol{0})=\boldsymbol{B}(\hat{\boldsymbol{\theta}})|_{\hat{\theta}=0}$。这就是辅助变量(instrument variable,IV)法(Wong and Polack,1967),该方法将用于处理第 9 章中讨论的由于方程格式错误导致的有偏问题。该方法根据上一步迭代得到的预示输出来调整 $\boldsymbol{T}$,然后,再持续向前推进。

5.3 非满秩、病态条件及欠定问题

下列情况下矩阵 $\boldsymbol{A}_{m\times l}$ 是非满秩的:①一列或者多列能够以其余列的线性组合表示;②测试数据不充分,不能保证参数估计值唯一,并导致 $m<l$。

当矩阵 $\boldsymbol{A}$ 的列接近于线性相关时,就认为该问题是病态的。对于振动测试,可以估计的参数个数是受限制的,它由关心的频率范围内包含的模态个数决定。当在模态节点上进行测试导致模态丢失时,影响更为严重。

如果尝试估计太多的参数,那么即使测试信息中不包含噪声,矩阵 $\boldsymbol{A}$ 的列也可能是线性相关的。根据振动试验结果进行模型修正领域中,有病态条件的问题可参见 Mottershead 和 Foster(1991)的著作。当 $m<l$ 时,可以认为式(5.1)为欠定问题,且式(5.4)中的矩阵($\boldsymbol{A}^{\mathrm{T}}\boldsymbol{A}$)将是奇异的,从而导致存在无限多个最小二乘解 $\hat{\boldsymbol{\theta}}$。

从病态、满秩问题开始,先研究矩阵 $\boldsymbol{A}$ 和向量 $\boldsymbol{b}$ 小量变化时,如何引起 $\hat{\boldsymbol{\theta}}$ 变化。

考虑系统式:

$$(\boldsymbol{A}+\varepsilon\boldsymbol{F})\hat{\boldsymbol{\theta}}(\varepsilon)=\boldsymbol{b}+\varepsilon\boldsymbol{f} \tag{5.49}$$

式中,$\boldsymbol{F}$ 是一个($m\times l$)矩阵,$\boldsymbol{f}$ 是长度为 m 的向量,ε 代表一个小量。对式(5.49)取偏微分,在 $\varepsilon=0$ 附近有

$$\boldsymbol{A}\frac{\partial\hat{\boldsymbol{\theta}}}{\partial\varepsilon}+\boldsymbol{F}\hat{\boldsymbol{\theta}}=\boldsymbol{f} \tag{5.50}$$

式中,$\hat{\boldsymbol{\theta}}=\hat{\boldsymbol{\theta}}(\varepsilon)|_{\varepsilon=0}$,且 $\dfrac{\partial\hat{\boldsymbol{\theta}}}{\partial\varepsilon}=\dfrac{\partial\hat{\boldsymbol{\theta}}(\varepsilon)}{\partial\varepsilon}\Big|_{\varepsilon=0}$ (5.51)

如果 rank($\boldsymbol{A}$)=l，那么有式(5.52)成立：

$$\frac{\partial\hat{\boldsymbol{\theta}}}{\partial\varepsilon}=\boldsymbol{A}^{+}(\boldsymbol{f}-\boldsymbol{F}\hat{\boldsymbol{\theta}}) \tag{5.52}$$

这里，$\boldsymbol{A}^{+}$是矩阵 $\boldsymbol{A}$ 的 Moore-Penrose 伪逆，由式(5.10)给出。如果将 $\boldsymbol{\theta}(\varepsilon)$关于 ε 进行一阶泰勒级数展开，并代入式(5.52)可直接得

$$\hat{\boldsymbol{\theta}}(\varepsilon)-\hat{\boldsymbol{\theta}}=\varepsilon\boldsymbol{A}^{+}(\boldsymbol{f}-\boldsymbol{F}\hat{\boldsymbol{\theta}}) \tag{5.53}$$

那么，有式(5.54)成立：

$$\frac{\|\hat{\boldsymbol{\theta}}(\varepsilon)-\hat{\boldsymbol{\theta}}\|}{\|\hat{\boldsymbol{\theta}}\|}\leqslant\varepsilon\|\boldsymbol{A}^{+}\|\left\{\frac{\|\boldsymbol{f}\|}{\|\hat{\boldsymbol{\theta}}\|}+\|\boldsymbol{F}\|\right\} \tag{5.54}$$

上述推导过程中，应用了有关 p 范数的属性($p=2$)。

$$\|\boldsymbol{A}\hat{\boldsymbol{\theta}}\|_p\leqslant\|\boldsymbol{A}\|_p\|\hat{\boldsymbol{\theta}}\|_p \tag{5.55}$$

式(5.56)给出本书中矩阵范数的具体定义：

$$\|\boldsymbol{A}\|=\sup_{\hat{\boldsymbol{\theta}}\neq\boldsymbol{0}}\frac{\|\boldsymbol{A}\hat{\boldsymbol{\theta}}\|}{\|\hat{\boldsymbol{\theta}}\|} \tag{5.56}$$

返回式(5.54)易得

$$\frac{\|\hat{\boldsymbol{\theta}}(\varepsilon)-\hat{\boldsymbol{\theta}}\|}{\|\hat{\boldsymbol{\theta}}\|}\leqslant\kappa(\rho_A+\rho_b) \tag{5.57}$$

式中，

$$\kappa=\|\boldsymbol{A}\|\,\|(\boldsymbol{A}^{\mathrm{T}}\boldsymbol{A})^{-1}\boldsymbol{A}^{\mathrm{T}}\| \tag{5.58}$$

$$\rho_A=\varepsilon\frac{\|\boldsymbol{F}\|}{\|\boldsymbol{A}\|} \tag{5.59}$$

$$\rho_b=\varepsilon\frac{\|\boldsymbol{f}\|}{\|\boldsymbol{b}\|} \tag{5.60}$$

κ 就是所谓的条件个数，ρ_A 和 ρ_b 分别代表矩阵 $\boldsymbol{A}$ 和向量 $\boldsymbol{b}$ 的相对误差。这样，$\boldsymbol{\theta}$ 的相对误差就是矩阵 $\boldsymbol{A}$ 或向量 $\boldsymbol{b}$ 误差的 κ 倍。如果 κ 值较大，那么认为 $\boldsymbol{A}$ 是病态的，具有小条件数的矩阵就认为是条件良好的。

现在，考虑矩阵 $\boldsymbol{A}$ 非满秩的情况，假设 $\hat{\boldsymbol{\theta}}_{l\times1}$是初始问题的解。令 $\boldsymbol{z}$ 是矩阵 $\boldsymbol{A}$ 的零空间内长度为 l 的向量，这样($\hat{\boldsymbol{\theta}}+\boldsymbol{z}$)是另外一个等效解。

矩阵 $\boldsymbol{A}$ 的零空间中存在无限多个向量$\boldsymbol{z}_{l\times 1}$，显而易见，对于非满秩最小二乘问题存在无限多个解。本节的目标是寻找满足范数 $\|\hat{\boldsymbol{\theta}}\|$ 最小的唯一解，SVD 技术提供了获得这样一个解的方法。

5.4　奇异值分解

矩阵$\boldsymbol{A}_{m\times l}$的奇异值分解可以写为

$$\boldsymbol{A}=\boldsymbol{U}\begin{bmatrix}\boldsymbol{\Sigma} & \boldsymbol{0}\\ \boldsymbol{0} & \boldsymbol{0}\end{bmatrix}\boldsymbol{V}^{\mathrm{T}} \tag{5.61}$$

式中，

$$\boldsymbol{\Sigma}=\mathrm{diag}(\sigma_1,\sigma_2,\cdots,\sigma_p) \tag{5.62}$$

$$p\leqslant \min(m,l) \tag{5.63}$$

且

$$\sigma_1\geqslant\sigma_2\geqslant\sigma_3\geqslant\cdots\geqslant\sigma_p>0 \tag{5.64}$$

$\sigma_j(j=1,\cdots,p)$称为矩阵 $\boldsymbol{A}$ 的奇异值，而$\boldsymbol{U}_{m\times m}$和$\boldsymbol{V}_{l\times l}$为包含矩阵 $\boldsymbol{A}$ 的以列划分的左奇异向量和右奇异向量的单位矩阵。矩阵 $\boldsymbol{A}$ 的伪逆通过式(5.65)给出：

$$\boldsymbol{A}^{+}=\boldsymbol{V}\begin{bmatrix}\boldsymbol{\Sigma}^{-1} & \boldsymbol{0}\\ \boldsymbol{0} & \boldsymbol{0}\end{bmatrix}\boldsymbol{U}^{\mathrm{T}} \tag{5.65}$$

因为

$$\|\boldsymbol{A}\|=\sigma_1 \tag{5.66}$$

$$\|\boldsymbol{A}^{+}\|=\frac{1}{\sigma_p} \tag{5.67}$$

所以，本问题的条件数为

$$\kappa=\frac{\sigma_1}{\sigma_p} \tag{5.68}$$

当存在噪声干扰时，奇异值应是零，而实际上会以小的正值形式出现，并且其大小在假设的噪声水平的容差范围内。矩阵 $\boldsymbol{A}$ 的秩通过非零奇异值的个数 p 来确定。

在模型修正中，SVD 法有一种有用的属性，即将其应用于欠定最小二乘问题，可推出唯一的最小范数解。下面给出推导过程，考虑式(5.69)：

$$\| \boldsymbol{b} - \boldsymbol{A}\hat{\boldsymbol{\theta}} \|^2 = \| \boldsymbol{U}^{\mathrm{T}}(\boldsymbol{b} - \boldsymbol{A}\boldsymbol{V}\boldsymbol{V}^{\mathrm{T}}\hat{\boldsymbol{\theta}}) \|^2 \tag{5.69}$$

且令

$$\boldsymbol{c} = \boldsymbol{U}^{\mathrm{T}}\boldsymbol{b} \tag{5.70}$$

$$\boldsymbol{d} = \boldsymbol{V}^{\mathrm{T}}\hat{\boldsymbol{\theta}} \tag{5.71}$$

如果将 $\boldsymbol{c}$ 和 $\boldsymbol{d}$ 进行分割，如式(5.72)和式(5.73)所示：

$$\boldsymbol{c} = \begin{Bmatrix} \boldsymbol{c}_1 \\ \boldsymbol{c}_2 \end{Bmatrix} \tag{5.72}$$

$$\boldsymbol{d} = \begin{Bmatrix} \boldsymbol{d}_1 \\ \boldsymbol{d}_2 \end{Bmatrix} \tag{5.73}$$

则式(5.69)可写为式(5.74)或式(5.75)的形式，即

$$\| \boldsymbol{b} - \boldsymbol{A}\hat{\boldsymbol{\theta}} \|^2 = \left\| \begin{Bmatrix} \boldsymbol{c}_1 \\ \boldsymbol{c}_2 \end{Bmatrix} - \begin{bmatrix} \boldsymbol{\Sigma} & \boldsymbol{0} \\ \boldsymbol{0} & \boldsymbol{0} \end{bmatrix} \begin{Bmatrix} \boldsymbol{d}_1 \\ \boldsymbol{d}_2 \end{Bmatrix} \right\|^2 \tag{5.74}$$

$$\| \boldsymbol{b} - \boldsymbol{A}\hat{\boldsymbol{\theta}} \|^2 = \left\| \begin{Bmatrix} \boldsymbol{c}_1 - \boldsymbol{\Sigma}\boldsymbol{d}_1 \\ \boldsymbol{c}_2 \end{Bmatrix} \right\|^2 \tag{5.75}$$

当$\boldsymbol{d}_1 = \boldsymbol{\Sigma}^{-1}\boldsymbol{c}_1$且$\boldsymbol{d}_2$是任意值时，式(5.69)取得最小值。当$\boldsymbol{d}_1 = \boldsymbol{\Sigma}^{-1}\boldsymbol{c}_1$且$\boldsymbol{d}_2 = \boldsymbol{0}$时，根据式(5.71)得到参数 $\hat{\boldsymbol{\theta}}$ 的解，即

$$\hat{\boldsymbol{\theta}} = \boldsymbol{V} \begin{Bmatrix} \boldsymbol{\Sigma}^{-1}\boldsymbol{c}_1 \\ \boldsymbol{0} \end{Bmatrix}$$

或

$$\hat{\boldsymbol{\theta}} = \boldsymbol{V} \begin{bmatrix} \boldsymbol{\Sigma}^{-1} & \boldsymbol{0} \\ \boldsymbol{0} & \boldsymbol{0} \end{bmatrix} \begin{Bmatrix} \boldsymbol{c}_1 \\ \boldsymbol{c}_2 \end{Bmatrix} \tag{5.76}$$

将式(5.76)和式(5.70)联合，依据奇异值和左右奇异向量可获得 $\hat{\boldsymbol{\theta}}$ 的参数估计，即

$$\hat{\boldsymbol{\theta}} = \boldsymbol{V} \begin{bmatrix} \boldsymbol{\Sigma}^{-1} & \boldsymbol{0} \\ \boldsymbol{0} & \boldsymbol{0} \end{bmatrix} \boldsymbol{U}^{\mathrm{T}}\boldsymbol{b} \tag{5.77}$$

从式(5.76)可以看出，对于$\boldsymbol{d}_2 \neq \boldsymbol{0}$ 的任意解，式(5.78)成立：

$$\|\hat{\boldsymbol{\theta}}_{d_2\neq 0}\| > \left\|\begin{Bmatrix}\boldsymbol{\Sigma}^{-1}\boldsymbol{c}_1\\ \boldsymbol{0}\end{Bmatrix}\right\| \tag{5.78}$$

因此,式(5.77)给出的 SVD 解将是唯一的最小范数解。

在第 8 章中将对关于 SVD 解的问题进行讨论,其中 $\hat{\boldsymbol{\theta}}$ 代表修正后的模型和初始模型参数之间的差异。SVD 方法给出的解是与初始参数距离最短的解。其实,这是正则化的一种形式。

5.5 正则化方法

对于欠定或者病态条件线性方程,可以通过最小化一个价值函数找到邻近解,其中,价值函数如式(5.79)所示:

$$J_\lambda(\hat{\boldsymbol{\theta}}) = \|\boldsymbol{A}\hat{\boldsymbol{\theta}} - \boldsymbol{b}\|^2 + \lambda^2 \|\boldsymbol{B}\hat{\boldsymbol{\theta}}\|^2, \quad \mathrm{rank}(\boldsymbol{B}) = l \tag{5.79}$$

式中,λ 为所谓的正则参数,那么,依赖于 λ 的一般解满足关系式(5.80):

$$[\boldsymbol{A}^{\mathrm{T}}\boldsymbol{A} + \lambda^2 \boldsymbol{B}^{\mathrm{T}}\boldsymbol{B}]\hat{\boldsymbol{\theta}} = \boldsymbol{A}^{\mathrm{T}}\boldsymbol{b} \tag{5.80}$$

这个过程中的问题是如何选择正则参数,以使式(5.80)具有良好的条件数,同时保证解 $\hat{\boldsymbol{\theta}}$ 不会显著背离未经修正过的包含丰富信息的价值函数所提供的解。Natke(1991)提出了处理该问题的简单方法,如式(5.81)和式(5.82)所示:

$$\boldsymbol{B} = \boldsymbol{I} \tag{5.81}$$

$$\lambda^2 = O\left(\frac{\varepsilon^2}{E^2}\right) \tag{5.82}$$

式中,ε 代表测量时已知的不准确性,且 $E \geqslant \|\hat{\boldsymbol{\theta}}\|$。通过联合式(5.80)、式(5.81)及式(5.61)并左乘 $\boldsymbol{U}\begin{bmatrix}\boldsymbol{\Sigma}^{-1} & \boldsymbol{0}\\ \boldsymbol{0} & \boldsymbol{0}\end{bmatrix}\boldsymbol{V}^{\mathrm{T}}$, Rothwell 和 Drachman (1989)得出

$$\boldsymbol{U}\left(\begin{bmatrix}\boldsymbol{\Sigma} & \boldsymbol{0}\\ \boldsymbol{0} & \boldsymbol{0}\end{bmatrix} + \lambda^2\begin{bmatrix}\boldsymbol{\Sigma}^{-1} & \boldsymbol{0}\\ \boldsymbol{0} & \boldsymbol{0}\end{bmatrix}\right)\boldsymbol{V}^{\mathrm{T}}\hat{\boldsymbol{\theta}} = \boldsymbol{b} \tag{5.83}$$

通过调整矩阵中的正则参数能够改善本问题的条件数,有

$$\left(\begin{bmatrix}\boldsymbol{\Sigma} & \mathbf{0}\\ \mathbf{0} & \mathbf{0}\end{bmatrix}+\lambda^2\begin{bmatrix}\boldsymbol{\Sigma}^{-1} & \mathbf{0}\\ \mathbf{0} & \mathbf{0}\end{bmatrix}\right)=\begin{bmatrix}\sigma_1+\dfrac{\lambda^2}{\sigma_1} & \cdots & \mathbf{0} & \mathbf{0}\\ \vdots & \ddots & \mathbf{0} & \mathbf{0}\\ \mathbf{0} & \mathbf{0} & \sigma_p+\dfrac{\lambda^2}{\sigma_p} & \mathbf{0}\\ \mathbf{0} & \mathbf{0} & \mathbf{0} & \mathbf{0}\end{bmatrix} \tag{5.84}$$

Mottershead 和 Foster(1991)给出了另一种方法，且计算量较低。通过对式(5.80)直接应用奇异值分解，并对式(5.81)进行简化，得

$$\boldsymbol{V}[\boldsymbol{\Sigma}^2+\lambda^2\boldsymbol{I}]\boldsymbol{V}^{\mathrm{T}}\hat{\boldsymbol{\theta}}=\boldsymbol{A}^{\mathrm{T}}\boldsymbol{b} \tag{5.85}$$

式(5.85)的条件数不如式(5.84)的条件数好，因为它将条件数进行了平方。这个方法与 Ojalvo(1989,1990)及其同事主张的 epsilon 分解方法很类似。有关正则化技术更深入的讨论见 Tikhonov 和 Arsenin (1977)的相关论述。

参考文献

Golub G, van Loan C. 1980. An analysis of the total least squares problem. SIAM Journal of Numerical Analysis, 17: 883-893.

Golub G, van Loan C. 1989. Matrix Computation. 2nd ed. Hopkins: John Hopkins University Press.

Kalaba R, Springarn K. 1982. Control, Identification and Input Optimisation. New York: Plenum Press.

Kendall M G, Stuart A. 1961. The Advanced Theory of Statistics. London: Griffen.

Mottershead J E, Foster C D. 1991. On the treatment of ill-conditioning in spatial parameter estimation from measured vibration data. Mechanical Systems and Signal Processing, 5(2): 139-154.

Natke H G. 1991. On regularisation methods applied to the error localisation of mathematical models. The 9th International Modal Analysis Conference, Florence: 70-73.

Ojalvo I U, Ting T. 1989. Interpretation and improved solution approach for ill-conditioned linear equations. AIAA Journal, 28(11): 1976-1979.

Ojalvo I U. 1990. Efficient solution of ill-conditioned equations arising in system identification. The 8th International Modal Analysis Conference, Orlando: 554-558.

Rothwell E, Drachman B. 1989. A unified approach to solving ill-conditioned matrix problems.

International Journal of Numerical Methods in Engineering, 28:609-620.

SoderstromT, Stoica P. 1989. System Identification. London: Prentice Hall International Series in Systems and Control Engineering.

Tikhonov A V, Arsenin V Y. 1977. Solutions of Ill-Posed Problems. New York: Wiley.

van Huffel S, Vandewalle J. 1985. The use of total least squares techniques for identification and parameter estimation. IFAC Conference on Identification and System Parameter Estimation, York: 1167-1172.

Wong C P, Polack E. 1967. Identification of linear discrete time systems using the instrumental variable method. IEEE Transaction on Automatic Control, AC-12(6): 707-718.

第 6 章　模型修正参数

对于模型修正，选择参数是关键的一步。因为测试数据包含的信息有限，且为了避免可能的病态条件问题，对修正参数的个数应该进行控制。选择参数时，要选择那些已知不确定的因素，且选择的修正参数应该对目标是敏感的。要达到这一要求，需要操作人员对修正对象具有深刻的物理认识。本章讨论将确实需要修正的模型特征进行参数化的几种不同方法。对建模误差的定位、所选参数对响应的敏感度等问题通过自适应输入等正规的方法进行描述。

6.1　具象的和基于知识的模型

众所周知，有限元是基于材料属性（杨氏模量、泊松比、质量密度等）和要模拟的系统的物理尺寸进行求解的。从第 2 章可以看出，所选单元的形函数决定了质量和刚度属性的分布，所以，可以从物理的角度理解矩阵中的各个项（质量和刚度矩阵）。

某些修正方案（第 7 章）没有给使用者提供选择修正参数的机会。当应用所谓的直接法时，整个刚度和质量矩阵仅通过一次求解（非迭代）进行修正，那么，矩阵中的各个元素都被改变，但是，此过程完全不考虑单元的形函数。因此，即使初始有限元模型具有相应的物理意义，在修正之后，也将不再具有这种特性。这种方法得到的修正模型，能够准确地重现测试数据，所以将其称为具象的。

当采用允许选择修正参数的修正方法时（第 8 章和第 9 章），如果要改进模型，必须对实际的物理结构有深刻的理解，不仅要考虑其复现试验结果的能力，而且要考虑修正参数的物理意义。这类方法会形成基于知识的模型。试验结果所能反映的关于结构自身信息的丰富性（或非丰富性）会对修正参数所包含的物理意义的程度产生限制。

6.2　唯一性、可识别性及物理意义

第 5 章考虑了关于最小二乘估计的非满秩和偏差问题，从中可以看出，对于一个满秩的超定问题，其 $\mathrm{rank}(\boldsymbol{A})=l$，可得出唯一解 $\hat{\boldsymbol{\theta}}_{l\times1}$。当 $E[\hat{\boldsymbol{\theta}}]=\boldsymbol{\theta}$ 时，估计称为无偏的。唯一的无偏估计称为一致估计，而经常认为可识别性和一致性是等效的。

现在将注意力转移到结构动力学建模唯一性（和可识别性）的物理解释上。具体来说，就是可识别解的存在是否必然保证估计参数 $\hat{\theta}$ 是有物理意义的。就此问题，Berman 和 Flannelly（1971）、Berman（1984a，1984b）对其进行了研究，并提出以下观点：

（1）柔度矩阵 $\boldsymbol{K}^{-1}$ 能够方便地通过试验测得，然而刚度矩阵则不能这样获得。试验时，柔度元素可通过仅在一个位置有单位载荷作用而其余位置都是零载荷时，测试得到的位移给出。柔度矩阵 $\boldsymbol{K}^{-1}$（主要低频模态控制）为

$$\boldsymbol{K}^{-1}=\sum_{i=1}^{n}\frac{1}{\omega_i^2}\boldsymbol{\phi}_i\boldsymbol{\phi}_i^{\mathrm{T}} \tag{6.1}$$

而刚度矩阵 $\boldsymbol{K}$ 的元素则受高频模态的影响较大，刚度矩阵 $\boldsymbol{K}$ 为

$$\boldsymbol{K}=\sum_{i=1}^{n}\omega_i^2\boldsymbol{M}\boldsymbol{\phi}_i\boldsymbol{\phi}_i^{\mathrm{T}}\boldsymbol{M} \tag{6.2}$$

当所有必要的高频在 $\boldsymbol{K}^{-1}$ 都有所体现时，刚度矩阵才可以通过柔度矩阵获得。事实上，即使对于一个非常小的模型（20 个自由度），期望 $\boldsymbol{K}^{-1}$ 的测量值能够准确地反映高频模态的影响是不可能的，甚至在高频模态的影响与 ω_i^2 成反比的情况下也是不可能的。如果 $\boldsymbol{K}_{n\times n}^{-1}$ 由非完整模态集（$<n$）构成，那么此矩阵将是奇异的，然而，干扰的出现将导致能够对其求逆，从而获得一个完全错误的刚度矩阵 $\boldsymbol{K}$，$\boldsymbol{K}$ 中每一项都是噪声信号。

（2）数值模型中的参数与结构的几何和材料属性直接相关，因此具有相对应的物理意义。然而，离散效应使数值模型得出的频率与测试特征频率相比，出现过估计现象。

将测试结构看成一个大的 $m+s(s\rightarrow\infty)$ 阶离散模型，而分析模型是

$m(m \ll s)$阶的。利用动力学减缩方法对大模型进行缩聚(4.4.2 节所述),会发现式(6.3)成立:

$$\boldsymbol{B}_{\mathrm{R}} = \boldsymbol{B}_{mm} + \boldsymbol{B}_{ms}\boldsymbol{B}_{ss}^{-1}\boldsymbol{B}_{sm} \tag{6.3}$$

式中,

$$\boldsymbol{B} = \boldsymbol{K} - \omega^2\boldsymbol{M} \tag{6.4}$$

由于分析模型的 $\boldsymbol{K}_{m\times m}$ 和 $\boldsymbol{M}_{m\times m}$ 不是 ω^2 的函数,可将其看成线性的,且是实际$(m+s)\times(m+s)$系统缩聚后的表现。缩聚后的模型(分析模型)的频率范围有限,但是(更重要的是)应该看到存在无限多种大模型,这些大模型可在相同的频率范围内准确地复现小模型的结果。

Berman 总结指出,通过系统识别方法获得有物理意义的模型是不可能的。他推荐应用预分析模型,目的是使估计参数与先前的分析相比变化最小。对于模型修正研究领域,该结论起到了很大的推动作用。

关于修正参数的选择有两个重要的问题。首先,应该选择多少个修正参数;其次,在多个候选参数中哪些参数优先考虑。从条件作用的观点来看,最好选择少量参数进行修正,且尽量要利用最多的测试结果数据,在实际测试中,频率范围受数据采样率的限制,且有用信息的数量受频率范围内振动模态个数的限制。Mottershead 和 Foster(1991)详细考虑了后者,并探索了根据不完整的模态信息估计矩阵各个元素的可能性,即假设测试结果中有足够的信息可利用,对于小尺度的模型,这种方法也会导致很大的计算量问题。

6.3 节将介绍几种参数化方法,它们的共同特点是,可在有限的频率范围内,使选择的修正参数个数与可用的测试模态个数相比,保持相对较少的数量。

如何优先选择修正参数的问题将在 6.4 节中进行讨论。

6.3　参数化方法

6.3.1　子结构的参数

一个流行的方法是修正与某个有限单元或者有限单元组相关的参

数。质量和刚度矩阵中的各个元素或者依赖于一个有限单元，或者依赖于以一定有限单元网格形式连接起来的多个有限单元，这样，修正过的质量和刚度矩阵可以分别写为

$$\boldsymbol{M} = \boldsymbol{M}_0 + \sum_{j=1}^{l} \theta_j \boldsymbol{M}_j \tag{6.5}$$

$$\boldsymbol{K} = \boldsymbol{K}_0 + \sum_{j=1}^{l} \theta_j \boldsymbol{K}_j \tag{6.6}$$

式中，$\boldsymbol{M}_j$ 和 $\boldsymbol{K}_j$ 为第 j 个单元子结构的质量矩阵和刚度矩阵（也就是个别单元或个别单元组），且因子 θ_j 是修正参数。对于这个方法，可以分别定义两套参数用于修正初始有限单元矩阵。同样，也有两种方式可用于定义待修正的参数，可将参数的初始值设为 0，也可设为 1，设置参数的初始值为 1，表示将参数进行归一化，有助于改善问题的辨识条件数。假定所有的参数都进行了等比例缩放，那么，修正以后的质量和刚度矩阵也将具有同等的属性。此方法保持了质量和刚度的形函数分布属性。有迹象表明，该方法的提出者是 Natke(1988)。

因为单元之间是互相连接的，因此，子结构矩阵 $\boldsymbol{M}_j$、$\boldsymbol{K}_j$ 不容易从总质量和刚度矩阵 $\boldsymbol{M}_0$、$\boldsymbol{K}_0$ 中提取出来。这样，所有的 $\boldsymbol{M}_j$、$\boldsymbol{K}_j$（$j=1,\cdots,l$）必须通过分别建立有限元模型的方法获得。此外，式(6.5)和式(6.6)的结构矩阵通常还必须缩聚到与实际测试位置相对应的自由度上。试验测试和有限单元自由度之间的非协调性问题已经在第 4 章进行了讨论。如果缩聚的作用是改变了模型的特征值（和特征向量），那么，修正时应用这样一个缩聚模型会导致有偏估计。模态缩聚和 SEREP 法不影响低频特征数据。子结构矩阵必须通过式(6.7)和式(6.8)的转换，分别缩聚到测点所对应的自由度上，得

$$\boldsymbol{M}_{\mathrm{R}j} = \boldsymbol{T}^{\mathrm{T}} \boldsymbol{M}_j \boldsymbol{T}, \quad j = 1,\cdots,l \tag{6.7}$$

$$\boldsymbol{K}_{\mathrm{R}j} = \boldsymbol{T}^{\mathrm{T}} \boldsymbol{K}_j \boldsymbol{T}, \quad j = 1,\cdots,l \tag{6.8}$$

式中，$\boldsymbol{T}$ 是转换矩阵，下标 R 代表缩聚。对式(6.5)和式(6.6)中的 $\boldsymbol{M}$ 和 $\boldsymbol{K}$ 阵应用同样的转换，会发现质量和刚度矩阵是参数 θ_j 的函数，缩聚后形式上并没有发生变化。

6.3.2　物理参数

参数 $\theta_j(j=1,\cdots,l)$可以有与 6.3.1 节所述内容不同的解释。Friswell(1990)考虑了可用于修正的物理参数，如杨氏模量、梁的二阶面积矩、几何参数和质量密度。那么，质量和刚度矩阵就可考虑为这些参数的非线性函数。通过使用截断泰勒级数扩展，$\boldsymbol{M}$ 和 $\boldsymbol{K}$ 阵可以分别写为式(6.9)和式(6.10)：

$$\boldsymbol{M}=\boldsymbol{M}_0+\sum_{j=1}^{l}\delta\theta_j\frac{\partial\boldsymbol{M}}{\partial\theta_j} \tag{6.9}$$

$$\boldsymbol{K}=\boldsymbol{K}_0+\sum_{j=1}^{l}\delta\theta_j\frac{\partial\boldsymbol{K}}{\partial\theta_j} \tag{6.10}$$

当 $\boldsymbol{M}_j=\dfrac{\partial\boldsymbol{M}}{\partial\theta_j}$且 $\boldsymbol{K}_j=\dfrac{\partial\boldsymbol{K}}{\partial\theta_j}$时，式(6.9)和式(6.10)可以看成分别与式(6.5)和式(6.6)是等效的，式中的导数是以初始分析模型的参数值来进行求导的。在许多情况下，会发现 $\boldsymbol{M}_j$ 和 $\boldsymbol{K}_j$ 是参数 $\theta_j(j=1,\cdots,l)$的函数，但是，要求以参数 θ_j 的前一次迭代值为基础进行求导。与子结构的参数修正一样，缩聚模型中物理参数的修正，也有同样的要求。

6.3.3　可利用的有限单元种类

6.3.2 节描述的方法可以修正带有误差的物理参数值，且这些误差仅是可公式化的误差。Gladwell 和 Ahmadian(1994)、Ahmadian 等(1994)考虑了参数修正的另一种方法，即通过修改各个有限单元的特征值和特征向量，从而改变结构的质量和刚度矩阵。

将单个单元的振动模态[与其相关的质量和刚度阵为($\boldsymbol{m}_0$，$\boldsymbol{K}_0$)]写为分块形式，如式(6.11)所示：

$$\boldsymbol{\Phi}_0^{\mathrm{e}}=[\boldsymbol{\phi}_1,\cdots,\boldsymbol{\phi}_d \,\vdots\, \boldsymbol{\phi}_{d+1},\cdots,\boldsymbol{\phi}_r]=[\boldsymbol{\Phi}_{\mathrm{R}},\boldsymbol{\Phi}_{\mathrm{S}}],\quad d\leqslant 6 \tag{6.11}$$

式中，R 和 S 分别代表刚体和应变，假设从初始的向量出发，通过式(6.12)和式(6.13)，能够推导出另一组模态向量：

$$\boldsymbol{\Phi}=\boldsymbol{\Phi}_0\boldsymbol{S}^{-1} \tag{6.12}$$

$$\boldsymbol{\Phi}_0=\boldsymbol{\Phi}\boldsymbol{S} \tag{6.13}$$

各阶模态在$\boldsymbol{\Phi}_0$ 中以列的形式给出，根据上述关系，新的模态可在 $\boldsymbol{\Phi}$ 中

以列的形式给出。式(6.13)可以按刚体模态和应变模态分割,分割后用式(6.14)表示为

$$[\boldsymbol{\Phi}_{0\mathrm{R}} \quad \boldsymbol{\Phi}_{0\mathrm{S}}]=[\boldsymbol{\Phi}_{\mathrm{R}} \quad \boldsymbol{\Phi}_{\mathrm{S}}]\begin{bmatrix}\boldsymbol{S}_{\mathrm{R}} & \boldsymbol{S}_{\mathrm{RS}} \\ \boldsymbol{0} & \boldsymbol{S}_{\mathrm{S}}\end{bmatrix} \tag{6.14}$$

通过以上关系式可以看出,新的刚体模态可通过初始刚体模态的线性组合得出,且数目 d 保持不变。新的应变模态可由所有的初始模态组成。当模态以对称或不对称的形式出现时,可以适当地排列 $\boldsymbol{S}$ 以确保组合后的模态维持同样的对称形式。

现回顾一下特征向量的正交性,即式(6.15)和式(6.16):

$$\boldsymbol{m}=\boldsymbol{\Phi}^{-\mathrm{T}}\boldsymbol{\Phi}^{-1} \tag{6.15}$$

$$\boldsymbol{k}=\boldsymbol{\Phi}^{-\mathrm{T}}\begin{bmatrix}\boldsymbol{0} & \boldsymbol{0} \\ \boldsymbol{0} & \boldsymbol{\Lambda}_{\mathrm{S}}\end{bmatrix}\boldsymbol{\Phi}^{-1} \tag{6.16}$$

对于初始系统,式(6.17)成立:

$$\boldsymbol{\Phi}_0^{-\mathrm{T}}=\boldsymbol{m}_0\boldsymbol{\Phi}_0 \tag{6.17}$$

式中,$\boldsymbol{m}_0$ 是质量矩阵。通过将式(6.15)、式(6.16)与式(6.14)、式(6.17)联合,会发现单元的质量和刚度矩阵的另一种表达式为

$$\boldsymbol{m}=\boldsymbol{m}_0\boldsymbol{\Phi}_0\boldsymbol{U}\boldsymbol{\Phi}_0^{\mathrm{T}}\boldsymbol{m}_0 \tag{6.18}$$

$$\boldsymbol{k}=\boldsymbol{K}_0\boldsymbol{\Phi}_{0\mathrm{S}}\boldsymbol{V}\boldsymbol{\Phi}_{0\mathrm{S}}^{\mathrm{T}}\boldsymbol{K}_0 \tag{6.19}$$

式中,

$$\boldsymbol{U}=\boldsymbol{S}^{\mathrm{T}}\boldsymbol{S} \text{ 且 } \boldsymbol{V}=\boldsymbol{S}_{\mathrm{S}}^{\mathrm{T}}\boldsymbol{\Lambda}_{\mathrm{S}}\boldsymbol{S}_{\mathrm{S}} \tag{6.20}$$

$\boldsymbol{\Lambda}_{\mathrm{S}}$ 为应变模态的特征值,且在主对角线上。通过改变矩阵 $\boldsymbol{U}$ 和 $\boldsymbol{V}$ 的内容(对称正定的),可以定义一个连续的有限单元族。Gladwell 和 Ahmadian(1994)给出了与杆单元、梁单元和框架类型单元相关的这种特定族成员,并通过该方法证明通过修正 $\boldsymbol{U}$ 和 $\boldsymbol{V}$ 中元素值也可达到修正物理参数的效果。通过对同一类型的所有单元选择同样的参数,可将修正参数的个数减缩到可接受的水平。为了在单元族内进行修正,式(6.9)和式(6.10)中的偏导数可表达为式(6.21)和式(6.22):

$$\frac{\partial \boldsymbol{M}}{\partial \theta_j}=\sum_{r=1}^{L}\begin{bmatrix}0 & & & & \\ & \ddots & & & \\ & & \dfrac{\partial \boldsymbol{m}^r}{\partial \theta_j} & & \\ & & & \ddots & \\ & & & & 0\end{bmatrix} \tag{6.21}$$

$$\frac{\partial \boldsymbol{K}}{\partial \theta_j}=\sum_{r=1}^{L}\begin{bmatrix}0 & & & & \\ & \ddots & & & \\ & & \dfrac{\partial \boldsymbol{K}^r}{\partial \theta_j} & & \\ & & & \ddots & \\ & & & & 0\end{bmatrix} \tag{6.22}$$

式中，

$$\frac{\partial \boldsymbol{m}^r}{\partial \theta_j}=\boldsymbol{m}_0^r\,\boldsymbol{\Phi}_0^r\frac{\partial \boldsymbol{U}}{\partial \theta_j}\boldsymbol{\Phi}_0^{r\,\mathrm{T}}\boldsymbol{m}_0^r \tag{6.23}$$

$$\frac{\partial \boldsymbol{K}^r}{\partial \theta_j}=\boldsymbol{m}_0^r\,\boldsymbol{\Phi}_{0\mathrm{S}}^r\frac{\partial \boldsymbol{V}}{\partial \theta_j}\boldsymbol{\Phi}_{0\mathrm{S}}^{r\,\mathrm{T}}\boldsymbol{m}_0^r \tag{6.24}$$

r 表示单元个数。

重新构建的方程(Gladwell and Ahmadian，1994)允许对修正参数的个数进一步减缩，当单元矩阵 $\boldsymbol{m}_0$ 和 $\boldsymbol{k}_0$、特征值(和特征向量)可分别独立获取时，根据 Ross(1971)的结果，应该对 $\boldsymbol{m}_0$ 的高阶模态和 $\boldsymbol{k}_0$ 的低阶模态进行修正，其他模态保持不变，当然，也没有与这些模态相关的修正参数。

6.4　误差定位

修正参数的个数受有限频率范围内测试数据所包含的可利用的有价值信息量的限制。这些信息的多少主要依赖于测试数据中包含的振动模态的个数。这样，当测试数据中已经包含一定频率范围内所有的模态时，再进行更多的测试不会引起任何可用于后续处理的信息量的显著增加。为了使修正问题有一个良好的条件数，考虑来源于测试的限制因素，为了真正改进对所测结构的模拟，应该选择那些最有效的修正参数。选择修正参数在很大程度上需要对物理结构有深刻的认识。参数应该是那些在物理上存在疑问的并且与模型特征相关的，实际上，对同一可疑点，通常有许多可供选择的修正参数。一般来说，应该选择这些参数中对目标灵敏的，但是，反过来则是不对的。也就是说，数据对某个候选参数敏感，并不是选择该参数的充分条件。总之，选择修正参数时应该选择那些能够修正模型中已识别的不确定性因素，并且该参数对目标是敏感的。Mottershead 等(1994)考虑了黏接、焊接和螺栓连接中的参数化模型修正问题。通过采用偏移参数(2.7.1 节所述)来对焊接连接进行参数化(梁和翼缘之间)，该参数的特征值敏感度要高于整体质量变化的特征值敏感度。本节中后面的内容将讨论几个技术，这些技术有助于确定模型中的误差。

6.4.1　特征值方程的平衡

当混合使用测试的特征值、特征向量、分析质量与刚度矩阵时，特征值方程有如下形式：

$$[\boldsymbol{K}_a + \Delta\boldsymbol{K}]\boldsymbol{\Phi}_m - [\boldsymbol{M}_a + \Delta\boldsymbol{M}]\boldsymbol{\Phi}_m\boldsymbol{\Lambda}_m = \boldsymbol{0} \tag{6.25}$$

式中，矩阵增量 $\Delta\boldsymbol{K}$ 和 $\Delta\boldsymbol{M}$ 用于确保方程是平衡的。

将增量的效应综合在一起，Lallement 和 Piranda(1990)得出局部化的矩阵 $\boldsymbol{L}$：

$$\boldsymbol{L} = \Delta\boldsymbol{M}\boldsymbol{\Phi}_m\Lambda_m - \Delta\boldsymbol{K}\boldsymbol{\Phi}_m = \boldsymbol{K}_a\boldsymbol{\Phi}_m - \boldsymbol{M}_a\boldsymbol{\Phi}_m\Lambda_m \tag{6.26}$$

式中，模态振型矩阵 $\boldsymbol{\Phi}_m$ 是一个 $n \times N$ 矩阵，它包含与 N 个测试固有频率相对应的试验模态振型。

由于测点的数目少于分析模型自由度的数目，因此，测试模态振型向量必须进行扩展。可以应用转换矩阵[式(4.19)]进行扩展，如式(6.27)所示：

$$\boldsymbol{\Phi}_m = \boldsymbol{\Phi}_a\boldsymbol{T} \tag{6.27}$$

式中，下标 m 和 a 分别代表试验和分析数据。

通过检查局部化向量 $\boldsymbol{q}$，可以选出主要的建模误差，如式(6.28)所示：

$$\boldsymbol{q}_i = \sum_{h=1}^{N} p_h \boldsymbol{L}_{ih}^2, \quad i = 1, \cdots, n \tag{6.28}$$

这里权重数 p_h 反映第 h 阶模态测试数据和分析数据之间的一致性程度。模型中与高 $\boldsymbol{q}_i$ 值相关的自由度，就是模型中的不确定域。

6.4.2　子结构的能量函数

Link 和 Santiago(1991)建议使用基于式(6.5)和式(6.6)中的子结构 $\boldsymbol{M}_j$ 和 $\boldsymbol{K}_j$ 阵的能量函数的方法进行误差定位。其中，应变能量函数可以表达为

$$\Delta \boldsymbol{\Pi}_j^S = \sum_{h=1}^{N} (\boldsymbol{\phi}_{ah} - \boldsymbol{\phi}_{mh})^{\mathrm{T}} \boldsymbol{K}_j (\boldsymbol{\phi}_{ah} - \boldsymbol{\phi}_{mh}) \tag{6.29}$$

且动能函数可写为

$$\Delta \boldsymbol{\Pi}_j^K = \sum_{h=1}^{N} (\boldsymbol{\phi}_{ah} - \boldsymbol{\phi}_{mh})^{\mathrm{T}} \boldsymbol{M}_j (\boldsymbol{\phi}_{ah} - \boldsymbol{\phi}_{mh}) \omega_{mh}^2 \tag{6.30}$$

正确的参数归一化方法对于能否成功使用该方法是至关重要的。确保归一化实施效果的一种方式是利用一种特定的参数化方法，即将初始参数估计值都设为单位值。大的能量函数值，预示该子结构是错误的，反之，为小量值时，表示数据有小量误差或者数据对子结构的变化不敏感。

6.4.3　最优子空间法

Lallement 和 Piranda(1990)推荐通过下述过程进行误差定位。在矩阵 $\boldsymbol{S}(\boldsymbol{S}\hat{\boldsymbol{\theta}}=\boldsymbol{b})$ 的列中寻找最能代表向量 $\boldsymbol{b}$ 的那一列。接着按同样的过程寻找两列、三列或者更多列的组合，那么，就可以构建最优子基，来表示向量 $\boldsymbol{b}$。如果 $\boldsymbol{b}^p$ 是向量 $\boldsymbol{b}$ 在 p 维子空间内的最优表示，那么表示向量 $\boldsymbol{b}$ 和 $\boldsymbol{b}^p$ 之间标量误差的公式可写为

$$e^p = \frac{\| \boldsymbol{b} - \boldsymbol{b}^p \|}{\| \boldsymbol{b} \|} \times 100\% \tag{6.31}$$

随着子空间维数增加，通过误差 $e^p(p=1,2,3,\cdots)$ 的分析，就可以将那些包含主要建模误差的子结构筛选出来。$p>1$ 时，有一种迭代法对于产

生最优子空间是最有效的。首先，$p=1$ 时，选择最能代表数据的单个参数。后续的迭代保留前一步选择的参数不变，然后，从剩下的结构中选择新的参数。上述过程所有选择的参数就是最需要的修正参数。这个过程中，对于每一个 p 值，都是一个一维的优化问题，而不是广义的 p 维优化。

6.4.4　一个悬臂梁示例

例 6.1　本节针对一个铝质悬臂梁模拟例子，对误差定位方法进行阐述。该梁截面为 50mm×25mm 的矩形截面，长度为 1m。采用 10 个梁单元模拟该梁，且假设每个梁单元属性相同。为了模拟模型中的误差，试验结果通过另一个类似的模型计算得到，该模型中的一个单元的刚度被削弱 20%，取五阶模态作为试验结果，并分两种工况进行研究。

工况 1：试验结果从与分析模型具有相同自由度数的模型获得。这是一种理想的工况，不存在系统误差。第一步，假设试验对 10 个等间距节点上所有的旋转和平动自由度都获得了测试结果，并在此基础上讨论误差定位方法，如图 6.1 所示。第二步，假设仅仅平动自由度有试验结果，并利用分析模型将测试模态振型进行扩展，以获得完整的模态振型向量。

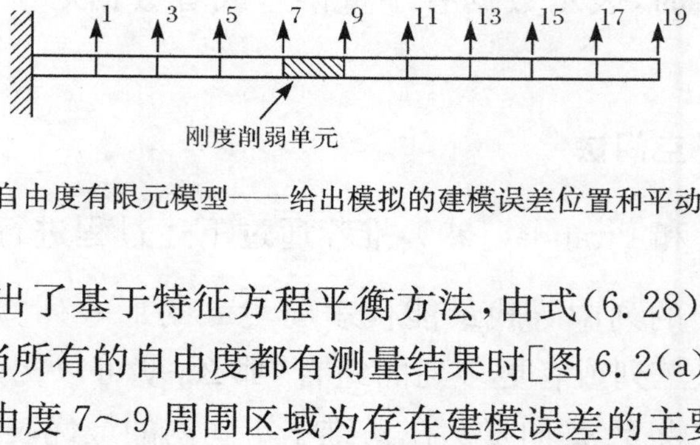

图 6.1　20 自由度有限元模型——给出模拟的建模误差位置和平动传感器位置

图 6.2 给出了基于特征方程平衡方法，由式(6.28)给出的归一化误差指数 q。当所有的自由度都有测量结果时[图 6.2(a)]，该方法能准确地识别出自由度 7～9 周围区域为存在建模误差的主要区域。但是，当仅测试平动自由度时，该方法识别误差效果不是很好[图 6.2(b)]。

图 6.3(a)和(b)给出了归一化的应变能函数，其中修正参数选择为 10 个单元的弹性刚度 EI。再一次地，当所有自由度都有测量结果时，误差再一次准确定位在单元 5 上，但是，当试验模态振型是由平动自由度结果扩展得到时，该方法也显示出自身的不足。

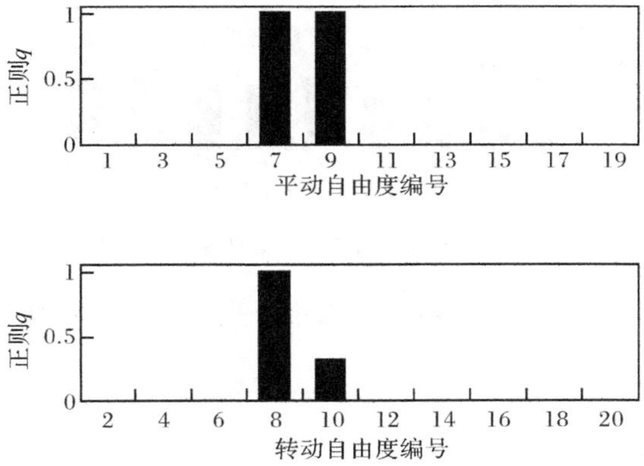

(a) 所有的自由度都有测量结果且没有系统误差

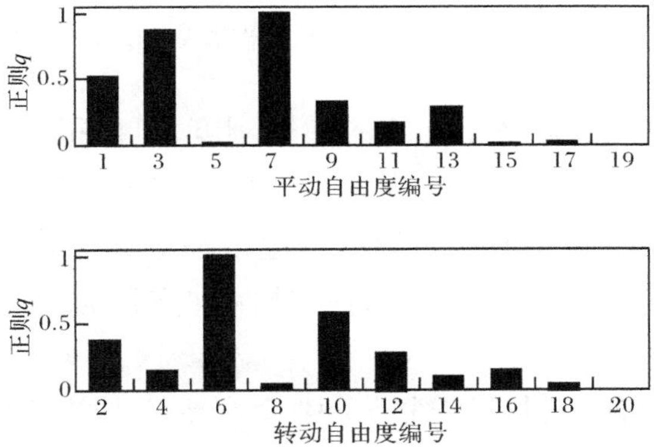

(b) 仅平动自由度有测量结果

图 6.2　基于特征方程平衡方法识别误差位置

最后，图 6.4 给出了最优子空间法的第一步计算结果。本例中仅应用了特征值结果，且在仅修正一个单一的弹性刚度参数之后，给出了估计特征值的百分比误差。

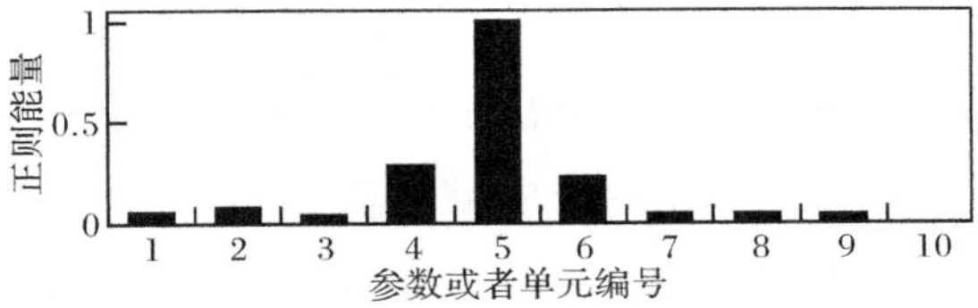

(a) 所有的自由度都有测量结果且没有系统误差

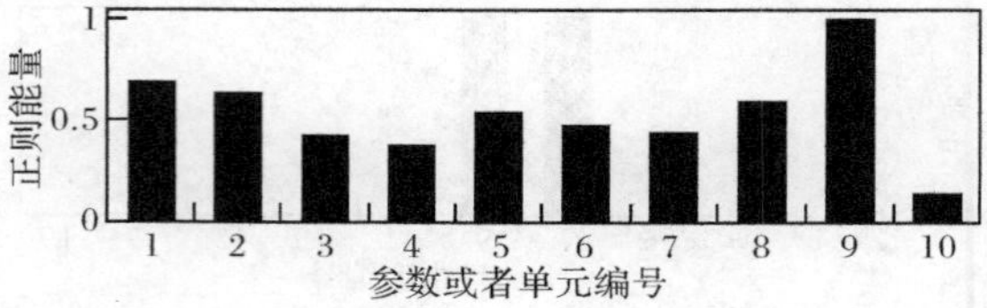

(b) 仅平动自由度有测量结果且没有系统误差

图 6.3 基于子结构能量函数方法识别误差位置

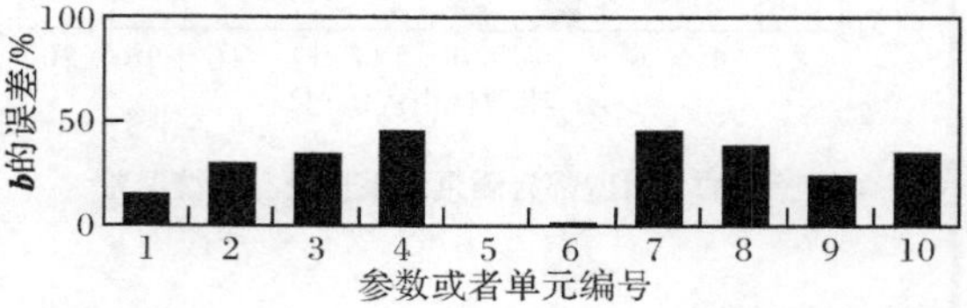

图 6.4 基于测试固有频率最优子空间方法识别误差位置——没有系统误差

通过修正单元 5 或者单元 6 的弹性刚度,可以很好地再现试验特征值。由于向量 $\boldsymbol{b}$ 的误差确实太大,因此,可以选择参数 5 作为修正变量,可以重复该过程以选择第二个参数。应该注意到平衡特征值方程方法以自由度的方式定位建模误差,而另外两种方法则基于模型的参数定位误差。

工况 2:这个例子讨论测试结果中含有系统误差的问题。试验结果从一个具有 20 个单元或者 40 个自由度的等效梁模型获得。这样,由于离散性,获得的前五个试验特征值将会有小量误差。如图 6.5 所示,将标号为 10 的单元的弹性刚度与其初始值相比较减缩了 20%。该分析模型中的全部 20 个平动和旋转自由度都将进行模拟测量,测量结果中没有随机误差。图 6.6～图 6.8 表示前面描述的误差定位方法的实际执行情况。

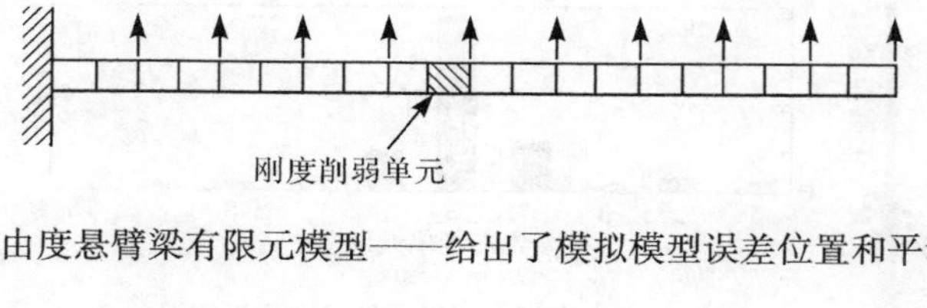

图 6.5 40 自由度悬臂梁有限元模型——给出了模拟模型误差位置和平动传感器位置

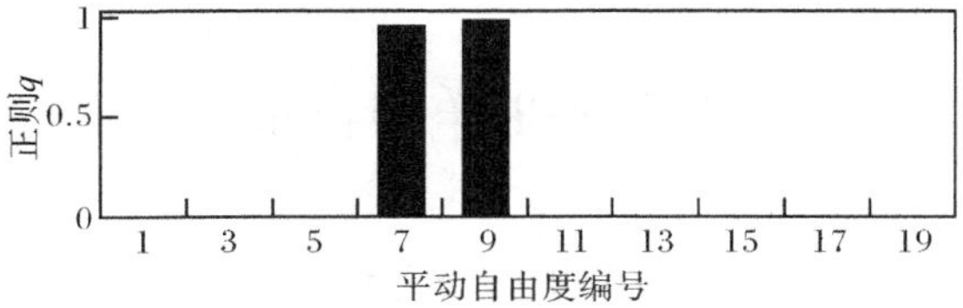

(a) 平动自由度

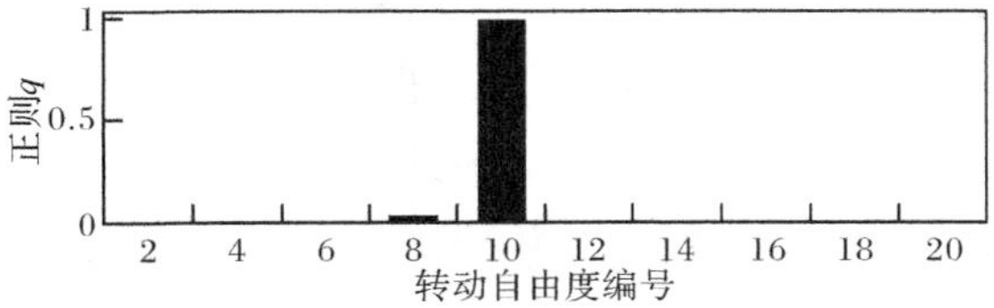

(b) 转动自由度

图 6.6　基于特征方程平衡方法识别误差位置——包含系统误差

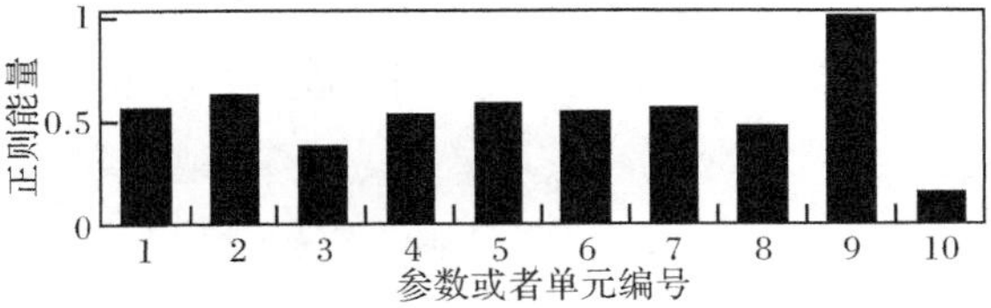

图 6.7　基于子结构能量函数方法识别误差位置——包含系统误差

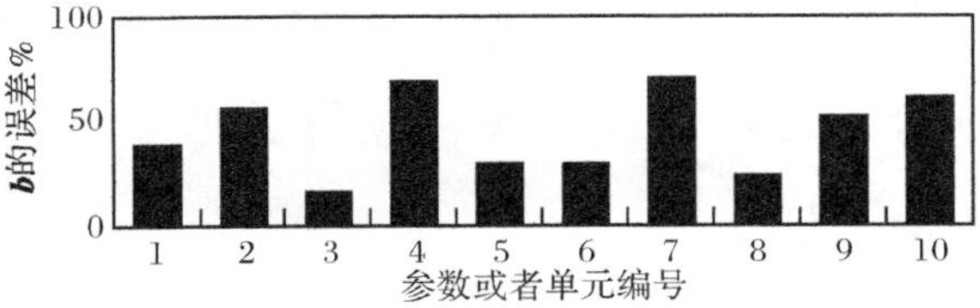

图 6.8　基于最优子空间方法识别误差位置——包含系统误差

平衡特征值方程方法,准确地定位误差,尽管较大的系统误差或者随机干扰可以使此方法失败,即使离散误差相对较小,另外两个方法也没有准确定位误差。事实上,应该谨慎应用误差定位方法,模型不确定因素参数化表示的好坏程度对于误差定位方法是否成功起到决定性的作用,实际上,通过工程经验来定位可能的建模误差,是不可替代的一种方法。

6.5 灵敏度抽样和自适应激励

减少修正参数个数的一种办法是施加一种激励，该激励对于一部分参数的灵敏度较大，但对于其余的参数的灵敏度较小。灵敏度抽样的方法需要针对相当大量激励载荷进行响应预示。因此，任何后续的修正方法必须使用频响数据，下面参照 Ben-Haim(1992,1994)、Ben-Haim 和 Prells(1993)、Prells 和 Ben-Haim(1993)的著作，以便对该方法进行深入解释。假设运动方程可写为如下的一般形式：

$$\boldsymbol{B}(\omega)\boldsymbol{x} = (-\omega^2\boldsymbol{M}+\boldsymbol{K})\boldsymbol{x} = \boldsymbol{H}\boldsymbol{f} \tag{6.32}$$

且输出可以位移的形式进行表达，有

$$\boldsymbol{y} = \boldsymbol{G}\boldsymbol{x} \tag{6.33}$$

式中，$\boldsymbol{G}$ 和 $\boldsymbol{H}$ 是矩形矩阵，分别代表输出矩阵和载荷矩阵。

对于任何频率，输出灵敏度关于刚度参数 θ_j 的改变可以写成式(6.34)的形式：

$$S_j(\boldsymbol{f}) = \left\{\frac{\partial \boldsymbol{y}}{\partial \theta_j}\right\}^{\mathrm{T}}\left\{\frac{\partial \boldsymbol{y}}{\partial \theta_j}\right\} \tag{6.34}$$

联合式(6.32)和式(6.34)，灵敏度可表达为

$$S_j(\boldsymbol{f}) = \boldsymbol{f}^{\mathrm{T}}\boldsymbol{H}^{\mathrm{T}}\left[\boldsymbol{F}\frac{\partial \boldsymbol{B}}{\partial \theta_j}\boldsymbol{F}\right]^{\mathrm{T}}\boldsymbol{G}^{\mathrm{T}}\boldsymbol{G}\left[\boldsymbol{F}\frac{\partial \boldsymbol{B}}{\partial \theta_j}\boldsymbol{F}\right]\boldsymbol{H}\boldsymbol{f} \tag{6.35}$$

式中，$\boldsymbol{F}$ 是 $n\times n$ 维动力学弹性矩阵且应用了非奇异矩阵 $\boldsymbol{A}$ 的等式关系，即$\dfrac{\partial \boldsymbol{A}^{-1}}{\partial \theta}=-\boldsymbol{A}^{-1}\dfrac{\partial \boldsymbol{A}}{\partial \theta}\boldsymbol{A}^{-1}$。

通过引入式(6.5)和式(6.6)给出的关系式，可使式(6.35)得到简化，这样有

$$S_j(\boldsymbol{f}) = \boldsymbol{f}^{\mathrm{T}}\boldsymbol{H}^{\mathrm{T}}[\boldsymbol{F}\boldsymbol{B}_j\boldsymbol{F}]^{\mathrm{T}}\boldsymbol{G}^{\mathrm{T}}\boldsymbol{G}[\boldsymbol{F}\boldsymbol{B}_j\boldsymbol{F}]\boldsymbol{H}\boldsymbol{f} \tag{6.36}$$

式中，$\boldsymbol{B}_j=\boldsymbol{K}_j-\omega^2\boldsymbol{M}_j$，式(6.36)可以进一步简化为

$$S_j(\boldsymbol{f}) = \boldsymbol{f}^{\mathrm{T}}\boldsymbol{D}_j\boldsymbol{f} \tag{6.37}$$

灵敏度抽样的目标是改变载荷系统，以使式(6.38)成立：

$$S_j(\boldsymbol{f})\begin{cases}=0, & j\in\overline{\mathfrak{I}}\\ \neq 0, & j\in\mathfrak{I}\end{cases} \tag{6.38}$$

式中，$\overline{\Im}=\{1,2,\cdots,m\}$为 m 维子集，代表不需要修正的参数，而 $\Im=\{m+1,m+2,\cdots,l\}$代表要修正的参数。

下面将讨论如何确定满足式(6.38)的载荷系统及其包含的步骤。

(1) 在每个频率点，选择 $\boldsymbol{x}$，以使得

$$\boldsymbol{B}_j\boldsymbol{x}\begin{cases}=0, & j\in\overline{\Im}\\ \neq 0, & j\in\Im\end{cases} \tag{6.39}$$

这通常并不难，因为子结构刚度矩阵 $\boldsymbol{K}_j$ 是稀疏缺秩的。当然，应该注意到，由式(6.39)确定的 $\boldsymbol{x}$ 不依赖存在不确定性的参数 θ_j。满足式(6.39)的 $\boldsymbol{x}$ 的存在性是灵敏度抽样的必要条件。

(2) 由式(6.40)确定 $\boldsymbol{f}$：

$$\boldsymbol{H}\boldsymbol{f}=\left[\boldsymbol{B}_0+\sum_{j=1}^{l}\theta_j\boldsymbol{B}_j\right]\boldsymbol{x} \tag{6.40}$$

式中，$\boldsymbol{B}_0=\boldsymbol{K}_0-\omega^2\boldsymbol{M}_0$，将其与式(6.39)联合，可给出

$$\boldsymbol{H}\boldsymbol{f}=\left[\boldsymbol{B}_0+\sum_{j\in\Im}\theta_j\boldsymbol{B}_j\right]\boldsymbol{x} \tag{6.41}$$

可以看出，所选择的作为输入的模型参数仅仅是测试对其是选择性敏感的参数。如果根据式(6.41)可确定一个 $\boldsymbol{f}$，且当 $\boldsymbol{x}$ 满足式(6.39)的条件，那么，同样的 $\boldsymbol{f}$ 将满足式(6.38)表示的灵敏度抽样条件。

如果式(6.41)的右边项包含在由 $\boldsymbol{H}$ 阵的列张开的空间内，那么，方程的解存在。如果式(6.41)没有解，那么应该考虑改变施加载荷的位置，即改变 $\boldsymbol{H}$。由于 θ_j 值未知，需要通过迭代法使得输入 $\boldsymbol{f}$ 和修正参数 θ_j 同步收敛。

通过上述步骤，如果找不到一个力向量，那么可采用另外一个方法即放宽灵敏度抽样准则，并且在指定的载荷水平上最大化所需参数的灵敏度。假设仅希望参数 θ_i 对激励敏感，通过将力向量的幅值限定在半径为 R 的球内，那么，可以确定一个力 $\boldsymbol{f}$ 以使价值函数即式(6.42)最大化：

$$J_i=S_i(\boldsymbol{f})+\lambda(\boldsymbol{f}^{\mathrm{T}}\boldsymbol{f}-R^2) \tag{6.42}$$

式中，λ 代表拉格朗日乘子。

将式(6.42)对 $\boldsymbol{f}$ 取微分并令其为零，得出特征值式：

$$\boldsymbol{D}_i\boldsymbol{f}=-\lambda\boldsymbol{f} \tag{6.43}$$

这显示当$-\lambda$是特征值，且$\boldsymbol{f}$是$\boldsymbol{D}_i$的一个特征向量时，S_i达到极值。由于人们希望最大化灵敏度$S_i(\boldsymbol{f})$，因此要选择$\boldsymbol{D}_i$的最大特征值及对应的特征向量。另一个可选择的方法是最小化不予选择的参数的灵敏度，同时保留第i个参数的灵敏度为

$$S_i(\boldsymbol{f}) = \alpha_i \tag{6.44}$$

所需的力向量通过最小化价值函数给出，如式(6.45)所示：

$$J_i = \sum_{j\in\bar{\Im}} S_j(\boldsymbol{f}) + \lambda(\boldsymbol{f}^{\mathrm{T}}\boldsymbol{D}_i\boldsymbol{f} - \alpha_i) \tag{6.45}$$

由此可导出下面的一般特征值问题：

$$\boldsymbol{E}\boldsymbol{f} = -\lambda\boldsymbol{D}_i\boldsymbol{f} \tag{6.46}$$

式中，$\boldsymbol{E} = \sum_{j\in\bar{\Im}} \boldsymbol{D}_j$，由于目标是最小化由式(6.46)确定的价值函数，故选择最小化的特征值及对应的特征向量。

针对模态数据选择多个参数的方法与选择一个参数的方法类似，将在6.5.2节进行解释。

6.5.1 一个离散系统示例

例6.2 现在就图6.9表示的简单的三自由度质量和弹簧系统描述灵敏度抽样的具体方法。所有的质量是1kg，且所有的弹簧刚度是1N/m。假设所有的质量和刚度k_4是已知的。本例希望在某种激励下，响应关于刚度k_2是敏感的，对刚度k_1和k_3是不敏感的。子结构矩阵通过下列公式给出。

$$\boldsymbol{K}_1 = \frac{\partial \boldsymbol{K}}{\partial k_1} = \begin{bmatrix} 1 & 0 & 0 \\ 0 & 0 & 0 \\ 0 & 0 & 0 \end{bmatrix},\quad \boldsymbol{K}_2 = \frac{\partial \boldsymbol{K}}{\partial k_2} = \begin{bmatrix} 1 & -1 & 0 \\ -1 & 1 & 0 \\ 0 & 0 & 0 \end{bmatrix}$$

$$\boldsymbol{K}_3 = \frac{\partial \boldsymbol{K}}{\partial k_3} = \begin{bmatrix} 0 & 0 & 0 \\ 0 & 1 & -1 \\ 0 & -1 & 1 \end{bmatrix}$$

工况1：假设能够在所有三个自由度上施加激励，现寻找$\boldsymbol{x}$，使其满足下面的条件：

$$\boldsymbol{K}_1\boldsymbol{x} = \boldsymbol{0},\quad \boldsymbol{K}_2\boldsymbol{x} \neq \boldsymbol{0},\quad \boldsymbol{K}_3\boldsymbol{x} = \boldsymbol{0}$$

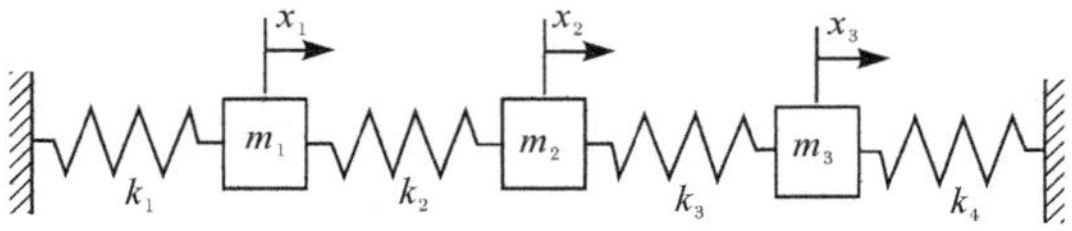

图 6.9　离散质量和弹簧系统

满足上述公式的 $\boldsymbol{x}$ 的其中一种取值为 $\boldsymbol{x}=\begin{Bmatrix}0\\1\\1\end{Bmatrix}$。如果所有的自由度都施加载荷，那么矩阵 $\boldsymbol{H}$ 就是单位阵，且 $\boldsymbol{f}=(-\omega^2\boldsymbol{M}+\boldsymbol{K})\boldsymbol{x}=\begin{Bmatrix}-1\\1-\omega^2\\1-\omega^2\end{Bmatrix}$。如果这个激励力作用于该离散系统，那么响应对 k_1 和 k_3 是不敏感的。图 6.10表示响应对刚度 k_2 的灵敏度。注意本例中，激励力已经进行了归一化，在每一个频率点的作用力，其均方根值都为 1。

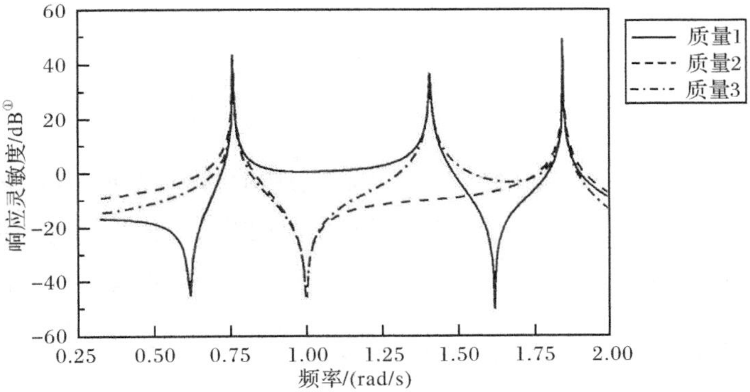

图 6.10　例 6.2 工况 1 响应关于 k_2 的灵敏度

工况 2：假设现在仅对自由度 1 和 3 施加载荷。这样，输入力矩阵为 $\boldsymbol{H}=\begin{bmatrix}1&0\\0&0\\0&1\end{bmatrix}$。尽管 $\boldsymbol{x}$ 可以与工况 1 以同样的方法获得，但是，没有这

①1dB 参考值为 $1\mathrm{m}^2/\mathrm{N}$。

样一种力 $\boldsymbol{f}$ 使得 $\boldsymbol{Hf}=(-\omega^2\boldsymbol{M}+\boldsymbol{K})\boldsymbol{x}=\begin{Bmatrix}-1\\1-\omega^2\\1-\omega^2\end{Bmatrix}$。也就是说，对 k_1 和 k_3 完全不敏感的响应是无法得到的。利用式(6.43)产生所需的力($R=1$)，其响应灵敏度如图 6.11 所示。所有响应均方根值关于各个参数的灵敏度依次在图中显示。应该注意到第二个参数 k_2 的灵敏度，尽管不存在灵敏度很小的频率点，但也不总是最高的。

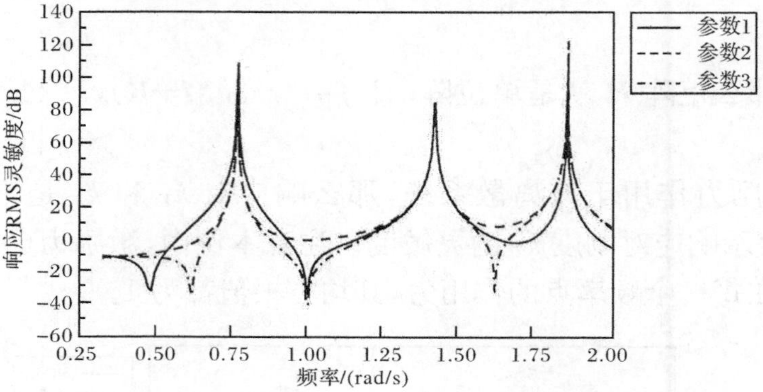

图 6.11　例 6.2 工况 2 响应 RMS 灵敏度

工况 3：假设式(6.46)给出的特征值用于计算力载荷，并假设 $\alpha_2=1$。响应均方根值关于每个参数的灵敏度如图 6.12 所示。在所有频率点，响应关于参数 k_2 的灵敏度都高于关于参数 k_1 和 k_3 的灵敏度。

6.5.2　根据模态试验数据进行灵敏度抽样

一个结构的模态模型通常可从动力学试验中获得。那么，这些数据能否用于获得灵敏度抽样方法的激励载荷？注意到尽管模态数据可利用，测量对象仍是对预期参数敏感的结构的响应，而不是模态振型。当试验模态不完备时(模态个数小于 n)，基于该测试构建的矩阵 $\boldsymbol{M}^{-1}$ 和 $\boldsymbol{K}^{-1}$ 是缺秩的，这对灵敏度抽样会有严重的影响，且会导致不能获得适当的输入 $\boldsymbol{f}$ 的准确解。Cogan 等(1994)基于非完备模态矩阵 $\boldsymbol{\Phi}_m$ ($(s+m)\times m$)列的线性组合，构建了这样一种位移 $\boldsymbol{x}$：

$$\boldsymbol{x}=\boldsymbol{\Phi}_m\boldsymbol{g} \tag{6.47}$$

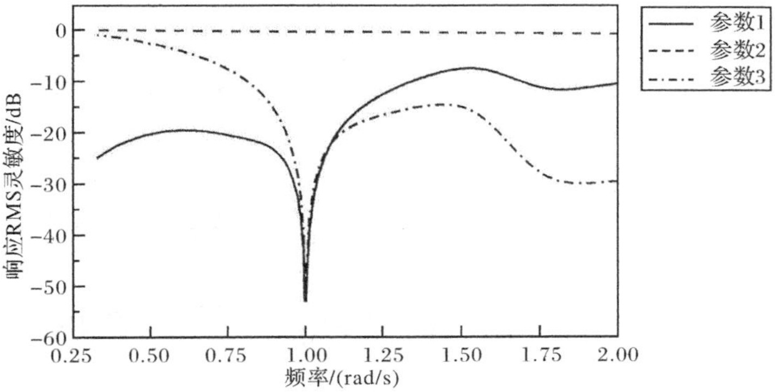

图 6.12　例 6.2 工况 3 响应 RMS 灵敏度

下面的优化过程是为了选择一种向量 $\boldsymbol{g}$，该向量约束一个所期望的子结构 i，使其满足式(6.49)，同时最小化子结构 $j, j\in\overline{\mathfrak{I}}$，使其不敏感，如式(6.48)所示：

$$\min \sum_{j\in\overline{\mathfrak{I}}} \| \boldsymbol{B}_j \boldsymbol{\Phi}_m \boldsymbol{g} \|^2 \tag{6.48}$$

$$\| \boldsymbol{B}_i \boldsymbol{\Phi}_m \boldsymbol{g} \|^2 = \alpha_i, \quad i \in \mathfrak{I} \tag{6.49}$$

式中，$\boldsymbol{B}_i = -\omega^2 \boldsymbol{M}_i + \boldsymbol{K}_i$，这对于每一个期望的子结构 i 会导出一系列的特征值问题，这类似于频域中处理问题的方式，这样有

$$(\boldsymbol{E} - \lambda_i \boldsymbol{F}_i)\boldsymbol{g}_i = \boldsymbol{0}, \quad i \in \mathfrak{I} \tag{6.50}$$

式中，

$$\boldsymbol{E} = \sum_{j\in\overline{\mathfrak{I}}} \boldsymbol{\Phi}_m^{\mathrm{T}} \boldsymbol{B}_j^2 \boldsymbol{\Phi}_m \tag{6.51}$$

$$\boldsymbol{F}_i = \boldsymbol{\Phi}_m^{\mathrm{T}} \boldsymbol{B}_i^2 \boldsymbol{\Phi}_m \tag{6.52}$$

令 λ_{ih} 和 $\boldsymbol{g}_{ih}$ 是与第 i 个子结构相关的第 h 阶特征值和特征向量。最小化不预选取参数的灵敏度，并满足关于 θ_i 灵敏度约束的解，是与最小特征值 λ_{i1} 相对应的特征向量 $\boldsymbol{g}_{i1}$。

至此，仅分析了一个参数的灵敏度抽样问题，现在考虑优化式(6.48)和式(6.49)最优解的线性组合问题，有

$$\boldsymbol{g} = \sum_{i\in\mathfrak{I}} \eta_i \boldsymbol{g}_{i1} = [\boldsymbol{g}_{m+1,1} \quad \boldsymbol{g}_{m+2,1} \quad \cdots \quad \boldsymbol{g}_{l,1}]\boldsymbol{\eta} = \boldsymbol{G}\boldsymbol{\eta} \tag{6.53}$$

式中，$\boldsymbol{\eta}=\begin{Bmatrix}\eta_{m+1}\\ \eta_{m+2}\\ \vdots \\ \eta_l\end{Bmatrix}$且 $\boldsymbol{G}=[\boldsymbol{g}_{m+1,1}\quad \boldsymbol{g}_{m+2,1}\quad \cdots\quad \boldsymbol{g}_{l,1}]$。选择向量 $\boldsymbol{\eta}$，以使不予选取的灵敏度的和最小，同时，最大化期望选择的灵敏度的和。最小化下面的价值函数：

$$J=\boldsymbol{g}^{\mathrm{T}}\boldsymbol{E}\boldsymbol{g}-\sum_{i\in\Im}\boldsymbol{g}^{\mathrm{T}}\boldsymbol{F}_i\boldsymbol{g}=\boldsymbol{\eta}^{\mathrm{T}}\boldsymbol{G}^{\mathrm{T}}\boldsymbol{E}\boldsymbol{G}\boldsymbol{\eta}-\sum_{i\in\Im}\boldsymbol{\eta}^{\mathrm{T}}\boldsymbol{G}^{\mathrm{T}}\boldsymbol{F}_i\boldsymbol{G}\boldsymbol{\eta}\tag{6.54}$$

并有 $\boldsymbol{\eta}^{\mathrm{T}}\boldsymbol{\eta}=1$，这引出了下面的特征问题：

$$\left[\boldsymbol{G}^{\mathrm{T}}\boldsymbol{E}\boldsymbol{G}-\sum_{i\in\Im}\boldsymbol{G}^{\mathrm{T}}\boldsymbol{F}_i\boldsymbol{G}\right]\boldsymbol{\eta}=\mu\boldsymbol{\eta}\tag{6.55}$$

式(6.55)对应的解是与最小特征值 μ 相对应的特征向量 $\boldsymbol{\eta}$。

参考文献

Ahmadian H, Gladwel l G M L, Ismail F. 1994. Parameter selection strategies in finite element model updating. Transactions ASME, Journal of Vibration and Acoustics, in press.

Ben-Haim Y. 1992. Adaptive diagnosis of faults in elastic structures by static displacement measurement: The method of selective sensitivity. Mechanical Systems and Signal Processing, 6: 85-96.

Ben-Haim Y. 1994. Adaptive model updating by selective sensitivity: Overview and new results. Infemafional Journal of Numerical Methods in Engineering, in press.

Ben-Haim Y, Prells U. 1993. Selective sensitivity in the frequency domain—I. Theory. Mechanical Systems and Signal Processing, 7: 461-475.

Berman A, Flannelly W G. 1971. Theory of incomplete models of dynamic structures. AIAA Journal, 9(8): 1481-1487.

Berman A. 1984a. System identification of structural dynamic models—Theoretical and practical bounds. AIAA Conference Paper: 84-0929.

Berman A. 1984b. Limitations on the identification of discrete structural dynamic models. The 2nd International Conference on Recent Advances in Structural Dynamics, Southampton: 427-435.

Cogan S, Lallement G, Ben-Haim Y. 1994. Updating linear elastic models with modal-based selective sensitivity. The 12th International Modal Analysis Conference, Honolulu, Hawaii.

Friswell M I. 1990. Candidate reduced order models for structural parameter estimation. Transaction ASME, Journal of Vibration and Acoustics, 112(1): 93-97.

Gladwell G M L, Ahmadian H. 1994. Families of acceptable element matrices for finite element model updating. Mechanical Systems and Signal Processing, in press.

Lallement G, Piranda J. 1990. Localisation methods for parameter updating of finite element models in elastodynamics. The 8th International Modal Analysis Conference, Orlando: 579-585.

Link M. Santiago O F. 1991. Updating and localizing structural errors based on minimisation of equation errors. International Conference on Spacecraft Structures and Mechanical Testing, ESA/ESTEC, Noordwijk, Holland.

Mottershead J E, Foster C D. 1991. On the treatment of ill-conditioning in spatial parameter estimation from measured vibration data. Mechanical Systems and Signal Processing, 5 (2): 139-154.

Mottershead J E, Friswell M L, Ng G H T, et al. 1994. Experience in mechanical joint model updating. The 19th International Seminar on Modal Analysis, Leuven: 481-495.

Natke H G. 1988. Updating computational models in the frequency domain based on measured data: A survey. Probabilistic Engineering Mechanics, 3(1): 28-35.

Prells U, Ben-Haim Y. 1993. Selective sensitivity in the frequency domain—II. Applications. Mechanical Systems and Signal Processing, 7: 551-574.

Ross R G. 1971. Synthesis of stiffness and mass matrices. SAE Conference Paper 710787.

第7章　基于模态数据的直接修正方法

7.1　概述——优点和不足

了解直接法的优点和不足，首先需要理解该方法的理论、其可能产生的误差、误差会如何传递给修正模型。当然，仅从“直接法”的字面含义来看，这类方法不需要迭代计算，因而消除了计算发散和较大计算量的可能性，具有较大优势。

这类方法的一个重要特征是重新准确地复现试验测量数据。能够复现测量数据，应该说是模型的代表性功能，修正后的模型能够重新复现测量数据也正是修正的目的所在。另外，由于试验测量干扰和模型的不准确，测量和分析的数据一般是不能等同的。修正是通过优化模型中的参数完成的，但是该过程并不涵盖对于测量噪声、干扰的严密复现，如果修正模型严密地复现了不准确的测试，后续的分析将会是有缺陷的。因此，如果希望这些方法具有“代表性功能”，那么需要精确的模拟和非常高品质的测量，通常可以通过采取一定的方式消除由错误传感器测得的结果。在当前测试技术水平下，通常认为结构的固有频率测量是准确的，认为模态振型的测量则不是完全准确的。

在模态振型数据方面，一个突出的问题是需要扩充测量振型自由度，并与有限元模型自由度相匹配。由于模型存在误差，扩阶过程将给修正过程中所需数据引入误差。另一种方法是缩聚有限元模型，将其和试验测量自由度相匹配。然而通过缩聚技术得到的修正模型，相对于大自由度系统有限元模型，由不适当的建模方式、损伤等因素引起的修正模型矩阵的变化规律是更为模糊的，从而使误差定位和损伤探测变得更为困难。

仅与试验测点相关联的缩聚模型，其主要缺点是修正的质量和刚度矩阵很少具有实际物理意义，且不能与初始模型的有限单元的物理变化相关联。无法确保节点的连通性，且修正矩阵一般是完全满秩的，而初始模型矩阵是稀疏的且仅仅在主对角线区域包含非零元素。Kabe(1985)扩展了拉格朗日乘子法，用以修正刚度矩阵中的非零元素。其中，价值函数是刚度矩阵中的非零元素变化的百分比，约束条件为刚度矩阵、试验测量模态的运动方程是对称的。Smith 和 Beattie(1991)考虑采用 quasi-Newton 法进行刚度修正，以维持与结构的关联性，但由于试验通常只测量低频模态，而高频模态对刚度矩阵贡献更多，故对其结果做出解释将更为复杂。

直接法重新复现已经给出的试验测量数据集，但是不能保证不将额外的虚假模态引入关心的频率范围。事实上这也不能算是一个问题，因为需要不断检查修正的有限元模型，确保既能复现测量模态，又没有虚假的模态出现。此外，修正质量和刚度矩阵也不能确保是正定的。

7.2　拉格朗日乘子法

拉格朗日乘子法是一种简单方便的、基于独立变量，在准确约束条件下最小化函数的方法，这些识别方法重要的工程特征是最小化函数和强迫约束。求解优化问题的方法与此没有直接关系，尽管这一点在本书的一些工作中将会得到证实，但为了读者能在一定角度了解其他方法涉及的细节，这里仅以总结方式描述。所有的这些方法都考虑三个量：试验测量模态数据、(模型)分析质量矩阵和刚度矩阵。Baruch 和 Bar-Itzhack(1978)早期的研究认为质量矩阵是准确的，对试验测量特征向量进行适宜的修改，以使其与质量矩阵正交，随后通过刚度矩阵的计算修正，得到一个与分析矩阵最接近并能够复现测量模态的模型。这里存在的一个问题是质量矩阵通常认为是准确的(Berman，1979；Berman and Nagy，1983)，这是由于静力有限元分析结果通常比动力学分析更加准确。Baruch(1982)描述的这些方法是参考基础法，因为需要将三个量(测试模态数据、分析质量矩阵和刚度矩阵)中的一个量假设是准确的,或作为参考,然后修正其余两个量。Baruch 给出的方法是把分析质量矩阵作为参考,下面进行详细阐述,如果读者希望忽略这些细节,可直接进入(7.2.4 节)总结章节。

7.2.1 模态矩阵正交性优化

测量数据来源于真实结构,与从其对应的分析模型获得的数据不是等同的。传感器的个数远小于有限元模型自由度的个数,需要扩展试验测量模态振型,或者缩聚分析矩阵。上述这些问题,再加上测量数据中一般存在误差,意味着测量模态与分析质量矩阵不是正交的。如果假设质量矩阵是准确的,那么可以将特征向量矩阵修正为正交的。更严格地说,就是修正后的特征向量矩阵是与测量矩阵相接近的一个矩阵,但是与质量矩阵是正交的,数学上是确定使式(7.1)表示的加权欧氏范数最小化的矩阵 $\boldsymbol{\Phi}$:

$$J = \| \boldsymbol{N}(\boldsymbol{\Phi} - \boldsymbol{\Phi}_m) \| = \sum_{i=1}^{n} \sum_{k=1}^{m} \left[\sum_{j=1}^{n} [\boldsymbol{N}]_{ij} ([\boldsymbol{\Phi}]_{jk} - [\boldsymbol{\Phi}_m]_{jk}) \right]^2 \tag{7.1}$$

同时,满足正交条件,即式(7.2):

$$\boldsymbol{\Phi}^{\mathrm{T}} \boldsymbol{M}_a \boldsymbol{\Phi} = \boldsymbol{I} \tag{7.2}$$

式中,$\boldsymbol{N} = \boldsymbol{M}_a^{\frac{1}{2}}$;$\boldsymbol{M}_a$ 为分析质量矩阵;$\boldsymbol{\Phi}_m$ 为试验测量特征向量矩阵;$[\boldsymbol{N}]_{ij}$、$[\boldsymbol{\Phi}]_{ij}$、$[\boldsymbol{\Phi}_m]_{ij}$ 分别为矩阵 $\boldsymbol{N}$、$\boldsymbol{\Phi}$、$\boldsymbol{\Phi}_m$ 的(i,j)个元素;m 为测量特征向量的个数;n 为分析模型自由度的个数。

式(7.1)中,用质量矩阵的平方根值 $\boldsymbol{N}$ 加权特征向量矩阵,在物理上,这个矩阵将为对结构动能贡献较大的区域分配较大的权值,这样,从动能的角度来看,加权后的坐标趋于平等,这一点从正交性表达式[式(7.2)]也可以看出。质量矩阵的平方根值 $\boldsymbol{N}$ 在将要最小化的函数中出现,并不意味着必须计算它,因为修正特征向量矩阵最后的表达式不需要矩阵 $\boldsymbol{N}$。

式(7.2)给出的约束条件,提供了关于修改后特征向量矩阵 $\boldsymbol{\Phi}$ 中元素的 m^2 个二阶方程,拉格朗日乘子法利用这些约束方程形成将要最小化的增广函数,如式(7.3)所示:

$$J = \sum_{i,j,h=1}^{n} \sum_{k=1}^{m} \{ [\boldsymbol{N}]_{ij} ([\boldsymbol{\Phi}]_{jk} - [\boldsymbol{\Phi}_m]_{jk}) [\boldsymbol{N}]_{ih} ([\boldsymbol{\Phi}]_{hk} - [\boldsymbol{\Phi}_m]_{hk}) \} + \sum_{i,h=1}^{m} \gamma_{ih} \left\{ \sum_{j,k=1}^{n} ([\boldsymbol{\Phi}]_{ji} [\boldsymbol{M}_a]_{jk} [\boldsymbol{\Phi}]_{kh} - \delta_{ih}) \right\} \tag{7.3}$$

式中，δ_{ij} 代表 Kronecker delta 函数。注意到式中二次表达式已经在第一项中乘了出来，第二项中括号内的表达式是由正交性方程产生的，γ_{ih} 为拉格朗日乘子，这些乘子构成矩阵 $\boldsymbol{\Gamma}$。式(7.2)的对称性隐含在潜在的 m^2 个方程中，仅有 $m(m+1)/2$ 个是独立的。因此式(7.3)就有一些冗余，从另一个角度来讲，矩阵 $\boldsymbol{\Gamma}$ 是缺乏唯一性的，拉格朗日乘子矩阵 $\boldsymbol{\Gamma}$ 可以通过引入对称性约束条件强制其为唯一的，即

$$\boldsymbol{\Gamma} = \boldsymbol{\Gamma}^{\mathrm{T}} \tag{7.4}$$

现在可通过最小化增广函数式(7.3)，修正具有 nm 个元素的特征向量矩阵 $[\boldsymbol{\Phi}]_{rs}$。对式(7.3)取关于这些元素的偏微分并将结果设为零，得

$$\frac{\partial J}{\partial [\boldsymbol{\Phi}]_{rs}} = \sum_{i,h=1}^{n} [\boldsymbol{N}]_{ir} [\boldsymbol{N}]_{ih} ([\boldsymbol{\Phi}]_{hs} - [\boldsymbol{\Phi}_m]_{hs}) + \sum_{i,j=1}^{n} [\boldsymbol{N}]_{ij} ([\boldsymbol{\Phi}]_{js} - [\boldsymbol{\Phi}_m]_{js}) [\boldsymbol{N}]_{ir} + \sum_{h=1}^{m} \gamma_{sh} \left\{ \sum_{k=1}^{n} [\boldsymbol{M}_a]_{rk} [\boldsymbol{\Phi}]_{kh} \right\} + \sum_{i=1}^{m} \gamma_{is} \left\{ \sum_{j=1}^{n} [\boldsymbol{\Phi}]_{ji} [\boldsymbol{M}_a]_{jr} \right\} = 0 \tag{7.5}$$

前两项可以利用矩阵 $\boldsymbol{N}$ 的定义及其实际上具有的对称性得以简化合并，即 $\sum_{i=1}^{n} [\boldsymbol{N}]_{ir} [\boldsymbol{N}]_{ih} = [\boldsymbol{M}_a]_{rh}$，这里 $[\boldsymbol{M}_a]_{rh}$ 是质量矩阵 $\boldsymbol{M}_a$ 的 (r,h) 元素。式(7.5)后面两项可以通过利用 $\boldsymbol{\Gamma}$ 和 $\boldsymbol{M}_a$ 的对称性来合并，得

$$\frac{\partial J}{\partial [\boldsymbol{\Phi}]_{rs}} = 2\sum_{h=1}^{n} [\boldsymbol{M}_a]_{rh} ([\boldsymbol{\Phi}]_{hs} - [\boldsymbol{\Phi}_m]_{hs}) + 2\sum_{h=1}^{m} \sum_{k=1}^{n} [\boldsymbol{M}_a]_{rk} [\boldsymbol{\Phi}]_{kh} \gamma_{hs} = 0 \tag{7.6}$$

式(7.6)中的第一项代表矩阵 $2\boldsymbol{M}_a(\boldsymbol{\Phi}-\boldsymbol{\Phi}_m)$ 的 (r,s) 元素，第二项代表矩阵 $2\boldsymbol{M}_a\boldsymbol{\Phi}\boldsymbol{\Gamma}$ 的 (r,s) 元素，因而式(7.6)所表达的 nm 个方程可以写成

如下矩阵形式：

$$2\boldsymbol{M}_a(\boldsymbol{\Phi}-\boldsymbol{\Phi}_m)+2\boldsymbol{M}_a\boldsymbol{\Phi}\boldsymbol{\Gamma}=\mathbf{0}$$

由于质量矩阵是非奇异的，式(7.7)成立：

$$\boldsymbol{\Phi}-\boldsymbol{\Phi}_m+\boldsymbol{\Phi}\boldsymbol{\Gamma}=\mathbf{0} \tag{7.7}$$

合并 $\boldsymbol{\Phi}$ 的同类项有

$$\boldsymbol{\Phi}[\boldsymbol{I}+\boldsymbol{\Gamma}]=\boldsymbol{\Phi}_m \tag{7.8}$$

式(7.8)暗含着拉格朗日乘子矩阵的物理意义，它反映了试验测量特征向量和修正特征向量之间的误差，现在假设$[\boldsymbol{I}+\boldsymbol{\Gamma}]$是非奇异的。当然如果测试特征向量矩阵基本满足正交性约束，这个假设就是真实的。在这种情况下，$\boldsymbol{\Gamma}$ 将会是小量。基于这个假设，式(7.8)可以写为

$$\boldsymbol{\Phi}=\boldsymbol{\Phi}_m[\boldsymbol{I}+\boldsymbol{\Gamma}]^{-1} \tag{7.9}$$

将式(7.9)中 $\boldsymbol{\Phi}$ 的表达式代入质量正交性约束，即替换式(7.2)中的 $\boldsymbol{\Phi}$，则

$$[\boldsymbol{I}+\boldsymbol{\Gamma}]^{-1}\boldsymbol{\Phi}_m^{\mathrm{T}}\boldsymbol{M}_a\boldsymbol{\Phi}_m[\boldsymbol{I}+\boldsymbol{\Gamma}]^{-1}=\boldsymbol{I}$$

前后都乘以$[\boldsymbol{I}+\boldsymbol{\Gamma}]$，且取平方根得

$$[\boldsymbol{I}+\boldsymbol{\Gamma}]=[\boldsymbol{\Phi}_m^{\mathrm{T}}\boldsymbol{M}\boldsymbol{\Phi}_m]^{\frac{1}{2}} \tag{7.10}$$

可以看出，拉格朗日乘子矩阵也可以视为正交性约束的误差，最后通过替代拉格朗日乘子矩阵表达式获得修正的特征向量矩阵，将式(7.10)代入式(7.9)获得修正的特征向量矩阵为

$$\boldsymbol{\Phi}=\boldsymbol{\Phi}_m[\boldsymbol{\Phi}_m^{\mathrm{T}}\boldsymbol{M}_a\boldsymbol{\Phi}_m]^{-\frac{1}{2}} \tag{7.11}$$

Baruch 和 Bar-Itzhack(1978)考虑其他的数值方法，包括迭代技术，来计算修正特征向量矩阵。

7.2.2 刚度矩阵修正

修正过的模态矩阵可以用于修正分析刚度矩阵。假定质量矩阵 $\boldsymbol{M}_a$ 是准确的，修正刚度矩阵要基于两个约束：一是能够复现试验测量模态数据，二是对称性。假设 $\boldsymbol{K}$ 代表修正刚度矩阵，那么结构模型的运动方程可写为

$$\boldsymbol{K}\boldsymbol{\Phi}=\boldsymbol{M}_a\boldsymbol{\Phi}\boldsymbol{\Lambda} \tag{7.12}$$

式中，$\boldsymbol{\Lambda}$ 是(m,m)维对角矩阵，元素为试验测量固有频率(应该是固有

圆频率，译者注）的平方。因此式(7.12)代表关于修正刚度矩阵 $\boldsymbol{K}$ 的 n^2 个元素的 nm 个约束方程，$\boldsymbol{K}$ 的对称性产生 $n(n+1)/2$ 个独立的约束方程：

$$\boldsymbol{K}^{\mathrm{T}} = \boldsymbol{K} \tag{7.13}$$

最小化函数必须在某种程度上与修正过的刚度矩阵和初始分析刚度矩阵之间的差别有所关联。Baruch 等(1978)使用下面的范数进行最小化：

$$\begin{aligned} J &= \frac{1}{2} \| \boldsymbol{N}^{-1}(\boldsymbol{K}-\boldsymbol{K}_a)\boldsymbol{N}^{-1} \| \\ &= \frac{1}{2}\sum_{i,j=1}^{n}\Big[\sum_{h,k=1}^{n}[\boldsymbol{N}^{-1}]_{ih}([\boldsymbol{K}]_{hk}-[\boldsymbol{K}_a]_{hk})[\boldsymbol{N}^{-1}]_{kj}\Big]^2 \end{aligned} \tag{7.14}$$

式中，$\boldsymbol{N}=\boldsymbol{M}_a^{\frac{1}{2}}$，$[\boldsymbol{N}^{-1}]_{ij}$、$[\boldsymbol{K}]_{ij}$、$[\boldsymbol{K}_a]_{ij}$ 分别为矩阵 $\boldsymbol{N}^{-1}$、$\boldsymbol{K}$、$\boldsymbol{K}_a$ 的 (i,j) 元素。

采用矩阵 $\boldsymbol{N}$ 的逆进行加权，在某种程度上可以允许质量矩阵和刚度矩阵值存在差别，其他加权矩阵将在随后讨论，拉格朗日乘子法需要的将要最小化的增广函数可表示为

$$\begin{aligned} J &= \frac{1}{2}\sum_{i,j=1}^{n}\Big[\sum_{h,k=1}^{n}[\boldsymbol{N}^{-1}]_{ih}([\boldsymbol{K}]_{hk}-[\boldsymbol{K}_a]_{hk})[\boldsymbol{N}^{-1}]_{kj}\Big]^2 \\ &\quad + \sum_{i,j=1}^{n}\gamma_{Kij}([\boldsymbol{K}]_{ij}-[K]_{ji}) \\ &\quad + 2\sum_{i=1}^{n}\sum_{j=1}^{m}\gamma_{\Lambda ij}\sum_{h=1}^{n}([\boldsymbol{K}]_{ih}[\boldsymbol{\Phi}]_{hj}-[\boldsymbol{M}]_{ih}[\boldsymbol{\Phi}]_{hj}\omega_{mj}^2) \end{aligned} \tag{7.15}$$

式中，ω_{mj} 为第 j 个测试固有频率(圆频率，译者注)，且拉格朗日乘子 $\gamma_{\Lambda ij}$ 和 γ_{Kij} 可表示为矩阵$\boldsymbol{\Gamma}_\Lambda$ 和$\boldsymbol{\Gamma}_K$ 的元素。第一项代表需要最小化的函数，即式(7.14)；第三项(原书为第二项，译者注)代表运动约束方程，即式(7.12)；第二项(原书为第三项，译者注)代表对称约束，即式(7.13)。用因子 1/2 和 2 乘以对应项只是为了矩阵的简化处理。采用类似正交化试验测量模态、刚度矩阵对称性约束的做法，如果拉格朗日乘子仅引入如下约束，将产生唯一解。

$$\boldsymbol{\Gamma}_K = -\boldsymbol{\Gamma}_K^{\mathrm{T}} \tag{7.16}$$

对式(7.15)取关于待修正刚度矩阵(r,s)元素$[\boldsymbol{K}]_{rs}$的偏微分，得到如下矩阵方程的(r,s)元素，即

$$\boldsymbol{M}_a^{-1}(\boldsymbol{K}-\boldsymbol{K}_a)\boldsymbol{M}_a^{-1}+2\boldsymbol{\Gamma}_\Lambda\boldsymbol{\Phi}^{\mathrm{T}}+2\boldsymbol{\Gamma}_K=\boldsymbol{0} \tag{7.17}$$

$\boldsymbol{\Gamma}_K$ 是反对称的，即式(7.16)可以用于消除式(7.17)中的$\boldsymbol{\Gamma}_K$，经过重新整理得出 $\boldsymbol{K}$ 满足如下等式：

$$\boldsymbol{K}=\boldsymbol{K}_a-\boldsymbol{M}_a\boldsymbol{\Gamma}_\Lambda\boldsymbol{\Phi}^{\mathrm{T}}\boldsymbol{M}_a-\boldsymbol{M}_a\boldsymbol{\Phi}\boldsymbol{\Gamma}_\Lambda^{\mathrm{T}}\boldsymbol{M}_a \tag{7.18}$$

式(7.18)两侧右乘 $\boldsymbol{\Phi}$，且利用修正特征向量矩阵的正交性和运动式(7.12)给出关于$\boldsymbol{\Gamma}_\Lambda$ 的方程，即

$$\boldsymbol{M}_a\boldsymbol{\Phi}\boldsymbol{\Lambda}=\boldsymbol{K}_a\boldsymbol{\Phi}-\boldsymbol{M}_a\boldsymbol{\Gamma}_\Lambda-\boldsymbol{M}_a\boldsymbol{\Phi}\boldsymbol{\Gamma}_\Lambda^{\mathrm{T}}\boldsymbol{M}_a\boldsymbol{\Phi} \tag{7.19}$$

尽管式(7.19)含有关于$\boldsymbol{\Gamma}_\Lambda$ 矩阵 nm 个未知元素的 n^2 个方程，但如果没有进一步假设，处理起来是比较困难的。有个假设(稍后会得到证明)就是$\boldsymbol{\Gamma}_\Lambda^{\mathrm{T}}\boldsymbol{M}_a\boldsymbol{\Phi}$ 是对称的，即

$$\boldsymbol{\Gamma}_\Lambda^{\mathrm{T}}\boldsymbol{M}_a\boldsymbol{\Phi}=\boldsymbol{\Phi}^{\mathrm{T}}\boldsymbol{M}_a\boldsymbol{\Gamma}_\Lambda \tag{7.20}$$

将这个假设代入式(7.19)进行处理，得

$$\boldsymbol{M}_a\boldsymbol{\Phi}\boldsymbol{\Lambda}=\boldsymbol{K}_a\boldsymbol{\Phi}-\boldsymbol{M}_a[\boldsymbol{I}+\boldsymbol{\Phi}\boldsymbol{\Phi}^{\mathrm{T}}\boldsymbol{M}_a]\boldsymbol{\Gamma}_\Lambda \tag{7.21}$$

简化式(7.21)，需要将矩阵$[\boldsymbol{I}+\boldsymbol{\Phi}\boldsymbol{\Phi}^{\mathrm{T}}\boldsymbol{M}_a]$取逆，下面的特性可以通过直接计算来证明：对于任何等幂矩阵 $\boldsymbol{A}$，也就是$\boldsymbol{A}^2=\boldsymbol{A}$，有

$$[\boldsymbol{I}+\boldsymbol{A}]^{-1}=\left[\boldsymbol{I}-\frac{1}{2}\boldsymbol{A}\right]$$

在此情况下，则有

$$[\boldsymbol{I}+\boldsymbol{\Phi}\boldsymbol{\Phi}^{\mathrm{T}}\boldsymbol{M}_a]^{-1}=\left[\boldsymbol{I}-\frac{1}{2}\boldsymbol{\Phi}\boldsymbol{\Phi}^{\mathrm{T}}\boldsymbol{M}_a\right] \tag{7.22}$$

将这个特性方程代入式(7.21)，经过同类项合并以及重新排列，得到$\boldsymbol{\Gamma}_\Lambda$满足等式：

$$\boldsymbol{\Gamma}_\Lambda=\boldsymbol{M}_a^{-1}\boldsymbol{K}_a\boldsymbol{\Phi}-\frac{1}{2}\boldsymbol{\Phi}\boldsymbol{\Phi}^{\mathrm{T}}\boldsymbol{K}_a\boldsymbol{\Phi}-\frac{1}{2}\boldsymbol{\Phi}\boldsymbol{\Lambda} \tag{7.23}$$

根据$\boldsymbol{\Gamma}_\Lambda$ 的这个等式很容易检查出 $\boldsymbol{\Gamma}_\Lambda^{\mathrm{T}}\boldsymbol{M}_a\boldsymbol{\Phi}$ 是对称的，因此前述的假设得到了验证。将$\boldsymbol{\Gamma}_\Lambda$ 的表达式(7.23)代入式(7.18)，再合并同类项，得出如下修正刚度矩阵 $\boldsymbol{K}$ 的表达式：

$$\begin{aligned}\boldsymbol{K}=&\boldsymbol{K}_a-\boldsymbol{K}_a\boldsymbol{\Phi}\boldsymbol{\Phi}^{\mathrm{T}}\boldsymbol{M}_a-\boldsymbol{M}_a\boldsymbol{\Phi}\boldsymbol{\Phi}^{\mathrm{T}}\boldsymbol{K}_a\\&+\boldsymbol{M}_a\boldsymbol{\Phi}\boldsymbol{\Phi}^{\mathrm{T}}\boldsymbol{K}_a\boldsymbol{\Phi}\boldsymbol{\Phi}^{\mathrm{T}}\boldsymbol{M}_a+\boldsymbol{M}_a\boldsymbol{\Phi}\boldsymbol{\Lambda}\boldsymbol{\Phi}^{\mathrm{T}}\boldsymbol{M}_a\end{aligned} \tag{7.24}$$

Baruch(1978)推导的这个刚度矩阵是唯一的，这个矩阵仅是优化式(7.14)的最小解。可以在考虑测量所有的模态振型这种极端工况下，通过计算来检查验证。当然，这个情况是不现实的，但是可用来验证修正刚度矩阵表达式前后的一致性，即式(7.24)。如果可以测量所有的模态，那么特征向量矩阵 $\boldsymbol{\Phi}$ 是可逆的，且有

$$\boldsymbol{M}_a\boldsymbol{\Phi}\boldsymbol{\Phi}^{\mathrm{T}} = \boldsymbol{\Phi}^{\mathrm{T}}\boldsymbol{M}_a\boldsymbol{\Phi} = \boldsymbol{\Phi}\boldsymbol{\Phi}^{\mathrm{T}}\boldsymbol{M}_a = \boldsymbol{I} \tag{7.25}$$

那么修正刚度矩阵表达式可以简化为

$$\boldsymbol{K} = \boldsymbol{M}_a\boldsymbol{\Phi}\boldsymbol{\Lambda}\boldsymbol{\Phi}^{\mathrm{T}}\boldsymbol{M}_a = \boldsymbol{\Phi}^{-1}\boldsymbol{\Lambda}\boldsymbol{\Phi}^{-\mathrm{T}} \tag{7.26}$$

而该式可由正交性条件直接推导得出。

7.2.3　试验测量数据作为参考基准

Berman 和 Nagy(1983)采用的方法与 7.2.2 节所述 Baruch 方法类似，他们将试验测量数据作为参考基准，来修正分析质量矩阵和刚度矩阵。因为不用修正测量数据，许多人认为这个方法是更为合理的。修正质量矩阵以确保与测量模态的正交性。然后利用上面提及的式(7.24)和修正后质量矩阵来进行刚度矩阵修正。

质量矩阵的修正问题可看成已知测量特征向量矩阵 $\boldsymbol{\Phi}_m$ 和质量矩阵的解析估计 $\boldsymbol{M}_a$，找出修正质量矩阵 $\boldsymbol{M}$，通过最小化式：

$$J = \frac{1}{2}\left\| \boldsymbol{M}_a^{-\frac{1}{2}}(\boldsymbol{M}-\boldsymbol{M}_a)\boldsymbol{M}_a^{-\frac{1}{2}} \right\| \tag{7.27}$$

并满足正交性约束条件：

$$\boldsymbol{\Phi}_m^{\mathrm{T}}\boldsymbol{M}\boldsymbol{\Phi}_m = \boldsymbol{I} \tag{7.28}$$

待修正的质量矩阵和分析质量矩阵之间的误差并没有采用直接最小化的方式，这是因为质量矩阵中会有一些量级差别较大的元素。对两者间的误差采用式(7.27)的方式进行加权，则对所有的自由度会产生同等的影响。利用拉格朗日乘子法，将约束方程引入该函数并进行最小化，计算得到结果方程。读者可自行验证，最小化后给出的方程为

$$\boldsymbol{M}_a^{-1}(\boldsymbol{M}-\boldsymbol{M}_a)\boldsymbol{M}_a^{-1} + \boldsymbol{\Phi}_m\boldsymbol{\Gamma}\boldsymbol{\Phi}_m^{\mathrm{T}} = \boldsymbol{0} \tag{7.29}$$

式中，$\boldsymbol{\Gamma}$ 是拉格朗日乘子矩阵。将上述方程与质量正交性联合，得出修正质量矩阵为

$$\boldsymbol{M}=\boldsymbol{M}_a+\boldsymbol{M}_a\boldsymbol{\Phi}_m\overline{\boldsymbol{M}}_a^{-1}(\boldsymbol{I}-\overline{\boldsymbol{M}}_a)\overline{\boldsymbol{M}}_a^{-1}\boldsymbol{\Phi}_m^{\mathrm{T}}\boldsymbol{M}_a \tag{7.30}$$

式中，$\overline{\boldsymbol{M}}_a=\boldsymbol{\Phi}_m^{\mathrm{T}}\boldsymbol{M}_a\boldsymbol{\Phi}_m$。$(m,m)$维矩阵$\overline{\boldsymbol{M}}_a$是根据分析质量矩阵和扩展到有限单元自由度的测量模态得出的广义质量矩阵。式(7.30)中的$\overline{\boldsymbol{M}}_a$的逆是低阶量。尽管没对修正质量矩阵引入对称性约束，但结果仍是对称的。

7.2.4 方法总结

此处涉及的一些方法是迄今为止已在某些细节上进行了证实的方法。表7.1对这些方法的显著特征进行了总结，且为它们的实施提供了足够的信息。其余的加权矩阵价值函数取范数已证明是可靠的，这样能够得到不同的修正矩阵，但无论如何，模型仍能保持复现测量数据的特征。

表 7.1 Baruch 和 Berman 直接法总结

方法	价值函数	约束条件	修正方程
Baruch 和 Bar-Itzhack (1978)	$\Vert\boldsymbol{M}_a^{1/2}(\boldsymbol{\Phi}-\boldsymbol{\Phi}_m)\Vert$	$\boldsymbol{\Phi}^{\mathrm{T}}\boldsymbol{M}_a\boldsymbol{\Phi}=\boldsymbol{I}$	$\boldsymbol{\Phi}=\boldsymbol{\Phi}_m[\boldsymbol{\Phi}_m^{\mathrm{T}}\boldsymbol{M}_a\boldsymbol{\Phi}_m]^{-1/2}$
	$\Vert\boldsymbol{M}_a^{-1/2}(\boldsymbol{K}-\boldsymbol{K}_a)\boldsymbol{M}_a^{-1/2}\Vert$	$\boldsymbol{K\Phi}=\boldsymbol{M}_a\boldsymbol{\Phi\Lambda}$ $\boldsymbol{K}^{\mathrm{T}}=\boldsymbol{K}$	$\boldsymbol{K}=\boldsymbol{K}_a-\boldsymbol{K}_a\boldsymbol{\Phi}\boldsymbol{\Phi}^{\mathrm{T}}\boldsymbol{M}_a-\boldsymbol{M}_a\boldsymbol{\Phi}\boldsymbol{\Phi}^{\mathrm{T}}\boldsymbol{K}_a$ $+\boldsymbol{M}_a\boldsymbol{\Phi}\boldsymbol{\Phi}^{\mathrm{T}}\boldsymbol{K}\boldsymbol{\Phi}\boldsymbol{\Phi}^{\mathrm{T}}\boldsymbol{M}_a+\boldsymbol{M}_a\boldsymbol{\Phi\Lambda}\boldsymbol{\Phi}^{\mathrm{T}}\boldsymbol{M}_a$
Berman 和 Nagy (1983)	$\Vert\boldsymbol{M}_a^{-1/2}(\boldsymbol{M}-\boldsymbol{M}_a)\boldsymbol{M}_a^{-1/2}\Vert$	$\boldsymbol{\Phi}_m^{\mathrm{T}}\boldsymbol{M}\boldsymbol{\Phi}_m=\boldsymbol{I}$	$\boldsymbol{M}=\boldsymbol{M}_a+\boldsymbol{M}_a\boldsymbol{\Phi}_m\overline{\boldsymbol{M}}_a^{-1}(\boldsymbol{I}-\overline{\boldsymbol{M}}_a)\overline{\boldsymbol{M}}_a^{-1}\boldsymbol{\Phi}_m^{\mathrm{T}}\boldsymbol{M}_a$ 其中，$\overline{\boldsymbol{M}}_a=\boldsymbol{\Phi}_m^{\mathrm{T}}\boldsymbol{M}_a\boldsymbol{\Phi}_m$
	$\Vert\boldsymbol{M}^{-1/2}(\boldsymbol{K}-\boldsymbol{K}_a)\boldsymbol{M}^{-1/2}\Vert$	$\boldsymbol{K\Phi}_m=\boldsymbol{M\Phi}_m\boldsymbol{\Lambda}$ $\boldsymbol{K}^{\mathrm{T}}=\boldsymbol{K}$	$\boldsymbol{K}=\boldsymbol{K}_a-\boldsymbol{K}_a\boldsymbol{\Phi}_m\boldsymbol{\Phi}_m^{\mathrm{T}}\boldsymbol{M}-\boldsymbol{M}\boldsymbol{\Phi}_m\boldsymbol{\Phi}_m^{\mathrm{T}}\boldsymbol{K}_a$ $+\boldsymbol{M}\boldsymbol{\Phi}_m\boldsymbol{\Phi}_m^{\mathrm{T}}\boldsymbol{K}_a\boldsymbol{\Phi}_m\boldsymbol{\Phi}_m^{\mathrm{T}}\boldsymbol{M}+\boldsymbol{M}\boldsymbol{\Phi}_m\boldsymbol{\Lambda}\boldsymbol{\Phi}_m^{\mathrm{T}}\boldsymbol{M}$

注：$\boldsymbol{M}_a$ 和 $\boldsymbol{K}_a$ 为(模型)分析质量矩阵和刚度矩阵；

$\boldsymbol{\Phi}_m$ 为试验测量特征向量矩阵；

$\boldsymbol{\Lambda}$ 为试验测量特征值构成的对角矩阵。

Caesar 建议采用表7.2和表7.3描述的一些方法。表7.2描述的方法是：首先修正质量矩阵，有两种方法可选择；随后修正刚度矩阵，仍然有两种方法可选择，因此表7.2描述了四种方法，刚体模态和弹性模态都可以用于修正质量矩阵(Caesar，1986)。表7.3描述的方法是先修正刚度矩阵，然后修正质量矩阵。

表 7.2　Caesar(1986)给出的直接法总结，首先修正质量矩阵

方法	价值函数	约束条件	修正方程
M_1	$\Vert \boldsymbol{M}_a^{-1/2}(\boldsymbol{M}-\boldsymbol{M}_a)\boldsymbol{M}_a^{-1/2} \Vert$	$\boldsymbol{M}^{\mathrm{T}}=\boldsymbol{M}$ $\boldsymbol{\Phi}_m^{\mathrm{T}}\boldsymbol{K}\boldsymbol{\Phi}_m=I$	$\boldsymbol{M}=\boldsymbol{M}_a+\boldsymbol{M}_a\boldsymbol{\Phi}_m\overline{\boldsymbol{M}}_a^{-1}(I-\overline{\boldsymbol{M}}_a)\overline{\boldsymbol{M}}_a^{-1}\boldsymbol{\Phi}_m^{\mathrm{T}}\boldsymbol{M}_a$ 其中，$\overline{\boldsymbol{M}}_a=\boldsymbol{\Phi}_m^{\mathrm{T}}\boldsymbol{M}_a\boldsymbol{\Phi}_m$
M_2	$\Vert \boldsymbol{M}_a^{-1/2}(\boldsymbol{M}-\boldsymbol{M}_a)\boldsymbol{M}_a^{-1/2} \Vert$	$\boldsymbol{M}^{\mathrm{T}}=\boldsymbol{M}$ $\boldsymbol{\Phi}_{\mathrm{R}}^{\mathrm{T}}\boldsymbol{M}\boldsymbol{\Phi}_{\mathrm{R}}=\boldsymbol{M}_{\mathrm{R}}$	$\boldsymbol{M}=\boldsymbol{M}_a+\boldsymbol{M}_a\boldsymbol{\Phi}_R\overline{\boldsymbol{M}}_{aR}^{-1}(\boldsymbol{M}_R-\overline{\boldsymbol{M}}_{aR})\overline{\boldsymbol{M}}_{aR}^{-1}\boldsymbol{\Phi}_R^{\mathrm{T}}\boldsymbol{M}_a$ 其中，$\overline{\boldsymbol{M}}_{aR}=\boldsymbol{\Phi}_R^{\mathrm{T}}\boldsymbol{M}_a\boldsymbol{\Phi}_R$
K_1	$\Vert \boldsymbol{M}^{-1/2}(\boldsymbol{K}-\boldsymbol{K}_a)\boldsymbol{M}^{-1/2} \Vert$	$\boldsymbol{K}^{\mathrm{T}}=\boldsymbol{K}$ $\boldsymbol{K}\boldsymbol{\Phi}_m=\boldsymbol{M}\boldsymbol{\Phi}_m\boldsymbol{\Lambda}$	$\boldsymbol{K}=\boldsymbol{K}_a-\boldsymbol{K}_a\boldsymbol{\Phi}_m\boldsymbol{\Phi}_m^{\mathrm{T}}\boldsymbol{M}-\boldsymbol{M}\boldsymbol{\Phi}_m\boldsymbol{\Phi}_m^{\mathrm{T}}\boldsymbol{K}_a$ $+\boldsymbol{M}\boldsymbol{\Phi}_m\boldsymbol{\Phi}_m^{\mathrm{T}}\boldsymbol{K}\boldsymbol{\Phi}_m\boldsymbol{\Phi}_m^{\mathrm{T}}\boldsymbol{M}+\boldsymbol{M}\boldsymbol{\Phi}_m\boldsymbol{\Lambda}\boldsymbol{\Phi}_m^{\mathrm{T}}\boldsymbol{M}$
K_2	$\Vert \boldsymbol{K}_a^{-1/2}(\boldsymbol{K}-\boldsymbol{K}_a)\boldsymbol{K}_a^{-1/2} \Vert$	$\boldsymbol{K}^{\mathrm{T}}=\boldsymbol{K}$ $\boldsymbol{K}\boldsymbol{\Phi}_m=\boldsymbol{M}\boldsymbol{\Phi}_m\boldsymbol{\Lambda}$	$\boldsymbol{K}=\boldsymbol{K}_a-\boldsymbol{K}_a\boldsymbol{\Phi}_m[\overline{\boldsymbol{K}}_a^{-1}\boldsymbol{\Lambda}\overline{\boldsymbol{K}}_a^{-1}+\overline{\boldsymbol{K}}_a^{-1}]\boldsymbol{\Phi}_m^{\mathrm{T}}\boldsymbol{K}_a$ $+\Delta_{K2}+\Delta_{K2}^{\mathrm{T}}$ 其中，$\overline{\boldsymbol{K}}_a=\boldsymbol{\Phi}_m^{\mathrm{T}}\boldsymbol{K}_a\boldsymbol{\Phi}_m$，　$\Delta_{K2}=\boldsymbol{M}\boldsymbol{\Phi}_m\boldsymbol{\Lambda}\overline{\boldsymbol{K}}_a^{-1}\boldsymbol{\Phi}_m^{\mathrm{T}}\boldsymbol{K}_a$

注：$\boldsymbol{M}_a$ 和 $\boldsymbol{K}_a$ 为(模型)分析质量矩阵和刚度矩阵；

$\boldsymbol{M}_R$ 为刚性体质量矩阵；

$\boldsymbol{\Phi}_m$ 和 $\boldsymbol{\Phi}_R$ 分别为弹性体和刚性体试验测量特征向量矩阵；

$\boldsymbol{\Lambda}$ 为试验测量特征值构成的对角矩阵。

表 7.3　由 Caesar(1986)给出的直接法总结，首先修正刚度矩阵

方法	价值函数	约束条件	修正方程
K_3	$\Vert \boldsymbol{K}_a^{-1/2}(\boldsymbol{K}-\boldsymbol{K}_a)\boldsymbol{K}_a^{-1/2} \Vert$	$\boldsymbol{K}^{\mathrm{T}}=\boldsymbol{K}$ $\boldsymbol{\Phi}_m^{\mathrm{T}}\boldsymbol{M}\boldsymbol{\Phi}_m=\boldsymbol{\Lambda}$	$\boldsymbol{K}=\boldsymbol{K}_a+\boldsymbol{K}_a\boldsymbol{\Phi}_m\overline{\boldsymbol{K}}_a^{-1}[\boldsymbol{\Lambda}-\overline{\boldsymbol{K}}_a]\overline{\boldsymbol{K}}_a^{-1}\boldsymbol{\Phi}_m^{\mathrm{T}}\boldsymbol{K}_a$ 其中，$\overline{\boldsymbol{K}}_a=\boldsymbol{\Phi}_m^{\mathrm{T}}\boldsymbol{K}_a\boldsymbol{\Phi}_m$
M_3	$\Vert \boldsymbol{M}_a^{-1/2}(\boldsymbol{M}-\boldsymbol{M}_a)\boldsymbol{M}_a^{-1/2} \Vert$	$\boldsymbol{M}^{\mathrm{T}}=\boldsymbol{M}$ $\boldsymbol{\Phi}_m^{\mathrm{T}}\boldsymbol{M}\boldsymbol{\Phi}_m=\boldsymbol{I}$ $\boldsymbol{K}\boldsymbol{\Phi}_m=\boldsymbol{M}\boldsymbol{\Phi}_m\boldsymbol{\Lambda}$	$\boldsymbol{M}=\boldsymbol{M}_a+\boldsymbol{K}\boldsymbol{\Phi}_m\boldsymbol{\Lambda}^{-1}\overline{\boldsymbol{M}}_a^{-1}\boldsymbol{\Phi}_m^{\mathrm{T}}\boldsymbol{M}_a$ $+\boldsymbol{M}_a\boldsymbol{\Phi}_m\overline{\boldsymbol{M}}_a^{-1}\boldsymbol{\Lambda}^{-1}\boldsymbol{\Phi}_m^{\mathrm{T}}\boldsymbol{K}$ $-\boldsymbol{M}_a\boldsymbol{\Phi}_m\overline{\boldsymbol{M}}_a^{-1}(\boldsymbol{I}+\overline{\boldsymbol{M}}_a)\overline{\boldsymbol{M}}_a^{-1}\boldsymbol{\Phi}_m^{\mathrm{T}}\boldsymbol{M}_a$ 其中，$\overline{\boldsymbol{M}}_a=\boldsymbol{\Phi}_m^{\mathrm{T}}\boldsymbol{M}_a\boldsymbol{\Phi}_m$
M_4	$\Vert \boldsymbol{K}^{-1/2}(\boldsymbol{M}-\boldsymbol{M}_a)\boldsymbol{K}^{-1/2} \Vert$	$\boldsymbol{M}^{\mathrm{T}}=\boldsymbol{M}$ $\boldsymbol{\Phi}_m^{\mathrm{T}}\boldsymbol{M}\boldsymbol{\Phi}_m=\boldsymbol{I}$ $\boldsymbol{K}\boldsymbol{\Phi}_m=\boldsymbol{M}\boldsymbol{\Phi}_m\boldsymbol{\Lambda}$	$\boldsymbol{M}=\boldsymbol{M}_a-\boldsymbol{M}_a\boldsymbol{\Phi}_m\boldsymbol{\Lambda}^{-1}\boldsymbol{\Phi}_m^{\mathrm{T}}\boldsymbol{K}-\boldsymbol{K}\boldsymbol{\Phi}_m\boldsymbol{\Lambda}^{-1}\boldsymbol{\Phi}_m^{\mathrm{T}}\boldsymbol{M}_a$ $+\boldsymbol{K}\boldsymbol{\Phi}_m\boldsymbol{\Lambda}^{-1}\{\boldsymbol{\Lambda}^{-1}\boldsymbol{\Phi}_m^{\mathrm{T}}\boldsymbol{K}+\boldsymbol{\Phi}_m^{\mathrm{T}}\boldsymbol{M}_a\boldsymbol{\Phi}_m\boldsymbol{\Lambda}^{-1}\boldsymbol{\Phi}_m^{\mathrm{T}}\}$

注：$\boldsymbol{M}_a$ 和 $\boldsymbol{K}_a$ 为(模型)分析质量矩阵和刚度矩阵；

$\boldsymbol{\Phi}_m$ 为试验测量特征向量矩阵；

$\boldsymbol{\Lambda}$ 为试验测量特征值构成的对角矩阵。

一个可替代的方法(Wei，1989，1990a，1990b)是将试验测量特征向量矩阵作为参考，同时修正质量矩阵和刚度矩阵。引入的约束条件是质量正交性、运动方程和修正矩阵的对称性。这些约束条件将强制修

正刚度矩阵以满足刚度正交性条件。Wei(1989,1990b)给出的价值函数为

$$J = \| \boldsymbol{M}_a^{-\frac{1}{2}} (\boldsymbol{K} - \boldsymbol{K}_a) \boldsymbol{M}_a^{-\frac{1}{2}} \| + \| \boldsymbol{M}_a^{-\frac{1}{2}} (\boldsymbol{M} - \boldsymbol{M}_a) \boldsymbol{M}_a^{-\frac{1}{2}} \| \tag{7.31}$$

一系列分析之后,Wei(1989,1990b)修正质量和刚度矩阵由式(7.32)给出:

$$\boldsymbol{M} = \boldsymbol{M}_a + \boldsymbol{M}_0 + \boldsymbol{\Delta}_M + \boldsymbol{\Delta}_M^{\mathrm{T}} \tag{7.32}$$

式中,

$$\begin{aligned}
&\boldsymbol{M}_0 = \boldsymbol{M}_a \boldsymbol{\Phi}_m \overline{\boldsymbol{M}}_a^{-1} (\boldsymbol{I} - \overline{\boldsymbol{M}}_a) \overline{\boldsymbol{M}}_a^{-1} \boldsymbol{\Phi}_m^{\mathrm{T}} \boldsymbol{M}_a \\
&\overline{\boldsymbol{M}}_a = \boldsymbol{\Phi}_m^{\mathrm{T}} \boldsymbol{M}_a \boldsymbol{\Phi}_m \\
&\boldsymbol{\Delta}_M = [\boldsymbol{I} - \boldsymbol{M}_a \boldsymbol{\Phi}_m \overline{\boldsymbol{M}}_a^{-1} \boldsymbol{\Phi}_m^{\mathrm{T}}] \boldsymbol{K}_a \boldsymbol{\Phi}_m \boldsymbol{E}^{-1} \boldsymbol{\Lambda} \boldsymbol{\Phi}_m^{\mathrm{T}} \boldsymbol{M}_a \\
&\boldsymbol{E} = \overline{\boldsymbol{M}}_a + \boldsymbol{\Lambda} \overline{\boldsymbol{M}}_a \boldsymbol{\Lambda} \\
&\boldsymbol{K} = \boldsymbol{K}_a + \boldsymbol{K}_0 + \boldsymbol{P} [\boldsymbol{\Phi}_m^{\mathrm{T}} \boldsymbol{K}_a \boldsymbol{\Phi}_m + \boldsymbol{\Lambda}] \boldsymbol{P}^{\mathrm{T}} - \boldsymbol{U} \boldsymbol{\Phi}_m \boldsymbol{P}^{\mathrm{T}} - \boldsymbol{P} \boldsymbol{\Phi}_m^{\mathrm{T}} \boldsymbol{U}^{\mathrm{T}}
\end{aligned} \tag{7.33}$$

其中,

$$\begin{aligned}
&\boldsymbol{K}_0 = -\boldsymbol{K}_a \boldsymbol{\Phi}_m \boldsymbol{P}^{\mathrm{T}} - \boldsymbol{P} \boldsymbol{\Phi}_m^{\mathrm{T}} \boldsymbol{K}_a + \boldsymbol{U} + \boldsymbol{U}^{\mathrm{T}} \\
&\boldsymbol{P} = \boldsymbol{M}_a \boldsymbol{\Phi}_m \overline{\boldsymbol{M}}_a^{-1} \\
&\boldsymbol{U} = \boldsymbol{P} \boldsymbol{\Lambda} \overline{\boldsymbol{M}}_a \boldsymbol{\Lambda} \boldsymbol{E}^{-1} \boldsymbol{\Phi}_m^{\mathrm{T}} \boldsymbol{K}_a
\end{aligned}$$

注意到,$[\boldsymbol{M}_a + \boldsymbol{M}_0]$是由 Berman 给出的修正质量矩阵,即式(7.30)。很容易从表面看出随价值函数出现的一个问题,即在修正方程(特别是对于 $\boldsymbol{E}$ 的定义)中的两项具有不同的量纲,第一项的量纲是 s^{-4},而第二项是无量纲的。从另一个角度来看,就是刚度矩阵元素一般远大于质量矩阵元素。因此式(7.31)的最小化会使刚度矩阵的权重较多,并且导致质量矩阵产生较大的变化。Wei(1990a)提供的修正方程,在其两项中均使用了常用的加权矩阵,但他没有说明这些矩阵是如何变化的,结果方程也相当复杂。

7.2.5 一个模拟 10 自由度系统示例

例 7.1 本节将通过一个 10 自由度离散质量和弹簧系统示例来检验前面讨论过的直接法,如图 7.1 所示。图 7.1 给出了分析模型中离散部件的属性。试验测量数据由类似的系统得来,该类似的系统中质量 2

和质量 5 之间的弹簧刚度降低到 800N/m。尽管这是一个理想化的例子，即待修正的模型和用于获得测量数据的模型有相同的结构，但是能够显示出直接法的许多特征。在接下来的图中，仅仅绘制了修正后的矩阵与初始矩阵之间误差的对角元素。所有误差矩阵元素可以用三维图来表示，但是这样绘图将会变得非常混乱，特别是对具有大量自由度的结构。对于这个简单的例子，准确的刚度变化是与自由度 2 和自由度 5 相对应的对角元素应该降低 6.67%。

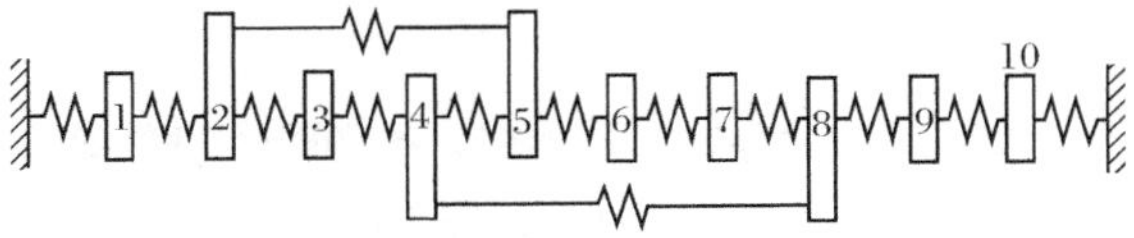

图 7.1　10 自由度弹簧质量系统(示例 7.1)

工况 1：第一个检验，假设系统中所有的自由度都进行了测量。如果测量得到所有的模态，那么特征向量矩阵是完整的，并且能够准确地得到质量矩阵和刚度矩阵。一般情况下，如果特征向量矩阵是方阵，那么缩聚质量矩阵和刚度矩阵是可以识别得到的。假设仅仅测试了五阶模态，那么修正矩阵与"试验测量"(采用仿真方法得到的)矩阵将是不同的。图 7.2 表示的是采用 Baruch 方法，即式(7.24)得到的刚度矩阵的对角元素。利用 Berman 方法即式(7.30)和式(7.24)获得的结果，与 Baruch 方法得到的结果是完全相同的，如图 7.2 所示。这是因为对于"试验测量"和分析数据，质量矩阵是相同的。因此，对于 Baruch 方法，特征向量已是正交的，而对于 Berman 方法，质量矩阵也未发生任何变化。尽管与自由度 1 和自由度 6 对应的刚度变化相对较高，但与自由度 2 和自由度 5 对应的刚度变化是最大的。修正系统会复现前五阶"试验测量"频率和模态振型。修正刚度矩阵是满秩的，尽管在这里没有做出具体的论述。应注意的是，这是一个理想情况，即在每一个自由度要测量得到自由度数量的一半即五阶模态。由于这些方法基本原理是通过矩阵传递误差并寻找相关矩阵的最小变化，因此不能期望采用直接法来定位误差。

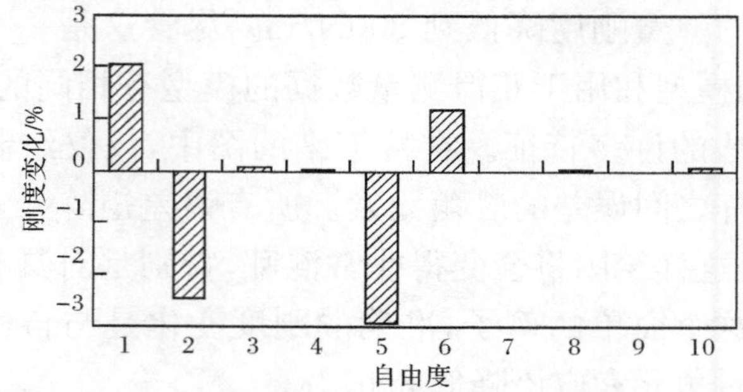

图 7.2　Baruch 和 Berman 方法中刚度矩阵对角元素变化百分比(10 个测点位置)

图 7.3 显示了当采用 Wei 方法修正矩阵时,质量和刚度矩阵对角元素的变化情况。重要的特征是与图 7.2 相比,刚度矩阵有比较小的变化,但对应的质量矩阵出现了较大的变化。即使真实情况仅仅是刚度矩阵发生改变,但修正系统的变化也已经分布到质量和刚度矩阵,所以定位误差显然是不可能的,即使是联合质量和刚度矩阵来观察,也不

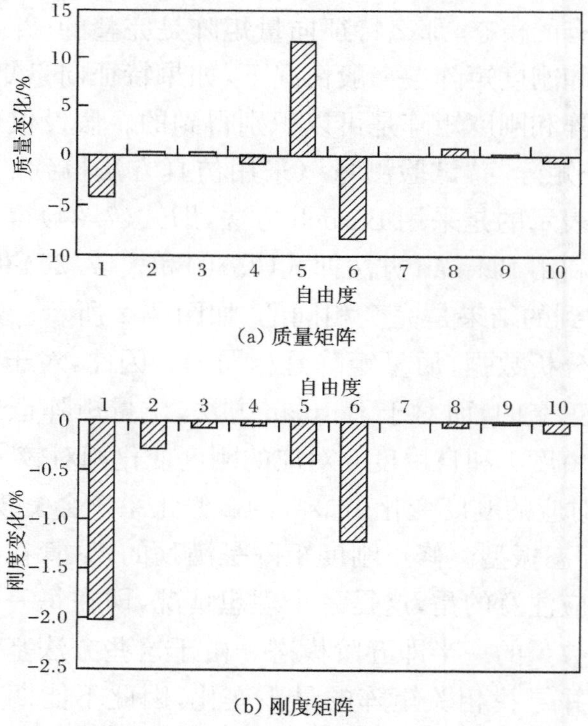

图 7.3　Wei 方法中质量矩阵和刚度矩阵对角元素变化百分比(10 个测点位置)

会从该动力学矩阵得到任何帮助。这些结果充分说明采用直接法的主要问题：除了一些理想情况，获得一个可以很容易解释的修正模型是非常困难的，任何误差都会通过所有的自由度得以扩散。

工况 2：现在假设仅在 5 个自由度，即质量点 2、4、6、8 和 10 上的响应获得了试验测量数据。现在必须扩展模态振型以得到没有进行测量的自由度上的响应估计。针对此例，应在各个试验测量固有频率处，利用分析的动力学矩阵进行模态振型的扩展，即式(4.17)。因此特征向量矩阵将会包含误差。利用 Baruch 方法修正的刚度矩阵，其对角元素发生的变化如图 7.4 所示，为了适应扩展后的模态振型，产生了高量级的刚度变化，误差定位是不可能的。图 7.5(a)和(b)显示了 Berman 方法对质量和刚度矩阵对角元素的影响。Berman 方法能够在质量和刚度矩阵之间传播“为了复现数据”所需要的变化，因此矩阵变化是比较小的，误差的定位仍然是不可能的。

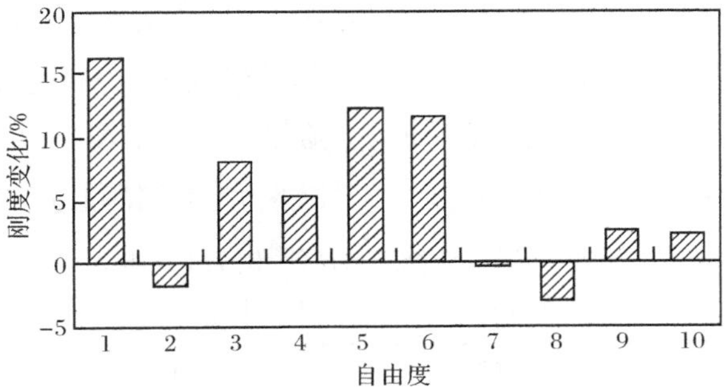

图 7.4　Baruch 方法中刚度矩阵对角元素变化百分比(5 个测点位置)

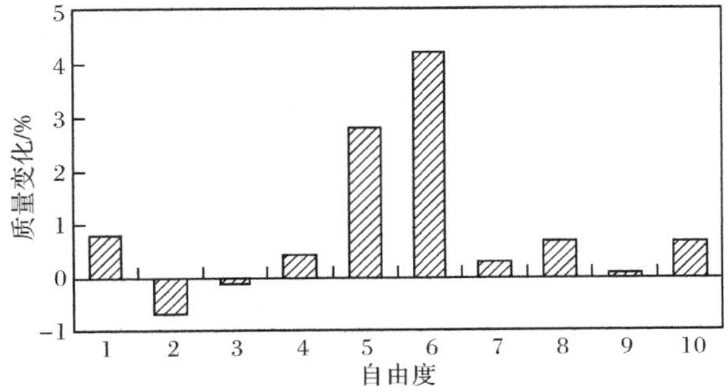

(a) 质量矩阵

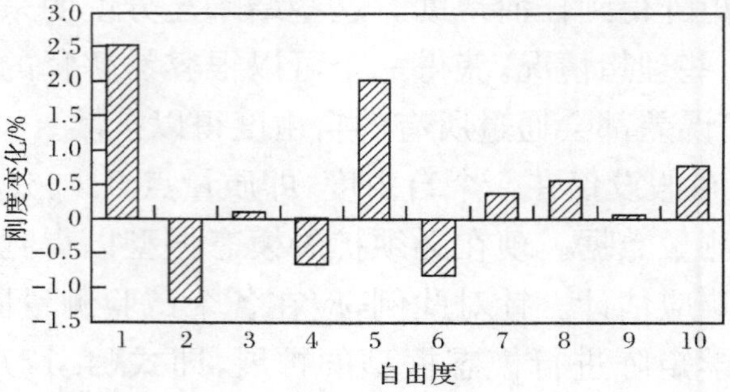

(b) 刚度矩阵

图 7.5 Berman 方法中质量矩阵和刚度矩阵对角元素变化百分比(5 个测点位置)

工况 3:假设由于某种原因,二阶模态没有“测量得到”,例如,一个固定的激励力正好施加在这个模态的节点上。那么,利用这些数据,直接法将会得到怎样的处理结果呢?由于所有自由度上的响应均进行了“试验测量”,因此 Baruch 方法和 Berman 方法给出了同样的结果。表 7.4对此例的分析值、“试验测量值”和修正后特征值进行了分析总结。可以很清楚地看到,尽管关心的频域已经引入一些新的干扰特征值,但是各种直接法仍然复现了 4 个“试验测量”特征值(标记下划线)。

表 7.4 直接法修正特征值,例 7.1 工况 3

(试验测量了一、三、四、五阶模态)

分析值	“试验测量值”	Baruch/Berman 法	Wei 方法
			13.75
94.75	93.78	93.78	93.78
693.0	685.2		515.1
948.2	928.6	928.6	928.6
		1038	1477
		1078	
1631	1620	1620	1620
		1905	
2000	1961	1961	1961

续表

分析值	“试验测量值”	Baruch/Berman 法	Wei 方法
2516	2469	2501	2389
3079	3064	2940	3599
3454	3440	4504	4738
4418	4326		
5167	5011		

7.3　矩阵混合法

如果在一个结构的全部模拟自由度上进行试验测量，并得到所有的模态，那么能够直接组建出质量和刚度矩阵。如果试验测量的特征向量是质量归一化的，那么有

$$\boldsymbol{M}^{-1}=\boldsymbol{\Phi}_m\boldsymbol{\Phi}_m^{\mathrm{T}}=\sum_{i=1}^{n}\boldsymbol{\phi}_{mi}\boldsymbol{\phi}_{mi}^{\mathrm{T}} \tag{7.34}$$

$$\boldsymbol{K}^{-1}=\boldsymbol{\Phi}_m\boldsymbol{\Lambda}^{-1}\boldsymbol{\Phi}_m^{\mathrm{T}}=\sum_{i=1}^{n}\frac{\boldsymbol{\phi}_{mi}\boldsymbol{\phi}_{mi}^{\mathrm{T}}}{\omega_{mi}^2} \tag{7.35}$$

式中，$\boldsymbol{\phi}_{mi}$ 为第 i 个试验测量特征向量，ω_{mi} 为第 i 个试验测量固有频率。

一般情况下，测量数据是不完备的，试验测量模态的个数要远小于分析模型自由度的个数，且仅在有限的坐标上对结构的响应进行了测量。可以采用第 4 章所述的方法对特征向量进行扩展，以得到没有实测数据的自由度上的估计值。但随着试验测量模态个数的减少，该问题的解决也将会出现困难。有时会出现试验测量位置点的个数少于测量模态个数的情况，在这种情况下，Thoren(1972)通过限制模型中自由度个数等于模态的个数，得到一个坐标缩聚模型，但对这个模型的解释说明是很难的。Ross(1971)通过对模态矩阵增加任意线性独立向量，以使其成为方阵和可逆阵。但同样地，对结果的解释以及将其与分析矩阵进行比较是困难的。Luk(1987)采用了对矩形模态矩阵进行广义逆变换的方法。

矩阵混合方法(Caesar，1987；Link et al. ，1987)是 Thoren(1972)和

Ross(1971)方法的发展。如果已经将试验测量模态振型扩展到分析模型的自由度上，那么难点将落到如何考虑没有测量得到的模态，通常，试验测量模态的个数 m 是远小于分析模型获得的模态阶数 n 的。

矩阵混合方法采用有限元模型数据来补充试验数据的空缺，因此有

$$\boldsymbol{M}^{-1}=\sum_{i=1}^{m}\boldsymbol{\phi}_{mi}\boldsymbol{\phi}_{mi}^{\mathrm{T}}+\sum_{i=m+1}^{n}\boldsymbol{\phi}_{ai}\boldsymbol{\phi}_{ai}^{\mathrm{T}} \tag{7.36}$$

$$\boldsymbol{K}^{-1}=\sum_{i=1}^{m}\frac{\boldsymbol{\phi}_{mi}\boldsymbol{\phi}_{mi}^{\mathrm{T}}}{\omega_{mi}^{2}}+\sum_{i=m+1}^{n}\frac{\boldsymbol{\phi}_{ai}\boldsymbol{\phi}_{ai}^{\mathrm{T}}}{\omega_{ai}^{2}} \tag{7.37}$$

式中，$\boldsymbol{\phi}_{ai}$ 为第 i 个分析特征向量，ω_{ai} 为第 i 个分析固有频率。式(7.36)和式(7.37)给出的修正矩阵一般是满秩的，且与结构的物理意义联系并不密切。式(7.36)和式(7.37)需要计算所有的高频模态，而且它也不是计算修正矩阵最好的途径。假设测量模态个数远小于分析模态阶数，即 $m \ll n$，那么，式(7.36)和式(7.37)中的第二项可以根据式(7.38)和式(7.39)计算：

$$\sum_{i=m+1}^{n}\boldsymbol{\phi}_{ai}\boldsymbol{\phi}_{ai}^{\mathrm{T}}=\boldsymbol{M}_{a}^{-1}-\sum_{i=1}^{m}\boldsymbol{\phi}_{ai}\boldsymbol{\phi}_{ai}^{\mathrm{T}} \tag{7.38}$$

$$\sum_{i=m+1}^{n}\frac{\boldsymbol{\phi}_{ai}\boldsymbol{\phi}_{ai}^{\mathrm{T}}}{\omega_{ai}^{2}}=\boldsymbol{K}_{a}^{-1}-\sum_{i=1}^{m}\frac{\boldsymbol{\phi}_{ai}\boldsymbol{\phi}_{ai}^{\mathrm{T}}}{\omega_{ai}^{2}} \tag{7.39}$$

7.4　源于控制理论的方法

源于控制理论的特征结构配置法已用于修正有限元模型，正如名字所暗示的，该方法可以复现试验测量特征值和特征向量(固有频率、阻尼比和模态振型)。如果仅是确认特征值，该方法即所谓的极点配置法。在控制系统设计中，该方法是很有效的。系统会给出已经试验测量的输出变量，以及一些能够对系统提供激励的输入变量。问题转化为提供一个输出变量的线性组合，并给出所需要的输入激励信号，使其产生一个满足要求的闭环响应。因此，开环系统的不稳定的点，或者说特征值，就转化为闭环系统的稳定的点。把这些方法具体应用到模型

修正时，这些输入和输出变量没有直接给出，但是，它们的个数和形式可任意选择。然后，设计“控制设备”以复现试验测量特征值和特征向量。

在控制工程中，经常用状态空间表示法来分析系统，也就是运动方程写为一阶常微分方程。而结构动力学运动方程更多的是写为二阶常微分方程，包括质量、阻尼和刚度矩阵。下面将通过如下转化来继续发展该方法。在控制工程中，矩阵 $\boldsymbol{C}$ 将保留在输出矩阵中。有关特征结构配置法的文献(Minas and Inman，1988，1990；Zimmerman and Widengren，1990)也遵循这个规则，且用 $\boldsymbol{D}$ 作为阻尼矩阵，下面的讨论仍将矩阵 $\boldsymbol{C}$ 作为黏性阻尼矩阵。

以位移向量 $\boldsymbol{x}$ 表示的运动方程，即

$$\boldsymbol{M}\ddot{\boldsymbol{x}} + \boldsymbol{C}\dot{\boldsymbol{x}} + \boldsymbol{K}\boldsymbol{x} = \boldsymbol{B}_0\boldsymbol{u} \tag{7.40}$$

式中，$\boldsymbol{M}$、$\boldsymbol{C}$ 和 $\boldsymbol{K}$ 是正定的质量、阻尼和刚度矩阵。向量 $\boldsymbol{u}$ 为输入或控制力向量。矩阵 $\boldsymbol{B}_0$ 表示将力从激励变量分配到恰当的位移自由度上。通常，“测量”所有的位移变量是不可能的，状态空间表示法允许速度作为“测试量”。因此，“测试量”是位移和速度向量的某种组合。因此，存在一些矩阵 $\boldsymbol{D}_0$ 和 $\boldsymbol{D}_1$，使得测试向量或者输出 $\boldsymbol{y}$ 可写为

$$\boldsymbol{y} = \boldsymbol{D}_0\boldsymbol{x} + \boldsymbol{D}_1\dot{\boldsymbol{x}} \tag{7.41}$$

在控制工程中，矩阵 $\boldsymbol{B}_0$、$\boldsymbol{D}_0$ 和 $\boldsymbol{D}_1$ 是给定的，然而在模型修正时，必须对这些矩阵进行选定。问题转化为设计控制法则：

$$\boldsymbol{u} = \boldsymbol{G}\boldsymbol{y} \tag{7.42}$$

通过给定反馈增益矩阵 $\boldsymbol{G}$，如同闭环系统获得所期望的特征值和特征向量的方法选定这些矩阵。将式(7.42)代入式(7.40)并使用式(7.41)得

$$\boldsymbol{M}\ddot{\boldsymbol{x}} + [\boldsymbol{C} - \boldsymbol{B}_0\boldsymbol{G}\boldsymbol{D}_1]\dot{\boldsymbol{x}} + [\boldsymbol{K} - \boldsymbol{B}_0\boldsymbol{G}\boldsymbol{D}_0]\boldsymbol{x} = \boldsymbol{0} \tag{7.43}$$

该运动方程的特征值确定了闭环响应。

反馈增益矩阵为阻尼和刚度矩阵带来的扰动，由三个矩阵乘积即 $\boldsymbol{B}_0\boldsymbol{G}\boldsymbol{D}_1$ 和 $\boldsymbol{B}_0\boldsymbol{G}\boldsymbol{D}_0$ 给出。这些扰动矩阵将给出能够复现试验测量特征结构的修正矩阵。Srinathkumar(1978)提供了基于可控性和可观性，能确定多少特征值和特征向量元素的准则。针对本书的目标，该准则评

价结果是足够的，对于一个给定的系统，不一定能存在任意反馈增益矩阵 $\boldsymbol{G}$，使其能够复现一系列已给定的特征值和特征向量。一个主要的问题是，式(7.43)中的修正阻尼和刚度矩阵未必是对称的。Minas 和 Inman(1988，1990)通过引入一个可以计算测试量矩阵 $\boldsymbol{D}_0$ 和 $\boldsymbol{D}_1$ 的元素的优化程序，以减小和积极地消掉修正矩阵中的非对称部分来克服这个问题。每次迭代必须都计算一个新的反馈增益矩阵。Zimmerman和 Widengren(1990)通过求解一个矩阵 Riccati 类型方程，直接构建对称修正矩阵。

特征结构配置法的首要问题是要求特征向量(自由度)是满的。一般来说，仅有少量的自由度获得了试验测量数据，所以必须通过扩展试验测量模态振型以形成满(自由度)的特征向量。假设安排位移坐标的前 s 个自由度是试验测量获得的，那么第 i 个试验测量特征向量的估计为

$$\boldsymbol{\phi}_{mi} = \boldsymbol{D}_i \widetilde{\boldsymbol{D}}_i^{+} \boldsymbol{v}_{mi} \tag{7.44}$$

式中，$\boldsymbol{v}_{mi}$ 为第 i 个试验测量模态振型，$\boldsymbol{D}_i$ 为与第 i 个试验测量特征值对应的矩阵，由 $\boldsymbol{D}_i = [\boldsymbol{M}\lambda_{mi}^2 + \boldsymbol{C}\lambda_{mi} + \boldsymbol{K}]^{-1}\boldsymbol{B}_0$ 来确定。矩阵 $\widetilde{\boldsymbol{D}}_i$ 包含矩阵 $\boldsymbol{D}_i$ 的前 s 行，上标＋号表示广义逆，广义逆的定义是 $\boldsymbol{A}^{+} = [\boldsymbol{A}^{\mathrm{H}}\boldsymbol{A}]^{-1}\boldsymbol{A}^{\mathrm{H}}$，此处上标 H 表示复共轭变换。如果控制力的个数 m 少于测点的个数 $s(m<s)$，那么此广义逆不存在。

在所有的自由度上给出一系列的试验测量特征向量，接下来的问题是计算反馈增益矩阵，根据式(7.43)，试验测量特征向量和特征值必须满足式(7.45)：

$$\lambda_{mi}^2\boldsymbol{M}\boldsymbol{\phi}_{mi} + \lambda_{mi}\boldsymbol{C}\boldsymbol{\phi}_{mi} + \boldsymbol{K}\boldsymbol{\phi}_{mi} = \lambda_{mi}\boldsymbol{B}_0\boldsymbol{G}\boldsymbol{D}_1\boldsymbol{\phi}_{mi} + \boldsymbol{B}_0\boldsymbol{G}\boldsymbol{D}_0\boldsymbol{\phi}_{mi} \tag{7.45}$$

或者写为矩阵形式：

$$\boldsymbol{M}\boldsymbol{\Phi}_m\boldsymbol{\Lambda}_m^2 + \boldsymbol{C}\boldsymbol{\Phi}_m\boldsymbol{\Lambda}_m + \boldsymbol{K}\boldsymbol{\Phi}_m = \boldsymbol{B}_0\boldsymbol{G}\boldsymbol{D}_1\boldsymbol{\Phi}_m\boldsymbol{\Lambda}_m + \boldsymbol{B}_0\boldsymbol{G}\boldsymbol{D}_0\boldsymbol{\Phi}_m \tag{7.46}$$

式中，$\boldsymbol{\Lambda}_m$ 是试验测量特征值对角矩阵，$\boldsymbol{\Phi}_m$ 是一个矩阵，其列元素是扩展后的试验测量特征向量。左乘质量矩阵的逆，得

$$\boldsymbol{\Phi}_m\boldsymbol{\Lambda}_m^2 + \boldsymbol{M}^{-1}\boldsymbol{C}\boldsymbol{\Phi}_m\boldsymbol{\Lambda}_m + \boldsymbol{M}^{-1}\boldsymbol{K}\boldsymbol{\Phi}_m = \boldsymbol{M}^{-1}\boldsymbol{B}_0\boldsymbol{G}[\boldsymbol{D}_1\boldsymbol{\Phi}_m\boldsymbol{\Lambda}_m + \boldsymbol{D}_0\boldsymbol{\Phi}_m] \tag{7.47}$$

求解式(7.47)可以找到反馈增益矩阵，广义逆形式(Inman and Minas，1990)为

$$\boldsymbol{G}=[\boldsymbol{M}^{-1}\boldsymbol{B}_0]^{+}[\boldsymbol{\Phi}_m\boldsymbol{\Lambda}_m^2+\boldsymbol{M}^{-1}\boldsymbol{C}\boldsymbol{\Phi}_m\boldsymbol{\Lambda}_m+\boldsymbol{M}^{-1}\boldsymbol{K}\boldsymbol{\Phi}_m][\boldsymbol{D}_1\boldsymbol{\Phi}_m\boldsymbol{\Lambda}_m+\boldsymbol{D}_0\boldsymbol{\Phi}_m]^{+} \tag{7.48}$$

如果测点的个数等于试验测量模态的个数，第二个广义逆项变成逆，选择$\boldsymbol{D}_0$ 和$\boldsymbol{D}_1$ 时必须保证矩阵$\boldsymbol{D}_1\boldsymbol{\Phi}_m\boldsymbol{\Lambda}_m+\boldsymbol{D}_0\boldsymbol{\Phi}_m$ 是可逆的。然后，可以用增益矩阵形成修正质量和刚度矩阵。如前面指出的，结果产生的阻尼和刚度矩阵将是非对称的，需要将其优化为对称矩阵。Zimmerman 和 Widengren(1990)、Andry 等(1983)给出更为常规的特征结构配置法的细节。

为了降低修正阻尼和刚度矩阵的斜对称部分，在执行优化前，有必要对这些斜对称部分进行一定的检测。一种检测方法是计算斜对称矩阵元素的平方和(Minas and Inman，1990)。当阻尼和刚度矩阵的元素量值是相似的，这个检测工作结果将是可接受的，但通常对阻尼和刚度项进行加权仍然是有必要的。在优化过程中，并不是矩阵中的所有元素都可以随意选择。如果用一个标量常数乘以矩阵$\boldsymbol{D}_0$ 和$\boldsymbol{D}_1$，且用反馈增益矩阵 $\boldsymbol{G}$ 除以同样的常数，那么系统本质上是同一而没有任何变化的。因此，如果在优化过程中，将所有可能的矩阵元素都包含进去，问题将会是病态条件的，下面例子中采用设置其中的一个元素为单位值(假设这个元素是集合中的非零值)来解决这个问题。

利用$\boldsymbol{D}_0$ 和$\boldsymbol{D}_1$ 矩阵元素的优化过程，通常会改善矩阵的对称性，但也不是总能够使结果的阻尼和刚度矩阵对称。这种情况下，如果仅保留修正矩阵对称部分将意味着试验测量数据没得到准确的复现。Minas 和 Inman(1990)提供了一个迭代程序，其中$\boldsymbol{D}_0$ 和$\boldsymbol{D}_1$ 阵是保持不变的，但初始阻尼和刚度矩阵是由对称修正矩阵来取代的，并重复进行特征结构配置程序。这样将强制修正矩阵为对称的，且能够复现试验测量特征系统。

考虑一个由以下矩阵定义的四自由度系统：

$$\boldsymbol{M}=\begin{bmatrix}1&0&0&0\\0&3&0&0\\0&0&2&0\\0&0&0&4\end{bmatrix},\quad \boldsymbol{C}=\begin{bmatrix}5&-1&-2&0\\-1&2&0&0\\-2&0&4&-2\\0&0&-2&3\end{bmatrix}$$

$$\boldsymbol{K}=\begin{bmatrix}5&-1&-2&0\\-1&2&-1&0\\-2&-1&4&-1\\0&0&-1&2\end{bmatrix},\quad \boldsymbol{B}_0=\begin{bmatrix}1&0\\0&0\\0&1\\0&0\end{bmatrix}$$

表 7.5 给出了这个系统的特征值。假设由试验测量得到了两个特征值,具体值为 $0.2\pm0.5\mathrm{i}$,测出与这两个特征值对应的特征向量在前两个自由度上的值,并利用式(7.44)来进行扩展,给出了测量特征向量的全部自由度上的值:

$$\begin{Bmatrix}1\\2\pm0.2\mathrm{i}\\1.0600\pm0.4940\mathrm{i}\\1.2805\pm0.8215\mathrm{i}\end{Bmatrix}$$

这些矩阵的前两个元素是向量的试验测出部分,在后续优化过程中,如果$\boldsymbol{D}_0$ 的(1,1)元素是单位值:

$$\boldsymbol{D}_0=\begin{bmatrix}1&0.0000&-0.0236&0.0000\\-0.0583&0.0000&-4.7544&-0.0005\end{bmatrix}$$

$$\boldsymbol{D}_1=\begin{bmatrix}0.1162&0.0000&-0.0738&0.0000\\0.2971&-0.0003&-0.0004&0.0000\end{bmatrix}$$

那么修正阻尼和刚度阵为

$$\boldsymbol{C}_u=\begin{bmatrix}4.5620&-1.0000&-1.7863&0.0000\\-1.0000&2&0.0000&0\\-1.7863&0.0000&3.8747&-2.0000\\0.0000&0&-2.0000&3\end{bmatrix}$$

$$
\boldsymbol{K}_u = \begin{bmatrix} 2.1260 & -1.0000 & -0.3052 & 0.0000 \\ -1.0000 & 2 & -1.0000 & 0 \\ -0.3052 & -1.0000 & 3.6988 & -1.0000 \\ 0.0000 & 0 & -1.0000 & 2 \end{bmatrix}
$$

表 7.5　四自由度例子的特征值-特征结构配置法

初始系统	优化后的系统
−1.2669	−0.4728
−4.3499	−4.6541
−0.1876±0.4487i	−0.2000±0.5000i
−0.4179±0.7143i	−0.3980±0.6571i
−0.7944±0.8500i	−0.7965±1.0102i

表 7.5 也列出修正后的特征值，并对其进行证明，在这个例子中，对重新复现的测量特征值保留到四位小数，则对应修正特征值0.2±0.5i 的特征向量为

$$
\begin{Bmatrix} 1 \\ 2.0000 \pm 0.2000\mathrm{i} \\ 1.0600 \pm 0.4940\mathrm{i} \\ 1.2804 \pm 0.8216\mathrm{i} \end{Bmatrix}
$$

这几乎与试验测量及其扩展后的特征向量是一致的。

进行模型修正时，特征结构配置技术的优、缺点是什么？毫无疑问，该方法能够准确地复现试验测量特征值和模态振型，故将其归结为 7.1 节讨论的直接法是合理的，该方法很明确地对阻尼矩阵进行了计算修正，尽管拉格朗日乘子法也能够做到但却没有这个效果。特征结构配置法有四个主要的缺点：它们需要大量的计算（尤其是非线性优化）；部分或所有的输入和输出矩阵$\boldsymbol{B}_0$、$\boldsymbol{D}_0$ 和$\boldsymbol{D}_1$ 必须指定（扩展程度是随意的）；通过最小化获得的修正矩阵的量没有明显的物理意义；不能确保修正矩阵是半正定的。

参 考 文 献

Andry A N, Shapiro E Y, Chung J C. 1983. Eigenstructure assignment for linear systems. IEEE

Transactions on Aerospace and Electronic Systems, AES-19(5): 711-729.

Baruch M. 1978. Optimization procedureto correct stiffness and flexibility matrices using vibration data. AIAA Journal, 16(11): 1208-1210.

Baruch M, Bar-Itzhack I Y. 1978. Optimal weighted orthogonalization of measured modes. AIAA Journal, 16(4): 346-351.

Baruch M. 1982. Methods of reference basis for identification of linear dynamic structures. The 23rd Structures, Structural Dynamics and Materials Conference, Part 2, New Orleans: 557-563.

Berman A. 1979. Comment on "Optimal weighted orthogonalization of measured modes". AIAA Journal, 17(8): 927-928.

Berman A, Nagy E J. 1983. Improvement of a large analytical model using test data. AIAA Journal, 21(8): 1168-1173.

Caesar B. 1986. Update and identification of dynamic mathematical models. The 4th International Modal Analysis Conference, Los Angeles: 394-401.

Caesar B. 1987. Updating system matrices using modal test data. The 5th International Modal Analysis Conference, London: 453-459.

Inman D J, Minas C. 1990. Matching analytical models with experimental modal data in mechanical systems. Control and Dynamic of Systems, 37: 327-363.

Kabe A M. 1985. Stiffness matrix adjustment using modal data. AIAA Journal, 23 (9): 1431-1436.

Link M, Weiland M, Barragan J M. 1987. Direct physical matrix identification as compared to phase resonance testing: An assessment based on practical application. The 5th International Modal Analysis Conference, London: 804-811.

Luk Y W. 1987. Identification of physical mass, stiffness and damping matrices. The 5th Infernational Modal Analysis Conference, London: 679-685.

Minas C, Inman D J. 1988. Correcting finite element models with measured modal results using eigenstructure assignment methods. The 6th International Modal Analysis Conference, Orlando: 583-587.

Minas C, Inman D J. 1990. Matching finite element models to modal data. Transactions of the ASME, Journal of Vibration and Acoustics, 112(1): 84-92.

Ross R G. 1971. Synthesis of stiffness and mass matrices. SAE Conference Paper 710787.

Smith S W, Beattie C A. 1991. Secant-method adjustment for structural models. AIAA Journal, 29(1): 119-126.

Srinathkumar S. 1978. Eigenvalue/Eigenvector assignment using output feedback. IEEE Transactions on Automatic Control, AC-23(1): 79-81.

Thoren A R. 1972. Derivation of mass and stiffness matrices from dynamic test data. AIAA Conference Paper 72-346.

Wei F S. 1989. Structural dynamic model modification using vibration test data. The 7th International Modal Analysis Conference，Las Vegas：562-567.

Wei F S. 1990a. Structural dynamic model improvement using vibration test data. AIAA Journal，28(1)：175-177.

Wei F S. 1990b. Mass and stiffness interaction effects in analytical model modification. AIAA Journal，28(9)：1686-1688.

Zimmerman D C，Widengren M. 1990. Correcting finite element models using a symmetric eigenstructure assignment technique. AIAA Journal，28(9)：1670-1676.

第 8 章　基于模态数据的迭代修正方法

8.1　概述——优点和不足

与所有的模型修正技术一样，利用模态数据进行修正的迭代法的目标是提高试验测量数据与分析模型的相关性。两者之间的相关性可以通过包括模态振型和特征值数据的罚函数法来确定，且通常使用特征值的试验测量值及其估计值之间差异的平方和来确定。鉴于罚函数的本质，该求解方法要求对问题进行线性化，并进行迭代优化。这类方法允许对目标修正参数进行广泛的选择，并且可以对试验测量数据和初始分析参数估计值都进行加权。这种对不同的数据集进行加权的能力，使该方法具有强大且多功能的特征，但是需要深刻的工程洞察力以提供恰当正确的加权值。在商业修正软件中，经常采用的是最小方差法则。

罚函数通常为参数的非线性函数，因此需要一个迭代过程，且该迭代过程可能存在相关的收敛问题。同时，一个迭代循环需要在每次迭代中都对分析模态模型进行评估。如果两个连续迭代之间参数的变化量很小，就获得了一个对于模态模型良好的估计，且可以用于改善子空间迭代法对特征系统计算的效率。

本章仅关注模态模型数据。特征值（等效于固有频率和阻尼比）和模态振型测量值则假设已经从试验中获得。这些测量值可以组合为测量向量，如果有限元模型没有阻尼，这个向量将变为如下形式：

$$\boldsymbol{z}_m^{\mathrm{T}} = (\lambda_{m1}, \boldsymbol{\phi}_{m1}^{\mathrm{T}}, \lambda_{m2}, \cdots, \lambda_{mr}, \boldsymbol{\phi}_{mr}^{\mathrm{T}})^{\mathrm{T}} \tag{8.1}$$

式中，λ_{mi} 为第 i 个试验测量特征值（固有频率的平方）；$\boldsymbol{\phi}_{mi}$ 为对应的实模态振型。对于分析模型，对应于试验测量的特征值和模态振型的向量可以组装成“预示的”测试向量 $\boldsymbol{z}$：

$$\boldsymbol{z}^{\mathrm{T}} = (\lambda_1, \boldsymbol{\phi}_1^{\mathrm{T}}, \lambda_2, \cdots, \lambda_r, \boldsymbol{\phi}_r^{\mathrm{T}})^{\mathrm{T}} \tag{8.2}$$

尽管 $\boldsymbol{z}$ 的形式暗示着其包括的特征值个数和模态振型的个数一定要相等，而实际上这一点并不是必需的。例如，$\boldsymbol{z}$ 通常仅包含固有频率，尽管也可以包括模态振型信息(如果需要)，如果进行了多次试验，可以包括同一个量的两次或更多次的测量结果。重要的特征是向量 $\boldsymbol{z}_m$ 无论包含什么数据，$\boldsymbol{z}$ 一定是与其相对应的。

在分析试验测量数据和对应的分析估计之间的相关性时，会遇到三个主要的问题。首先，同一模态的试验和理论上的固有频率及模态振型必须进行关联，也就是它们必须正确配对。按固有频率升序排列并不完全准确，特别是当两个模态频率很接近时，再按固有频率升序排列来匹配模态会更加不准确。例如，由于不正确的参数估计，最低阶频率的分析模态可能是结构的弯曲模态，但是试验测量模态的最低阶频率可能是扭转模态。关于模态匹配的另一个问题是，并非所有测试模态都是准确的，这通常是由于激励力或者加速度传感器的位置接近某一阶模态振型的节点造成的。试验中如果某一个模态没有激发出来，那么对应的分析模态将没有试验测量模态与其匹配。采用 MAC 可以很容易地解决模态振型配对问题。如果试验和分析模态之间的 MAC 值接近于1，那么这个模态配对可以确信无疑地用在修正算法中，而任何不能以足够的置信度相匹配的模态，是不能简单地在修正算法中采用的。

关于比较试验和分析数据的第二个问题是模态振型的缩放。通常在以试验测量坐标形成模态振型之前，分析特征向量是经质量归一化的(第 4 章所述)。利用标准模态分析方法得到的试验测量模态振型同样是质量归一化的。因为有限元模型的质量分布与实际结构可能是不同的，故模态振型的缩放比例可能不一致。可以通过乘以模态缩放因子(mode scale factor，MSF)(Allemang and Brown，1982)将测试模态振型缩放到分析模态振型：

$$\mathrm{MSF} = \frac{\boldsymbol{\phi}_i^{\mathrm{T}} \boldsymbol{\phi}_{mi}}{\boldsymbol{\phi}_{mi}^{\mathrm{T}} \boldsymbol{\phi}_{mi}} \tag{8.3}$$

通过乘以 MSF，还可以解决测试和分析模态之间 180°相位反向问题。

第三个问题是与阻尼相关的。如果阻尼在有限元模型中没有体现，那么定义试验测量和预示响应即式(8.1)和式(8.2)时，测试向量只能包括固有频率。这种情况下，λ_i 项最好通过固有频率的平方来表示，且实模态应根据试验测量得到的复模态来估计(第 4 章)。在极少数情况下，如果有限元模型中包括阻尼，那么复特征值和模态振型可以用在测试向量中。作为复特征值的替代，可以使用更常见的阻尼比和固有频率。本章列出的修正算法要求能够计算出阻尼比、固有频率、复模态振型关于未知参数的灵敏度。总之，本章给出的方法能够相对容易地处理包含阻尼的有限元模型，但是作者感觉该方法应用是有限的。其实，只要由于未知参数小量变化引起的模型预示输出的灵敏度可以计算，这些方法就能够处理任何测试输出和任何分析模型。如果存在一个恰当的模型，即使需要对这些未知参数进行数值摄动分析以获得灵敏度，这些方法的作用是理所当然的。

第 5 章给出了参数估计方法的简介，本章将考虑更多的细节，其中有一部分重复，但是本章强调的是这些估计方法的实际应用。

8.2 罚函数法

罚函数法一般使用模态数据关于未知参数的截断泰勒级数展开式。这个展开经常限于前两项，以形成线性近似值：

$$\delta \boldsymbol{z} = \boldsymbol{S}_j \delta \boldsymbol{\theta} \tag{8.4}$$

式中，$\delta\boldsymbol{\theta}=\boldsymbol{\theta}-\boldsymbol{\theta}_j$，为参数的摄动；$\delta\boldsymbol{z}=\boldsymbol{z}_m-\boldsymbol{z}_j$，为测试输出误差；$\boldsymbol{S}_j$ 为灵敏度矩阵。

对于式(8.4)，j 次迭代后，当前的参数估计为 $\boldsymbol{\theta}_j$，且基于这个参数估计得到的输出量为$\boldsymbol{z}_j$。参数向量 $\boldsymbol{\theta}$ 代表可复现测试数据的“真实”参数，尽管在迭代过程中，它代表的是当前迭代之后的精良估计。灵敏度矩阵 $\boldsymbol{S}_j$ 包含特征值和模态振型对某个参数的一阶导数，计算是基于当前参数估计值 $\boldsymbol{\theta}_j$ 进行的。对于这些导数的计算是很耗费计算资源的，因此需要有效的方法来解决。第 2 章介绍了灵敏度矩阵的计算方法。

就罚函数方法来讲，一般包含两种途径：一种是通过最小化某些罚函数以获得修正参数值；一种是选取不同的加权矩阵，求解式(8.4)的一般解。后续将讨论的大多数修正方法采用的都是罚函数方法。因此，通常在表达式中忽略代表第 j 次迭代后变量值的下标 j。对于每种算法，最后的方程将以完整的形式给出，当然也包括指示迭代次数的下标。

8.2.1　测量结果多于修正参数个数

考虑没有加权矩阵的标准最小二乘解。假设试验测量数据数量多于未知参数的个数，那么式(8.4)提供比未知参数个数更多的方程，故这个方程组是超定的。通过将式(8.4)左乘 $\boldsymbol{S}^{\mathrm{T}}$ 获得未知参数的最小二乘解(见 5.1.1 节)：

$$\delta\boldsymbol{\theta} = [\boldsymbol{S}^{\mathrm{T}}\boldsymbol{S}]^{-1}\boldsymbol{S}^{\mathrm{T}}\delta\boldsymbol{z} \tag{8.5}$$

或者写为完整形式：

$$\boldsymbol{\theta}_{j+1} = \boldsymbol{\theta}_j + [\boldsymbol{S}_j^{\mathrm{T}}\boldsymbol{S}_j]^{-1}\boldsymbol{S}_j^{\mathrm{T}}(\boldsymbol{z}_m - \boldsymbol{z}_j) \tag{8.6}$$

式(8.5)给出的结果也可以通过最小化罚函数获得，即

$$J(\delta\boldsymbol{\theta}) = \boldsymbol{\varepsilon}^{\mathrm{T}}\boldsymbol{\varepsilon} \tag{8.7}$$

式中，$\boldsymbol{\varepsilon}=\delta\boldsymbol{z}-\boldsymbol{S}\delta\boldsymbol{\theta}$ 为基于修正参数得出的预示测试量的误差，将误差表达式代入式(8.7)并展开，得

$$\begin{aligned} J(\delta\boldsymbol{\theta}) &= \{\delta\boldsymbol{z} - \boldsymbol{S}\delta\boldsymbol{\theta}\}^{\mathrm{T}}\{\delta\boldsymbol{z} - \boldsymbol{S}\delta\boldsymbol{\theta}\} \\ &= \delta\boldsymbol{z}^{\mathrm{T}}\delta\boldsymbol{z} - 2\delta\boldsymbol{\theta}^{\mathrm{T}}\boldsymbol{S}^{\mathrm{T}}\delta\boldsymbol{z} + \delta\boldsymbol{\theta}^{\mathrm{T}}\boldsymbol{S}^{\mathrm{T}}\boldsymbol{S}\delta\boldsymbol{\theta} \end{aligned} \tag{8.8}$$

求解由式(8.8)给出的 J 关于 $\delta\boldsymbol{\theta}$ 的最小值的方法是将 J 取关于 $\delta\boldsymbol{\theta}$ 的每个元素的偏微分，将其设置为零，这样可得出式(8.5)。于是，由式(8.6)可以得到修正参数。这个方法主要的问题是对试验测量数据的每个成分施加了相同的权重值。一个典型的振动试验，固有频率的误差在1%以内，而模态振型的误差，最好的情况是在10%以内。因此，模态振型数据的可靠度要低于固有频率数据。此外，高阶固有频率也无法像低阶频率那样可以精确地测量。通过对加权的罚函数进行最小化，可将上述的相对准确度信息引入修正法则：

$$J(\delta\boldsymbol{\theta}) = \boldsymbol{\varepsilon}^{\mathrm{T}}\boldsymbol{W}_{\varepsilon\varepsilon}\boldsymbol{\varepsilon} \tag{8.9}$$

式中，$\boldsymbol{W}_{\varepsilon\varepsilon}$ 为正定的加权矩阵。这个加权矩阵通常是对角矩阵，其元素由相应测试量的方差的倒数确定(见 5.1.1 节)。对于加权矩阵的选择

将在本章后面讨论。式(8.9)也可以用类似于式(8.7)的方法展开,且通过微分找出最小值。同样,也可以通过灵敏度即式(8.4)左乘 $\boldsymbol{S}^{\mathrm{T}}\boldsymbol{W}_{\varepsilon\varepsilon}$ 获得该方程组,然后进行常规的方程组求解得到修正参数:

$$\delta\boldsymbol{\theta}=[\boldsymbol{S}^{\mathrm{T}}\boldsymbol{W}_{\varepsilon\varepsilon}\boldsymbol{S}]^{-1}\boldsymbol{S}^{\mathrm{T}}\boldsymbol{W}_{\varepsilon\varepsilon}\delta\boldsymbol{z} \tag{8.10}$$

或者写为完整形式:

$$\boldsymbol{\theta}_{j+1}=\boldsymbol{\theta}_j+[\boldsymbol{S}_j^{\mathrm{T}}\boldsymbol{W}_{\varepsilon\varepsilon}\boldsymbol{S}_j]^{-1}\boldsymbol{S}_j^{\mathrm{T}}\boldsymbol{W}_{\varepsilon\varepsilon}(\boldsymbol{z}_m-\boldsymbol{z}_j) \tag{8.11}$$

以上两种情况,都是假设试验测量个数多于参数的个数。基于这个假设,矩阵 $\boldsymbol{S}^{\mathrm{T}}\boldsymbol{W}_{\varepsilon\varepsilon}\boldsymbol{S}$ 是方阵且有望是满秩的,因此方程是可求解的。有两个原因可能致使矩阵不是满秩的:其中一个是参数对测试量不起作用;另一个是至少参数的两种组合对测试输出的影响相同。该问题通常表现为求解式(8.5)或式(8.10)给出的方程组是病态条件的,而不是矩阵是缺秩的。假定参数缩比是正确的,如果任何参数对测试量的影响都很小,或者参数组合对测试输出的影响都类似,那么该问题就会发生。奇异值分解是求解这些方程最好的方法。如果矩阵是病态的或者缺秩的,那么肯定是存在非正常的参数或者非正常的参数组合且不可修正。这样,参数的修正将会以某种非独立的或者近似非独立的方式进行。通过将罚函数增加一项,即对参数变化进行加权,方程可以转化为好的状态。此处的参数变化,可以是每次迭代的变化,也可以是参数初始值与修正值之间差别的变化。当参数个数超出测试量个数时,方程的这些处理过程是相似的,有关这点将在 8.2.3 节叙述。

8.2.2　模拟悬臂梁示例

例 8.1　采用一个简单的模拟示例来演示上面提及的方法。图 8.1 表示一个安装在弹性接头上的铝质悬臂梁。梁截面是 50mm×25mm 的矩形截面,仅考虑在竖直平面上弯曲。待修正的梁分析模型包括 7 个等长的梁单元,如图 8.1 所示,包括 16 个自由度。模拟数据是从一个类似的包含 14 个单元和 30 个自由度的模型获得的。这样,“试验测量”数据和有限元模型之间将存在结构或系统误差。

在这里仅考虑三个未知参数,梁的弹性刚度为 EI,平动弹簧刚度为 k_{t},转动弹簧刚度为 k_{r},这些量构成了参数估计向量 $\boldsymbol{\theta}$。

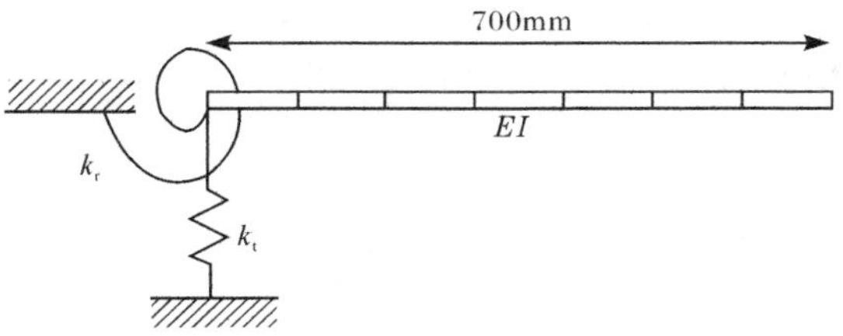

图 8.1　例 8.1 的有限元模型

表 8.1 显示了这些初始参数，包括相对应的固有频率和前 6 个“试验测量”固有频率。有限元模型忽略了阻尼，因此，计算特征值即固有频率的平方而非固有频率本身的灵敏度矩阵是容易的。为了便于比较，所有模型输出频率数据以 Hz 形式给出。

表 8.1　例 8.1 的模拟和初始参数

修正对象		初始值	“试验测量”值	单位
自由度		16	30	—
θ_1	EI	4500	4560	$N \cdot m^2$
θ_2	k_t	2.0	4.0	$\times 10^7 N/m$
θ_3	k_r	5.0	10.0	$\times 10^4 (N \cdot m)/rad$
ω_1		33.893	37.464	Hz
ω_2		220.60	236.75	Hz
ω_3		614.12	657.33	Hz
ω_4		1156.9	1255.3	Hz
ω_5		1827.2	1993.5	Hz
ω_6		2708.3	2881.4	Hz

工况 1：假设仅将前四阶固有频率应用于非加权伪逆修正计算，即式(8.6)。表 8.2 显示了每次迭代中的参数以及前六阶固有频率，为便于比较，将“试验测量”频率值也列于表 8.2 中。注意到第二～四阶“试验测量”频率已经复现至四位有效数字，不可能所有的固有频率都准确地复现，因为仅有三个参数可改变，且仅有四个测试频率可参考。由于对每个固有频率的绝对项施加了相同的权重，因此计算中对高阶频率的修正更有效。模态振型向量都是幅值较低的元素(相对于频率)，且因为加权程度相同，因此它们对结果的影响很小。在表 8.2 中，第五个

和第六个固有频率在修正运算中没有采用,因而可以用于评估模型质量。正如所期望的,这两个频率已经得到显著的改善,修正后的模型更好地表征了"试验测量"模型。

表 8.2 例 8.1 工况 1 结果

修正对象	初始值	迭代次数					"试验测量"值
		1	2	3	4	5	
ω_1	33.89	36.78	37.35	37.44	37.44	37.44	37.46
ω_2	220.6	234.0	236.4	236.7	236.8	236.8	236.8
ω_3	614.1	650.1	656.4	657.3	657.3	657.3	657.3
ω_4	1157	1238	1253	1255	1255	1255	1255
ω_5	1827	1963	1994	1997	1997	1997	1994
ω_6	2708	2867	2902	2907	2907	2907	2881
θ_1	4500	4637	4599	4592	4592	4592	$N \cdot m^2$
θ_2	2.000	3.183	3.690	3.766	3.767	3.767	$\times 10^7 N/m$
θ_3	5.000	8.060	9.428	9.682	9.690	9.690	$\times 10^4 (N \cdot m)/rad$

工况 2:此工况与工况 1 非常类似,但现在将采用加权伪逆修正方法,即式(8.11)。假设每阶频率的标准偏差是其模拟值的 0.25%。这样,特征值标准偏差约为其模拟值的 0.5%。实际上,高阶固有频率可能有比较大的方差。令加权矩阵是对角阵,其元素等于对应的模拟特征值方差的倒数,给出的矩阵$\boldsymbol{W}_{\varepsilon\varepsilon}$为

$$\boldsymbol{W}_{\varepsilon\varepsilon} = \mathrm{diag}(1.30\times 10^{-5}, 8.17\times 10^{-9}, 1.37\times 10^{-10}, 1.03\times 10^{-11})$$

表 8.3 表示每次迭代对应的参数值及频率,现在"试验测量"频率和修正好的参数构成的频率之间的差异更均匀地分布到前四个固有频率上。再次,第五阶和第六阶固有频率得到了很大程度的改善,从而给予修正模型更高的可信度。

表 8.3 例 8.1 工况 2 结果

修正对象	初始值	迭代次数					"试验测量"值
		1	2	3	4	5	
ω_1	33.89	36.78	37.32	37.45	37.46	37.46	37.46
ω_2	220.6	234.4	236.2	236.7	236.8	236.8	236.8
ω_3	614.1	651.5	656.0	657.2	657.3	657.3	657.3

续表

修正对象	初始值	迭代次数					“试验测量”值
		1	2	3	4	5	
ω_4	1157	1240	1253	1255	1255	1255	1255
ω_5	1827	1966	1992	1998	1998	1998	1994
ω_6	2708	2873	2901	2907	2907	2907	2881
θ_1	4500	4689	4597	4579	4578	4578	N · m^2
θ_2	2.000	3.117	3.676	3.803	3.809	3.809	$\times 10^7$ N/m
θ_3	5.000	7.807	9.367	9.830	9.860	9.860	$\times 10^4$ (N · m)/rad

工况 3：现在假设测试向量包含模态振型信息，各阶频率的标准偏差假设是模拟值的 0.25%，模态振型向量元素的标准偏差约为各振型中最大元素的 10%。表 8.4 表示每次迭代的参数和预示频率。由于对模态振型数据的假定是不准确的，运算将会对频率数据施以更大的权值。仅从频率数据将该工况结果与工况 2 结果进行比较，结果显示了对于修正和“试验测量”频率之间的差别，两个工况是类似的。为了改善与模态振型的相关性，通常会损害频率复现的精度，但从结果来看，频率误差没有进一步扩展。

表 8.4　例 8.1 工况 3 结果

修正对象	初始值	迭代次数					“试验测量”值
		1	2	3	4	5	
ω_1	33.89	36.76	37.32	37.46	37.47	37.47	37.46
ω_2	220.6	234.2	236.2	236.7	236.8	236.8	236.8
ω_3	614.1	651.1	656.0	657.2	657.2	657.2	657.3
ω_4	1157	1239	1253	1255	1255	1255	1255
ω_5	1827	1966	1993	1998	1998	1998	1994
ω_6	2708	2872	2901	2907	2907	2907	2881
θ_1	4500	4676	4589	4574	4573	4573	N · m^2
θ_2	2.000	3.139	3.706	3.822	3.826	3.826	$\times 10^7$ N/m
θ_3	5.000	7.840	9.428	9.877	9.902	9.902	$\times 10^4$ (N · m)/rad

8.2.3　修正参数个数多于测量结果(或存在噪声的数据)

事实上多数情况下，未知参数的个数将超出试验测量数据点的个数。那么$\boldsymbol{S}^{\mathrm{T}}\boldsymbol{S}$理所当然是缺秩的，也就是式(8.4)中方程的个数少于未知参数的个数，方程组是欠定的，且有无穷个不同的参数组满足式(8.4)，那么哪一组参数会是最好的选择呢，标准答案是令参数变化最小的参数组。第5章采用奇异值分解法得到了这个方程的最小范数解。另外，对于欠定方程组可以采用Moore-Penrose逆进行求解。问题可重述为约束条件下的优化问题：最小化$\delta\boldsymbol{\theta}^{\mathrm{T}}\delta\boldsymbol{\theta}$，约束条件为

$$\delta \boldsymbol{z} = \boldsymbol{S}\delta\boldsymbol{\theta} \tag{8.12}$$

注意到对于试验测量数据没有引入加权矩阵。因为在假设参数有充足的自由变化区间时，将可以准确地复现测试数据，所以权矩阵没有任何帮助。求解约束优化问题可以通过拉格朗日乘子法或者类似的方法获得，可表示为

$$\delta\boldsymbol{\theta} = \boldsymbol{S}^{\mathrm{T}}[\boldsymbol{S}\boldsymbol{S}^{\mathrm{T}}]^{-1}\delta\boldsymbol{z} \tag{8.13}$$

其完整形式为

$$\boldsymbol{\theta}_{j+1} = \boldsymbol{\theta}_j + \boldsymbol{S}_j^{\mathrm{T}}[\boldsymbol{S}_j\boldsymbol{S}_j^{\mathrm{T}}]^{-1}(\boldsymbol{z}_m - \boldsymbol{z}_j) \tag{8.14}$$

通常各类参数值有明显不同的量级，例如，以杨氏模量和壳厚度作为修正参数。应利用参数归一化使其初始值为1，改善问题的数值条件，然后对式(8.12)中的每个参数给出相同的权重。通常在有限元分析中，一部分参数总会比另一部分参数估计得更准确，这一点可通过引入权矩阵$\boldsymbol{W}_{\theta\theta}$对式(8.12)定义的优化来体现，从而变为新的约束优化问题，即最小化$\delta\boldsymbol{\theta}^{\mathrm{T}}\boldsymbol{W}_{\theta\theta}\delta\boldsymbol{\theta}$，约束条件为

$$\delta \boldsymbol{z} = \boldsymbol{S}\delta\boldsymbol{\theta} \tag{8.15}$$

权矩阵$\boldsymbol{W}_{\theta\theta}$一定是正定的，且选择时要保证在初始有限元模型中，估计准确参数的改变程度低于估计不准确参数的改变程度。例如，一个梁的弯曲刚度估计的准确度要远高于螺栓连接刚度估计的准确度。权矩阵通常选择为对角矩阵，且将对应参数的方差估计的倒数作为其对角元素。尽管这个方差定量上估计是困难的，且需要一定的工程经验，但具备设置参数不确定水平的能力是十分重要的。另一种方法是假设所有参数不确定程度都是相同的，或者使用一些默认的相似的专用权矩阵。在全部迭代过程中这个权矩阵的应用是不会限制参数绝对值的变化的。将非加权矩阵工况经权矩阵分解并通过坐标变换，很容

易推导由式(8.15)设定问题的求解,修正参数的方程为

$$\boldsymbol{\theta}_{j+1} = \boldsymbol{\theta}_j + \boldsymbol{W}_{\theta\theta}^{-1}\boldsymbol{S}_j^{\mathrm{T}}\left[\boldsymbol{S}_j\boldsymbol{W}_{\theta\theta}^{-1}\boldsymbol{S}_j^{\mathrm{T}}\right]^{-1}(\boldsymbol{z}_m - \boldsymbol{z}_j) \tag{8.16}$$

广义逆方法的另一个替代是对罚函数中的参数变化和试验测量的误差同时进行明确地加权。广义逆法也隐含着这一功能,并能准确地复现试验测量数据。通过将罚函数包含一个额外项来限制每次迭代参数的变化量,式(8.9)变为

$$J(\delta\boldsymbol{\theta}) = \boldsymbol{\varepsilon}^{\mathrm{T}}\boldsymbol{W}_{\varepsilon\varepsilon}\boldsymbol{\varepsilon} + \delta\boldsymbol{\theta}^{\mathrm{T}}\boldsymbol{W}_{\theta\theta}\delta\boldsymbol{\theta} \tag{8.17}$$

将 $\boldsymbol{\varepsilon}=\delta\boldsymbol{z}-\boldsymbol{S}\delta\boldsymbol{\theta}$ 代入式(8.17)并归纳整理为

$$J(\delta\boldsymbol{\theta}) = \delta\boldsymbol{z}^{\mathrm{T}}\boldsymbol{W}_{\varepsilon\varepsilon}\delta\boldsymbol{z} - 2\,\delta\boldsymbol{\theta}^{\mathrm{T}}\boldsymbol{S}^{\mathrm{T}}\boldsymbol{W}_{\varepsilon\varepsilon}\delta\boldsymbol{z} + \delta\boldsymbol{\theta}^{\mathrm{T}}\left[\boldsymbol{S}^{\mathrm{T}}\boldsymbol{W}_{\varepsilon\varepsilon}\boldsymbol{S} + \boldsymbol{W}_{\theta\theta}\right]\delta\boldsymbol{\theta} \tag{8.18}$$

注意到参数变化的权值,$\boldsymbol{W}_{\theta\theta}$ 仅添加到矩阵因子的二阶项上。最小化关于 $\delta\boldsymbol{\theta}$ 的罚函数,得到参数的变化量:

$$\delta\boldsymbol{\theta} = \left[\boldsymbol{S}^{\mathrm{T}}\boldsymbol{W}_{\varepsilon\varepsilon}\boldsymbol{S} + \boldsymbol{W}_{\theta\theta}\right]^{-1}\boldsymbol{S}^{\mathrm{T}}\boldsymbol{W}_{\varepsilon\varepsilon}\delta\boldsymbol{z} \tag{8.19}$$

或者写为完整形式为

$$\boldsymbol{\theta}_{j+1} = \boldsymbol{\theta}_j + \left[\boldsymbol{S}_j^{\mathrm{T}}\boldsymbol{W}_{\varepsilon\varepsilon}\boldsymbol{S}_j + \boldsymbol{W}_{\theta\theta}\right]^{-1}\boldsymbol{S}_j^{\mathrm{T}}\boldsymbol{W}_{\varepsilon\varepsilon}(\boldsymbol{z}_m - \boldsymbol{z}_j) \tag{8.20}$$

类似于式(8.19)和式(8.20)的求解可采用 Tikonov 法则,即式(5.80)。Link(1993)和 Flores-Santiago 采用了这个方法,只是每次迭代时减缩了控制参数,减缩控制参数等效于采用权矩阵$\boldsymbol{W}_{\theta\theta}$来进行减小。

获得具有良好条件数的方程组的一个类似方法是,对未知参数的初始估计进行加权。这更加准确地反映了工程师的期望,即对相对初始估计值的参数所发生的变化进行加权,而不是对每次迭代过程所发生的变化进行加权,这样新的罚函数为

$$\begin{aligned} J(\delta\boldsymbol{\theta}) &= \boldsymbol{\varepsilon}^{\mathrm{T}}\boldsymbol{W}_{\varepsilon\varepsilon}\boldsymbol{\varepsilon} + \{\boldsymbol{\theta} - \boldsymbol{\theta}_0\}^{\mathrm{T}}\boldsymbol{W}_{\theta\theta}\{\boldsymbol{\theta} - \boldsymbol{\theta}_0\} \\ &= \boldsymbol{\varepsilon}^{\mathrm{T}}\boldsymbol{W}_{\varepsilon\varepsilon}\boldsymbol{\varepsilon} + \{\delta\boldsymbol{\theta} + \{\boldsymbol{\theta}_j - \boldsymbol{\theta}_0\}\}^{\mathrm{T}}\boldsymbol{W}_{\theta\theta}\{\delta\boldsymbol{\theta} + \{\boldsymbol{\theta}_j - \boldsymbol{\theta}_0\}\} \end{aligned} \tag{8.21}$$

式中,$\boldsymbol{\theta}_0$ 为初始参数估计,展开第二项并替换 $\boldsymbol{\varepsilon}$ 形成罚函数:

$$\begin{aligned} J(\delta\boldsymbol{\theta}) =& \delta\boldsymbol{z}^{\mathrm{T}}\boldsymbol{W}_{\varepsilon\varepsilon}\delta\boldsymbol{z} + \{\boldsymbol{\theta}_j - \boldsymbol{\theta}_0\}^{\mathrm{T}}\boldsymbol{W}_{\theta\theta}\{\boldsymbol{\theta}_j - \boldsymbol{\theta}_0\} \\ &- 2\delta\boldsymbol{\theta}^{\mathrm{T}}\{\boldsymbol{S}^{\mathrm{T}}\boldsymbol{W}_{\varepsilon\varepsilon}\delta\boldsymbol{z} - \boldsymbol{W}_{\theta\theta}\{\boldsymbol{\theta}_j - \boldsymbol{\theta}_0\}\} \\ &+ \delta\boldsymbol{\theta}^{\mathrm{T}}\left[\boldsymbol{S}^{\mathrm{T}}\boldsymbol{W}_{\varepsilon\varepsilon}\boldsymbol{S} + \boldsymbol{W}_{\theta\theta}\right]\delta\boldsymbol{\theta} \end{aligned} \tag{8.22}$$

最小化关于参数的罚函数给出了参数的变化:

$$\delta\boldsymbol{\theta} = \left[\boldsymbol{S}^{\mathrm{T}}\boldsymbol{W}_{\varepsilon\varepsilon}\boldsymbol{S} + \boldsymbol{W}_{\theta\theta}\right]^{-1}\{\boldsymbol{S}^{\mathrm{T}}\boldsymbol{W}_{\varepsilon\varepsilon}\delta\boldsymbol{z} - \boldsymbol{W}_{\theta\theta}\{\boldsymbol{\theta}_j - \boldsymbol{\theta}_0\}\} \tag{8.23}$$

或者写为完整形式为

$$\boldsymbol{\theta}_{j+1}=\boldsymbol{\theta}_j+[\boldsymbol{S}_j^{\mathrm{T}}\boldsymbol{W}_{\varepsilon\varepsilon}\boldsymbol{S}_j+\boldsymbol{W}_{\theta\theta}]^{-1}[\boldsymbol{S}_j^{\mathrm{T}}\boldsymbol{W}_{\varepsilon\varepsilon}(\boldsymbol{z}_m-\boldsymbol{z}_j)-\boldsymbol{W}_{\theta\theta}(\boldsymbol{\theta}_j-\boldsymbol{\theta}_0)] \tag{8.24}$$

8.2.4　模拟悬臂梁示例

例 8.2　采用一个类似例 8.1 的模拟系统来验证这些罚函数法。“试验测量”数据从图 8.1 所示的一个 30 自由度模拟系统获得，其结果列于表 8.1。待修正的有限元模型如图 8.2 所示，依然有 7 个单元，但是假设其一端固支。“试验测量”数据包含如前所述的前四阶固有频率，但是现在待修正的参数的个数将有所增加，即假设每个单元的弹性刚度是独立变化的，这样有 7 个未知的参数。例 8.1 中的 16 自由度模型包含连接刚度且要求整个梁的弹性刚度连续，较准确地反映了真实情况。本节显示一个低品质的模型，其相对于测试量来说未知参数更多，尽管结果参数的变化在物理上毫无意义（Link，1992），仍保持了能够复现测试数据的特点。

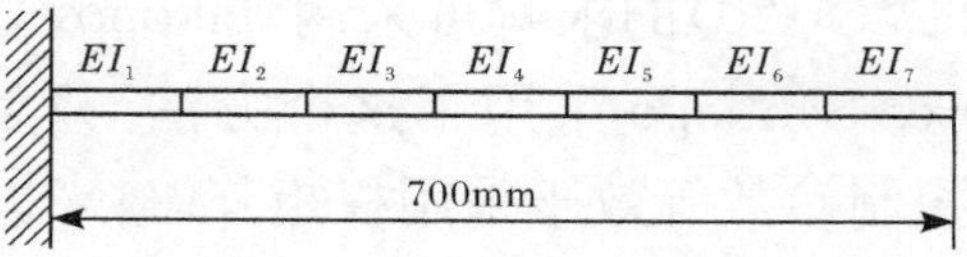

图 8.2　例 8.2 有限元模型

工况 1：首先用伪逆技术，即式（8.16）修正未知的参数。假设整个梁弹性刚度分析估计值的标准偏差都是相同的。由于式（8.15）所给出的优化问题形式，标准偏差的实际量级并不重要，仅相对值较为重要。表 8.5 显示了每次迭代的固有频率和参数值。注意到修正后的模型准确地预示了前四阶固有频率。修正过程中没有采用第五阶和第六阶固有频率，但它们在修正后的预示结果中已经得以轻微的改善。采用一个更有代表性的模型（例 8.1），产生了更接近第五阶和第六阶固有频率的估计值。因此，可通过对照修正过程中没有使用的数据来评定模型的品质。

表 8.5　例 8.2 工况 1 结果

修正对象	初始值	迭代次数				"试验测量"值
		1	2	3	4	
ω_1	41.87	37.38	37.46	37.46	37.46	37.46
ω_2	262.3	235.8	236.7	236.8	236.8	236.8
ω_3	735.2	651.4	657.3	657.3	657.3	657.3
ω_4	1445	1249	1255	1255	1255	1255
ω_5	2401	2151	2165	2165	2165	1994
ω_6	3617	3247	3264	3264	3264	2881
$\theta_1(EI_1)$	4500	3647	3670	3670	3670	N · m^2
$\theta_2(EI_2)$	4500	3329	3324	3323	3323	N · m^2
$\theta_3(EI_3)$	4500	4025	4085	4085	4085	N · m^2
$\theta_4(EI_4)$	4500	3444	3412	3413	3413	N · m^2
$\theta_5(EI_5)$	4500	4003	4086	4087	4087	N · m^2
$\theta_6(EI_6)$	4500	2883	2995	2996	2996	N · m^2
$\theta_7(EI_7)$	4500	4190	4191	4191	4191	N · m^2

工况 2:假设在每次迭代时对参数的变化进行加权以改变罚函数,如式(8.20)所示。这个方法的优势在于改善了某些问题的条件,但是对总体参数的变化没有要求限制。大量的小量级参数变化可能导致一个显著的总体参数变化。对特征值和未知参数(单元弹性刚度)用其标准偏差 0.5%进行加权。图 8.3(a)显示了待修正的 7 个参数的收敛过程。由于每次迭代限制参数的变化使收敛速度受阻,收敛是非常慢的。图 8.3(b)显示了固有频率的收敛过程,收敛后模型准确地复现了修正运算中采用的前四个固有频率。第五阶和第六阶固有频率的估计也得到了改善,但复现的程度不如例 8.1 那样准确,同样遗留了关于模型品质优劣的问题。

工况 3:前面的工况是对每次迭代中参数的变化进行了加权,没有以整个参数的变化为标准进行加权。总体来说,对参数变化进行加权,需要包含参数的初始分析值和修正后值之间的差别,如式(8.24)所示。表 8.6 显示了采用该方法并利用与工况 2 相同的权矩阵所得到的结果。

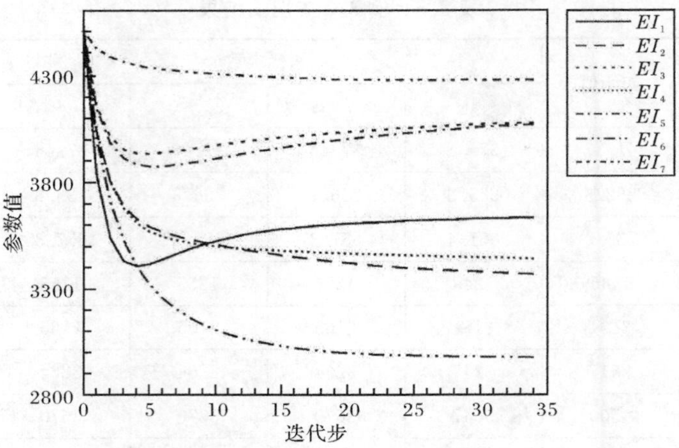

(a) 修正参数

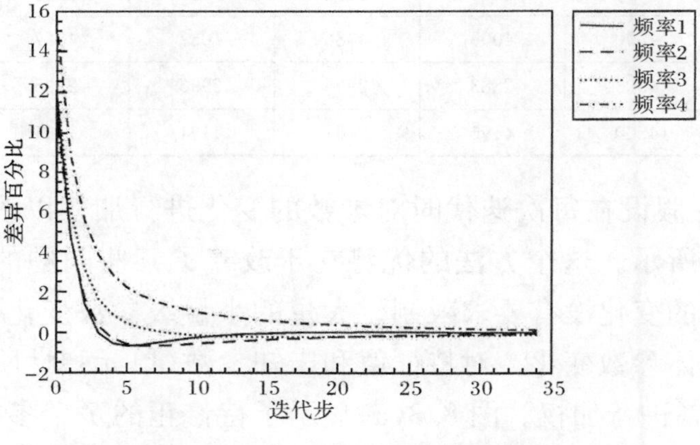

(b) 固有频率(修正和测量频率之间的不同)

图 8.3　例 8.2 工况 2 修正参数和固有频率的收敛情况

与工况 2 的结果进行对比可以发现,此工况下收敛速度非常快。前四阶固有频率已经向“试验测量”值靠近,但是没有准确地复现,且修正参数的变化是比较小的。正如所预期的,运算中用加权矩阵加权测量和分析模型以产生“最好”的折中解作为修正模型。

表 8.6　例 8.2 工况 3 结果

修正对象	初始值	迭代次数					"试验测量"值
		1	2	3	4	5	
ω_1	41.86	39.24	39.20	39.20	39.20	39.20	37.46
ω_2	262.3	247.8	247.8	247.8	247.8	247.8	236.8
ω_3	735.2	697.0	697.2	697.2	697.2	697.2	657.3
ω_4	1445	1367	1366	1366	1366	1366	1255
ω_5	2401	2285	2286	2286	2286	2286	1994
ω_6	3617	3445	3446	3446	3446	3446	2881
$\theta_1(EI_1)$	4500	3830	3805	3801	3800	3800	$N\cdot m^2$
$\theta_2(EI_2)$	4500	4031	4037	4039	4039	4039	$N\cdot m^2$
$\theta_3(EI_3)$	4500	4153	4174	4178	4178	4178	$N\cdot m^2$
$\theta_4(EI_4)$	4500	4035	4037	4037	4037	4037	$N\cdot m^2$
$\theta_5(EI_5)$	4500	4141	4158	4161	4161	4161	$N\cdot m^2$
$\theta_6(EI_6)$	4500	3997	3988	3986	3986	3986	$N\cdot m^2$
$\theta_7(EI_7)$	4500	4419	4433	4434	4434	4434	$N\cdot m^2$

8.2.5　试验悬臂梁示例

例 8.3　通过一个简单的试验示例来验证上面提及的方法，图 8.4 为试验测试装置，一个简单的悬臂梁可视为模拟示例 8.1 的物理实现。仅考虑在垂直平面的弯曲变形，梁材料为铝合金。端部连接是通过人造弹性 3mm 厚橡胶材料将梁固定。梁的分析模型包括等长的 7 个梁单元，如图 8.1 所示。固定端的连接通过一个移动和转动弹簧来模拟。因此模型包含 16 个自由度。通过放置在梁自由端的加速度传感器测

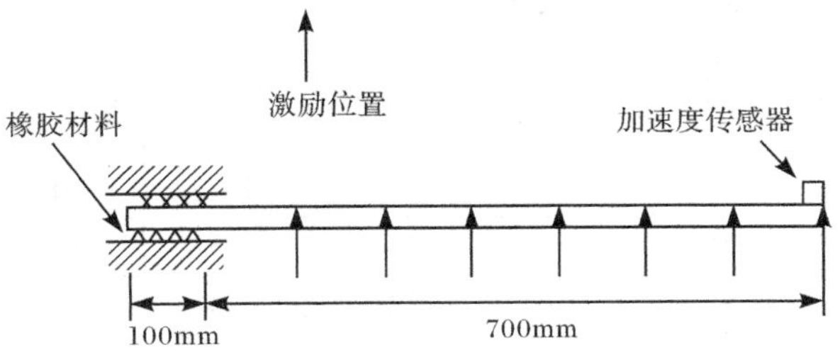

图 8.4　例 8.3 试验装置

量加速度，在梁的 7 个等间隔点位置用力锤进行激励，采用全局多项式曲线拟合法则提取固有频率和模态振型。

仅考虑 3 个未知参数，即梁的弹性刚度 EI、平动弹簧刚度 k_t 和转动弹簧刚度 k_r，根据铝的弹性模量和梁的几何尺寸得出梁的弹性刚度即 $EI=4500\ \mathrm{N\cdot m^2}$。对于连接刚度的估计，假设梁和钢支撑结构是刚性的。橡胶的杨氏模量 $E=1.2\times10^7\mathrm{N/m^2}$，橡胶厚度 $h=3\mathrm{mm}$，发挥作用的橡胶长度为 100mm，这样给出弹簧刚度估计 $k_t=30\mathrm{MN/m}$，$k_r=150(\mathrm{kN\cdot m})/\mathrm{rad}$。表 8.7 显示了这些初始参数，以及前 6 个测试固有频率和相对应的模拟固有频率。“测试的”和试验振型的 MAC 值为

$$\mathrm{MAC}=\begin{bmatrix}1.000 & 0.052 & 0.065 & 0.068 & 0.047 & 0.066\\ 0.054 & 0.998 & 0.061 & 0.059 & 0.049 & 0.067\\ 0.060 & 0.082 & 0.999 & 0.044 & 0.065 & 0.066\\ 0.062 & 0.056 & 0.103 & 0.983 & 0.022 & 0.103\\ 0.070 & 0.085 & 0.061 & 0.192 & 0.916 & 0.026\\ 0.086 & 0.089 & 0.119 & 0.034 & 0.412 & 0.769\end{bmatrix}$$

固有频率是很容易区分的，且与前五阶固有频率对应的元素，即 MAC 阵的前五个对角元素都超过了 0.9，使用七个测点识别六阶模态致使 MAC 阵的非对角元素有些偏高。分析的和试验测量的模态振型进行了初始配对，且可能一直保持这样的配对。

表 8.7　例 8.3 工况 1 结果

修正对象	初始值	迭代次数					测量值
		1	2	3	4	5	
ω_1	38.60	41.06	39.07	39.13	39.10	39.09	37.51
ω_2	240.3	261.4	248.8	250.1	250.0	250.0	246.2
ω_3	656.7	698.7	677.2	684.8	685.6	685.7	662.3
ω_4	1228	1266	1246	1269	1272	1273	1287
ω_5	1927	2046	1976	2005	2010	2011	2087
ω_6	2825	3152	2984	3009	3011	3011	3083
$\theta_1(EI)$	4500	6563	5653	5675	5660	5655	$\mathrm{N\cdot m^2}$
$\theta_2(k_t)$	3.000	1.500	1.871	2.097	2.155	2.167	$\times10^5\mathrm{N/m}$
$\theta_3(k_r)$	1.500	0.750	0.750	0.750	0.750	0.750	$\times10^7(\mathrm{N\cdot m})/\mathrm{rad}$

修正运算中使用的有限元模型忽略了阻尼，在修正运算中将再次用到特征值，但所有的模型输出频率数据将以 Hz 为单位给出。

工况 1：首先尝试对初始分析参数的估计不进行加权来修正参数。式(8.11)修正法则仅使用了频率，且前两个特征值采用 0.25％标准偏差来加权，后两个特征值采用 0.5％标准偏差来加权。对于参数的约束是通过指定不能下降超过初始值的一半，这降低了参数大幅度变化的可能性。表 8.7 给出了前五次迭代的结果。弹性刚度估计应该是准确的，但修正值却有相当大的变化。因为有限元模型和实际物理系统是明显不同的，故模型有系统误差，这个误差可能导致运算过程中没有进行加权的初始分析参数发生偏离。

工况 2：实际修正中，使用的初始参数估计值应该将其加权至一定程度，参数的权矩阵基于标准偏差的估计值，EI 为 1％，k_t 和 k_r 为 100％，假设频率的标准偏差和工况 1 相同。表 8.8 显示了基于加权罚函数法，即式(8.24)进行修正时，参数的收敛过程。正如所期望的，与初始模型的固有频率相比，修正后模型的固有频率更接近测量频率。

表 8.8　例 8.3 工况 2 结果

修正对象	初始值	迭代次数					测量值
		1	2	3	4	5	
ω_1	38.60	34.76	37.38	37.75	37.82	37.83	37.51
ω_2	240.3	229.8	240.4	241.5	241.6	241.6	246.2
ω_3	656.7	653.6	671.0	673.8	674.1	674.1	662.3
ω_4	1228	1272	1279	1288	1290	1290	1287
ω_5	1927	2049	2029	2049	2054	2055	2087
ω_6	2825	2984	2969	2989	2994	2996	3083
$\theta_1(EI)$	4500	4839	5078	5005	4980	4974	$N \cdot m^2$
$\theta_2(k_t)$	3.000	4.012	3.170	3.575	3.695	3.720	$\times 10^7 N/m$
$\theta_3(k_r)$	1.500	0.503	0.713	0.793	0.815	0.819	$\times 10^5 (N \cdot m)/rad$

8.2.6　对加权矩阵的评论

本章中将加权矩阵广泛应用于各种罚函数法。考虑到参数和测试量存在相对的不确定性，这些矩阵的选择是基于标准偏差估计值的。

标准偏差为参数的不确定性提供了数量上的估计,然而估计这个数量是困难的,且容易出现错误。一种可选择的方法是假设一个能产生预期效果的任意值。权矩阵以对角矩阵形式给出,矩阵的元素是对应的参数或者测试量的方差(标准偏差的平方)的倒数。使用倒数是因为准确的数据的方差值较小,而在算法中需要一个大的权值。

应用罚函数法的一个重要特征是权矩阵的行列式值是无关紧要的。例如,所有测试量和初始参数的标准偏差估计值变为双倍,罚函数值会是原来的1/4,即式(8.24),但是不会对修正参数或者测试量产生影响。测试量中的相对不确定性能够通过适当的估计得到,且初始参数中的相对不确定性与之类似,同样可以合理地估计。最大的未知项是总计的加权值,将其施加给测试量,而不是初始参数。一种方法是引入一个参数 r 得出总计的加权值。参数加权矩阵$\boldsymbol{W}_{\theta\theta}$乘以 r 倍,且试验测量加权矩阵$\boldsymbol{W}_{\varepsilon\varepsilon}$乘以$(1-r)$倍(Blakely and Walton,1984),这样,当 $r=1$ 时参数与其初始值相比较不发生变化,当 $r=0$ 时所有的初始参数均没有加权。

8.3 最小方差法

最小方差法也可以视为罚函数法,其特征是从一次迭代到下一次迭代,权矩阵以特殊的方式发生变化。该方法根源于 Bayesian 估计,唯一的不同在于因为模态模型是参数的非线性函数,故模型修正需要进行迭代。当可利用的数据量较大时,通常采用统计技术,在模型修正时,试验测量的数据是少量的,可视为测试量统计分布的样本。即使测试数据受限制,方法仍是有用的,因为它提供了一个合理的办法以加权测试和理论估计数据。最小方差法也提供了一种根据修正参数的方差来检查修正参数品质的方法。

最小方差法假设试验测量数据和初始参数都存在可用方差矩阵表达的误差,而寻求的修正参数使其具有最小的方差。这个最小化要求试验测量输出数据的估计可以用参数来表示。灵敏度矩阵[式(8.4)],通常采用一阶泰勒级数展开。由于修正参数有最小方差,意味着基于试验测量和当前的参数估计所假设的误差,参数设定应具有最少的不确定性。因为灵敏度矩阵只是近似值,所以处理过程需要迭代,期望的收敛是参数具有最小的方差。

Collins 等(1972,1974)引入的最小方差法基于参数的估计和试验测量数据是统计独立的假设。对于第一次迭代,这可能是真实的,因为测量误差不可能依赖于有限元模型估计的误差。但在后续的迭代中,测量数据已经用于参数的修正,因此统计独立假设是一个粗略的简化。这个独立的假设最值得关注的影响是这个方法重新准确地复现了测量数据,这样就为参数的选择提供了足够的自由。Friswell(1989)计算了每次迭代时测试量和修正参数估计的相关性。而后这个相关矩阵用于计算参数向量的下一次估计,采用的思路类似于 Collins 等(1972,1974)所提出的方法。以下将推导包含相关矩阵的方法。如果每次迭代时,这个矩阵设置为零,将会重复使用 Collins 等所提出的方法,这将在本章的最后对其进行论述。

由于试验测量的干扰,预示的输出 $\boldsymbol{z}$ 不等于测量输出$\boldsymbol{z}_m$,这种情况下,测量输出$\boldsymbol{z}_m$ 包括分析模型不能考虑的误差,因此有

$$\boldsymbol{z}_m = \boldsymbol{z} + \boldsymbol{\varepsilon} \tag{8.25}$$

式中,$\boldsymbol{\varepsilon}$ 是测量噪声,假设其均值为零,且其方差矩阵为$\boldsymbol{V}_\varepsilon$。

$$E(\boldsymbol{\varepsilon}) = 0,\quad \mathrm{Var}(\boldsymbol{\varepsilon}) = E[\boldsymbol{\varepsilon}\boldsymbol{\varepsilon}^{\mathrm{T}}] = \boldsymbol{V}_\varepsilon \tag{8.26}$$

式中,$E[\cdot]$代表期望值。

令 $\boldsymbol{\theta}_0$ 是未知质量和刚度参数的初始估计,可从一个有限元分析获取。假设这个估计的均值和方差矩阵为

$$E[\boldsymbol{\theta}_0] = \boldsymbol{\theta},\quad \mathrm{Var}(\boldsymbol{\theta}_0) = \boldsymbol{V}_0 \tag{8.27}$$

$\boldsymbol{\theta}$ 是“实际的”被修正的参数向量,目标是构建迭代法以提供参数 $\boldsymbol{\theta}$ 的持续改进的估计值$\boldsymbol{\theta}_j$。最小方差法线性化基于当前参数估计的系统,且用这个近似方法对参数估计进行修正。

假定当前的估计为 $\boldsymbol{\theta}_j$,其对应位置的测试模态信息为$\boldsymbol{z}_j$,方差为$\boldsymbol{V}_j$,如果当前估计和实际参数之间的差别较小,那么将 $\boldsymbol{z}$ 的泰勒级数展开截断至一阶项,有

$$\boldsymbol{z} = \boldsymbol{z}_j + \boldsymbol{S}_j(\boldsymbol{\theta} - \boldsymbol{\theta}_j) \tag{8.28}$$

式中，$\boldsymbol{S}_j$ 是采用当前参数估计 $\boldsymbol{\theta}_j$ 的灵敏度矩阵。

尽管初始参数估计和测试误差是独立的，但后续的参数估计却不能保持这个独立性，这是因为测试量已经用于修正过程，令

$$E[\boldsymbol{\theta}_j\boldsymbol{\varepsilon}^{\mathrm{T}}]=\boldsymbol{D}_j, \quad \boldsymbol{D}_0=\boldsymbol{0} \tag{8.29}$$

此处$\boldsymbol{D}_j$ 是第 j 个参数估计和测量噪声之间的相关矩阵。下面将推导用于修正参数的方程和相关矩阵。当然，如果读者不感兴趣可直接跳过，直接获取有关修正方程的归纳总结。

8.3.1 方程的推导

假设用前面的估计值 $\boldsymbol{\theta}_j$ 来表达修正参数的下一步估计：

$$\boldsymbol{\theta}_{j+1}=\boldsymbol{\theta}_j+\boldsymbol{T}(\boldsymbol{z}_m-\boldsymbol{z}_j) \tag{8.30}$$

式中，$\boldsymbol{T}$ 是一个待确定的矩阵。

首先，要说明如果当前的参数估计 $\boldsymbol{\theta}_j$ 是无偏的，那么修正参数估计 $\boldsymbol{\theta}_{j+1}$ 也是无偏的。因为根据式(8.27)，假设初始参数估计是无偏的，那么所有的参数估计将是无偏的。假设当前的参数估计是无偏的，即

$$E[\boldsymbol{\theta}_j]=\boldsymbol{\theta} \tag{8.31}$$

考虑修正参数估计 $\boldsymbol{\theta}_{j+1}$ 的期望值(注意右边括号里是关于表达式来源的注释和方程序号)：

$$\begin{aligned}
E[\boldsymbol{\theta}_{j+1}]&=E[\boldsymbol{\theta}_j+\boldsymbol{T}(\boldsymbol{z}_m-\boldsymbol{z}_j)] && [\text{式(8.30)}]\\
&=E[\boldsymbol{\theta}_j]+\boldsymbol{T}E[\boldsymbol{z}_m-\boldsymbol{z}_j] && [\boldsymbol{T}\text{为常数}]\\
&=E[\boldsymbol{\theta}_j]+\boldsymbol{T}E[\boldsymbol{z}-\boldsymbol{z}_j+\boldsymbol{\varepsilon}] && [\text{式(8.25)}]\\
&=E[\boldsymbol{\theta}_j]+\boldsymbol{T}\boldsymbol{S}_jE[\boldsymbol{\theta}-\boldsymbol{\theta}_j]+\boldsymbol{T}E[\boldsymbol{\varepsilon}] && [\text{式(8.28)}, \boldsymbol{S}_j\text{ 为常数}]\\
&=\boldsymbol{\theta} && [\text{式(8.26) 和式(8.31)}]
\end{aligned} \tag{8.32}$$

为了获得具有最小方差的参数，必须计算修正参数的方差矩阵。根据式(8.32)修正参数的均值 $\boldsymbol{\theta}$，有

$$\begin{aligned}
\boldsymbol{V}_{j+1}&=E[(\boldsymbol{\theta}_{j+1}-\boldsymbol{\theta})(\boldsymbol{\theta}_{j+1}-\boldsymbol{\theta})^{\mathrm{T}}]\\
&=E[(\boldsymbol{\theta}_j-\boldsymbol{\theta}+\boldsymbol{T}(\boldsymbol{z}_m-\boldsymbol{z}_j))(\boldsymbol{\theta}_j-\boldsymbol{\theta}+\boldsymbol{T}(\boldsymbol{z}_m-\boldsymbol{z}_j))^{\mathrm{T}}]\ [\text{应用式(8.30)}]\\
&=E[(\boldsymbol{\theta}_j-\boldsymbol{\theta})(\boldsymbol{\theta}_j-\boldsymbol{\theta})^{\mathrm{T}}]+E[(\boldsymbol{\theta}_j-\boldsymbol{\theta})(\boldsymbol{z}_m-\boldsymbol{z}_j)^{\mathrm{T}}]\boldsymbol{T}^{\mathrm{T}}\\
&\quad+\boldsymbol{T}E[(\boldsymbol{z}_m-\boldsymbol{z}_j)(\boldsymbol{\theta}_j-\boldsymbol{\theta})^{\mathrm{T}}]+\boldsymbol{T}E[(\boldsymbol{z}_m-\boldsymbol{z}_j)(\boldsymbol{z}_m-\boldsymbol{z}_j)^{\mathrm{T}}]\boldsymbol{T}^{\mathrm{T}}
\end{aligned}$$

$$= \boldsymbol{V}_j + (\boldsymbol{D}_j - \boldsymbol{V}_j\boldsymbol{S}_j^{\mathrm{T}})\boldsymbol{T}^{\mathrm{T}} + \boldsymbol{T}(\boldsymbol{D}_j^{\mathrm{T}} - \boldsymbol{S}_j\boldsymbol{V}_j) + \boldsymbol{T}\boldsymbol{V}_{zj}\boldsymbol{T}^{\mathrm{T}} \tag{8.33}$$

式(8.33)的推导过程中使用了如下结果，即

$$\begin{aligned}
&E[(\boldsymbol{z}_m - \boldsymbol{z}_j)(\boldsymbol{\theta}_j - \boldsymbol{\theta})^{\mathrm{T}}]\\
&= E[(\boldsymbol{z}_m - \boldsymbol{z})(\boldsymbol{\theta}_j - \boldsymbol{\theta})^{\mathrm{T}} + (\boldsymbol{z} - \boldsymbol{z}_j)(\boldsymbol{\theta}_j - \boldsymbol{\theta})^{\mathrm{T}}]\\
&= E[\boldsymbol{\varepsilon}(\boldsymbol{\theta}_j - \boldsymbol{\theta})^{\mathrm{T}} + \boldsymbol{S}_j(\boldsymbol{\theta}_j - \boldsymbol{\theta})(\boldsymbol{\theta}_j - \boldsymbol{\theta})^{\mathrm{T}}] \quad [\text{式(8.25) 和式(8.28)}]\\
&= E[(\boldsymbol{\theta}_j\boldsymbol{\varepsilon}^{\mathrm{T}})^{\mathrm{T}}] + \boldsymbol{S}_jE[(\boldsymbol{\theta}_j - \boldsymbol{\theta})(\boldsymbol{\theta}_j - \boldsymbol{\theta})^{\mathrm{T}}] \quad [\text{式(8.26)}]\\
&= \boldsymbol{D}_j^{\mathrm{T}} - \boldsymbol{S}_j\boldsymbol{V}_j
\end{aligned} \tag{8.34}$$

式中，

$$\begin{aligned}
\boldsymbol{V}_{zj} &= E[(\boldsymbol{z}_m - \boldsymbol{z}_j)(\boldsymbol{z}_m - \boldsymbol{z}_j)^{\mathrm{T}}]\\
&= E[\{(\boldsymbol{z}_m - \boldsymbol{z}) + (\boldsymbol{z} - \boldsymbol{z}_j)\}\{(\boldsymbol{z}_m - \boldsymbol{z}) + (\boldsymbol{z} - \boldsymbol{z}_j)\}^{\mathrm{T}}]\\
&= E[\{\boldsymbol{\varepsilon} - \boldsymbol{S}_j(\boldsymbol{\theta}_j - \boldsymbol{\theta})\}\{\boldsymbol{\varepsilon} - \boldsymbol{S}_j(\boldsymbol{\theta}_j - \boldsymbol{\theta})\}^{\mathrm{T}}] \quad [\text{式(8.25) 和式(8.28)}]\\
&= \boldsymbol{S}_jE[(\boldsymbol{\theta}_j - \boldsymbol{\theta})(\boldsymbol{\theta}_j - \boldsymbol{\theta})^{\mathrm{T}}]\boldsymbol{S}_j^{\mathrm{T}} - \boldsymbol{S}_jE[(\boldsymbol{\theta}_j - \boldsymbol{\theta})\boldsymbol{\varepsilon}^{\mathrm{T}}]\\
&\quad - E[\{(\boldsymbol{\theta}_j - \boldsymbol{\theta})\boldsymbol{\varepsilon}^{\mathrm{T}}\}^{\mathrm{T}}]\boldsymbol{S}_j^{\mathrm{T}} + E[\boldsymbol{\varepsilon}\boldsymbol{\varepsilon}^{\mathrm{T}}]\\
&= \boldsymbol{S}_j\boldsymbol{V}_j\boldsymbol{S}_j^{\mathrm{T}} - \boldsymbol{S}_j\boldsymbol{D}_j - \boldsymbol{D}_j^{\mathrm{T}}\boldsymbol{S}_j^{\mathrm{T}} + \boldsymbol{V}_{\varepsilon} \quad [\text{式(8.26) 和式(8.29)}]
\end{aligned} \tag{8.35}$$

最小化式(8.33)表示的方差矩阵表达式可获得矩阵 $\boldsymbol{T}$，通常取平方容易给出该最小化：

$$\begin{aligned}
\boldsymbol{V}_{j+1} = \boldsymbol{V}_j &- [\boldsymbol{V}_j\boldsymbol{S}_j^{\mathrm{T}} - \boldsymbol{D}_j]\boldsymbol{V}_{zj}^{-1}[\boldsymbol{V}_j\boldsymbol{S}_j^{\mathrm{T}} - \boldsymbol{D}_j]^{\mathrm{T}}\\
&+ [(\boldsymbol{V}_j\boldsymbol{S}_j^{\mathrm{T}} - \boldsymbol{D}_j)\boldsymbol{V}_{zj}^{-1} - \boldsymbol{T}]\boldsymbol{V}_{zj}[(\boldsymbol{V}_j\boldsymbol{S}_j^{\mathrm{T}} - \boldsymbol{D}_j)\boldsymbol{V}_{zj}^{-1} - \boldsymbol{T}]^{\mathrm{T}}
\end{aligned} \tag{8.36}$$

使得修正参数具有最小方差的矩阵 $\boldsymbol{T}$ 表达式为

$$\boldsymbol{T} = (\boldsymbol{V}_j\boldsymbol{S}_j^{\mathrm{T}} - \boldsymbol{D}_j)\boldsymbol{V}_{zj}^{-1} \tag{8.37}$$

修正参数是利用矩阵 $\boldsymbol{T}$，从试验测量和当前预示输出之间的误差来计算。这个表达式需要当前参数估计的方差，也需要当前参数和测量噪声之间的相关。因此，这些矩阵每次迭代时都需要更新。更新后的方差矩阵可以根据式(8.36)获得，更新后相关矩阵可以根据其定义和式(8.37)得出，即

$$\begin{aligned}
\boldsymbol{D}_{j+1} &= E[\boldsymbol{\theta}_{j+1}\boldsymbol{\varepsilon}^{\mathrm{T}}]\\
&= E[\boldsymbol{\theta}_j\boldsymbol{\varepsilon}^{\mathrm{T}} + \boldsymbol{T}(\boldsymbol{z}_m - \boldsymbol{z}_j)\boldsymbol{\varepsilon}^{\mathrm{T}}] \quad [\text{式(8.30)}]\\
&= \boldsymbol{D}_j + \boldsymbol{T}E[(\boldsymbol{z}_m - \boldsymbol{z})\boldsymbol{\varepsilon}^{\mathrm{T}} + (\boldsymbol{z} - \boldsymbol{z}_j)\boldsymbol{\varepsilon}^{\mathrm{T}}]
\end{aligned}$$

$$
\begin{aligned}
&= \boldsymbol{D}_j + \boldsymbol{T}E[\boldsymbol{\varepsilon\varepsilon}^{\mathrm{T}} - \boldsymbol{S}_j(\boldsymbol{\theta}_j - \boldsymbol{\theta})\boldsymbol{\varepsilon}^{\mathrm{T}}] && [\text{式}(8.25)\text{和式}(8.28)]\\
&= \boldsymbol{D}_j - \boldsymbol{T}(\boldsymbol{S}_j\boldsymbol{D}_j - \boldsymbol{V}_\varepsilon) && [\text{式}(8.26)\text{和式}(8.29)]\\
&= \boldsymbol{D}_j - (\boldsymbol{V}_j\boldsymbol{S}_j^{\mathrm{T}} - \boldsymbol{D}_j)\boldsymbol{V}_{zj}^{-1}(\boldsymbol{S}_j\boldsymbol{D}_j - \boldsymbol{V}_\varepsilon) && [\text{式}(8.37)]
\end{aligned}
\tag{8.38}
$$

8.3.2 方程总结(包含噪声相关的参数)

在前述的推导过程中引入一些等式,所以用最小方差法修正参数的运算过程不够清晰。这里对重要的结果进行总结,并用图 8.5 给出修正方法流程。对于第 j 次迭代,其参数估计为 $\boldsymbol{\theta}_j$,该参数估计的方差矩阵为$\boldsymbol{V}_j$,参数估计和测试噪声之间的相关阵为$\boldsymbol{D}_j$。参数修正算法的目标是计算一个修正参数估计 $\boldsymbol{\theta}_{j+1}$,以及与其对应的更新矩阵$\boldsymbol{V}_{j+1}$和$\boldsymbol{D}_{j+1}$。给出的修正参数估计为[式(8.30)和式(8.37)]

$$\boldsymbol{\theta}_{j+1} = \boldsymbol{\theta}_j + (\boldsymbol{V}_j\boldsymbol{S}_j^{\mathrm{T}} - \boldsymbol{D}_j)\boldsymbol{V}_{zj}^{-1}(\boldsymbol{z}_m - \boldsymbol{z}_j) \tag{8.39}$$

式(8.35)中,

$$\boldsymbol{V}_{zj} = \boldsymbol{S}_j\boldsymbol{V}_j\boldsymbol{S}_j^{\mathrm{T}} - \boldsymbol{S}_j\boldsymbol{D}_j - \boldsymbol{D}_j^{\mathrm{T}}\boldsymbol{S}_j^{\mathrm{T}} + \boldsymbol{V}_\varepsilon \tag{8.40}$$

参数估计的方差矩阵、参数估计与测量干扰相关矩阵可通过式(8.41)和式(8.42)来更新[式(8.36)和式(8.38)]:

$$\boldsymbol{V}_{j+1} = \boldsymbol{V}_j - [\boldsymbol{V}_j\boldsymbol{S}_j^{\mathrm{T}} - \boldsymbol{D}_j]\boldsymbol{V}_{zj}^{-1}[\boldsymbol{V}_j\boldsymbol{S}_j^{\mathrm{T}} - \boldsymbol{D}_j]^{\mathrm{T}} \tag{8.41}$$

$$\boldsymbol{D}_{j+1} = \boldsymbol{D}_j + (\boldsymbol{V}_j\boldsymbol{S}_j^{\mathrm{T}} - \boldsymbol{D}_j)\boldsymbol{V}_{zj}^{-1}(\boldsymbol{S}_j\boldsymbol{D}_j - \boldsymbol{V}_\varepsilon) \tag{8.42}$$

由式(8.41)和式(8.42)确定的迭代初始值,使用已估计的分析参数方差$\boldsymbol{V}_0$,且假设初始分析参数与测量噪声是不相关的,也就是$\boldsymbol{D}_0=0$,这一点如式(8.29)所示。当然,参数估计由分析得到参数$\boldsymbol{\theta}_0$ 初始化。注意到,如果测量噪声方差假设为零(也就是没有测量噪声),那么对于所有的 j,$\boldsymbol{D}_j=0$。此时,如果参数个数少于测试量个数,那么$\boldsymbol{V}_{zj}$会是奇异的,运算将会失败,参数估计将是发散的。对于这种情况,从物理角度解释是简单易懂的。由于零测量噪声,运算将试图准确地重新复现测量数据。如果参数个数少于测试量,参数没有足够的自由来重新复现测试数据,运算将会失败。因此,对于欠定问题,测量噪声的方差不设置为零。

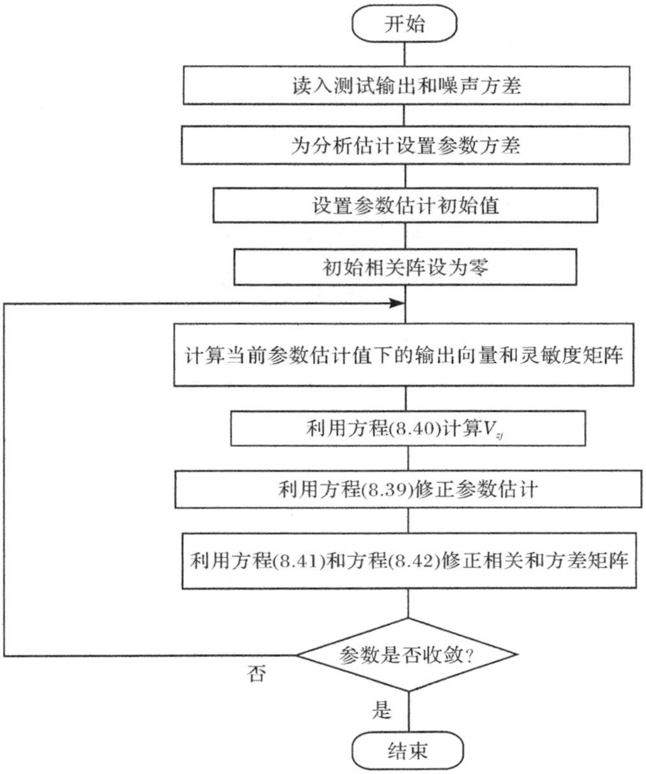

图 8.5　最小方差算法流程图

8.3.3　方程总结(忽略噪声相关的参数)

每次迭代时,可以通过设置相关矩阵为零来忽略修正参数和测量噪声之间的相关,也就是对于所有的 j,$\boldsymbol{D}_j=0$。这将重新构建 Collins 等(1972,1974)的方法。对于式(8.39)~式(8.42),针对所有的 j,设定 $\boldsymbol{D}_j=\boldsymbol{0}$,将产生下面的运算,以修正参数估计及其方差估计。

$$\boldsymbol{\theta}_{j+1}=\boldsymbol{\theta}_j+\boldsymbol{V}_j\boldsymbol{S}_j^{\mathrm{T}}\left[\boldsymbol{S}_j\boldsymbol{V}_j\boldsymbol{S}_j^{\mathrm{T}}+\boldsymbol{V}_\varepsilon\right]^{-1}(\boldsymbol{z}_m-\boldsymbol{z}_j) \tag{8.43}$$

$$\boldsymbol{V}_{j+1}=\boldsymbol{V}_j-\boldsymbol{V}_j\boldsymbol{S}_j^{\mathrm{T}}\left[\boldsymbol{S}_j\boldsymbol{V}_j\boldsymbol{S}_j^{\mathrm{T}}+\boldsymbol{V}_\varepsilon\right]^{-1}\boldsymbol{S}_j\boldsymbol{V}_j \tag{8.44}$$

忽略参数估计和测试噪声之间的相关将是更有效的,因为这时运算试图重新复现测量数据,这一点在下面例子中有所体现。

8.3.4 简单二自由度模拟示例

例 8.4 采用一个二自由度例子来演示所推荐的最小方差法。尽管很简单,但这个例子特别突出地反映了忽略估计参数和测试噪声两者之间相关性所产生的问题。

一个简单的二自由度系统如图 8.6 所示,假设质量 m_1 和 m_2 是准确的,分别为 4kg 和 9kg,k_1、k_2 和 k_3 的预先估计为

$$k_1 = 130\mathrm{N/m},\quad k_2 = 50\mathrm{N/m},\quad k_3 = 220\mathrm{N/m}$$

给出的特征值为 26.3 $\mathrm{rad^2/s^2}$ 和 48.7 $\mathrm{rad^2/s^2}$。假设这些估计是独立的,且方差为 $10\mathrm{N^2/m^2}$。因此,有

$$\mathbf{V}_0 = \begin{bmatrix} 10 & 0 & 0 \\ 0 & 10 & 0 \\ 0 & 0 & 10 \end{bmatrix}$$

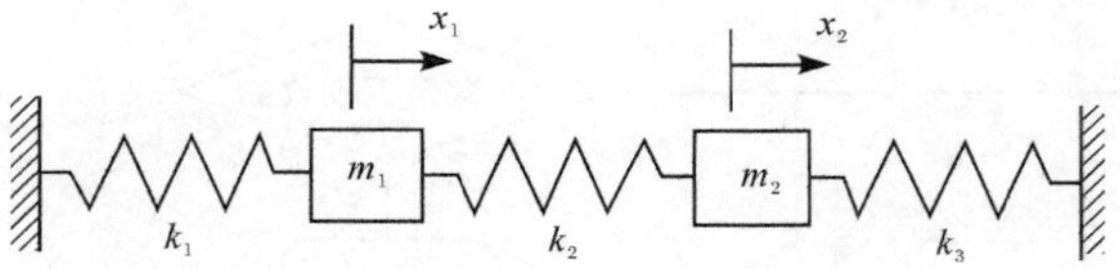

图 8.6 简单的二自由度弹簧质量系统

仅测量得到了系统的特征值,特征值测量结果是独立的,具体值为 $25\mathrm{rad^2/s^2}$ 和 $50\mathrm{rad^2/s^2}$。两个特征值的测量噪声方差假设是相等的,但是随着描述不同的特征,会有所变化。由弹簧系统为以下常数值时获得特征值:

$$k_1 = 120\mathrm{N/m},\quad k_2 = 60\mathrm{N/m},\quad k_3 = 210\mathrm{N/m}$$

即使没有测量噪声,估计参数也不太可能收敛于这些参数。这是因为"试验测量"特征值能够通过具有无数种选择的弹簧常数值来产生。

收敛的评判标准是根据各个参数从一次迭代到下一次迭代变化百分比的最大绝对值来衡量。参数估计/测量噪声之间的相关阵$\boldsymbol{D}_0$ 初始值设置为 0,也就是假设分析参数估计与测量噪声是相互独立的。如果测量噪声方差设定为 $0.1\mathrm{rad^4/s^4}$,那么在收敛处(收敛评判标准设为 $10^{-3}\%$),参数向量和参数方差矩阵经历 5 次迭代后为

$$\boldsymbol{\theta}_5=\begin{Bmatrix}129.8\\53.8\\213.6\end{Bmatrix},\quad \boldsymbol{V}_5=\begin{bmatrix}7.2 & -3.9 & -1.4\\-3.9 & 2.9 & 0.46\\-1.4 & 0.46 & 5.7\end{bmatrix}$$

同时输出：

$$\boldsymbol{z}_5=\begin{bmatrix}25.7\\49.9\end{bmatrix}$$

新的参数估计和测试向量之间的相关矩阵为

$$\boldsymbol{D}_5=\begin{bmatrix}0.109 & 0.128\\0.205 & -0.089\\-0.027 & 0.473\end{bmatrix}$$

参数的方差已经降低，在有更多的信息可利用时，这是一种所期望的结果。测量特征值带来了最多的关于 K_2 的信息，以及最少的关于 K_1 的信息。这一点可以从参数方差的相对降低值及参数的相对变化量看出。方差阵中的非对角元素已经变得较大，表示参数估计相互之间不再是独立的，这是可以预料到的，因为各个参数的修正都利用了相同的测量信息，修正参数就已经与测试量相关。图 8.7 显示 5 次迭代过程中，每次迭代后参数的值，从图中可以看出，每个参数几乎所有的变化都发生在第一次迭代。类似地，参数方差的元素、参数/“试验测量”的相关、输出向量的估计都显示在第一次迭代时发生了最明显的变化。

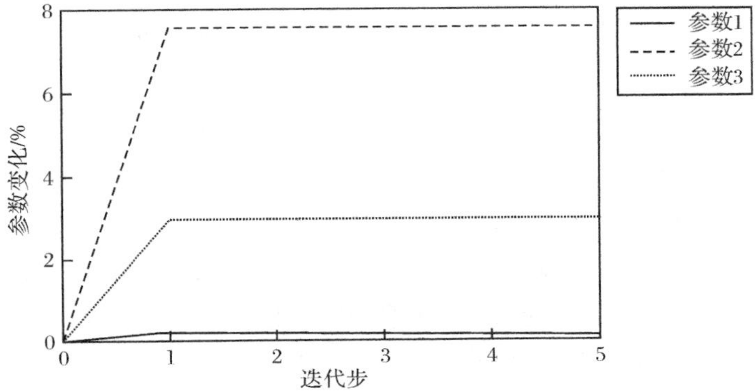

图 8.7　例 8.4 参数估计的收敛情况

有了预先的参数估计方差、测量噪声方差的相对量级，其对修正后模型的输出所产生的影响就很容易证明。图 8.8 反映了运算收敛过程中，试验测量噪声方差对示例模型预示的两个特征值的影响。正如所预期的，随着噪声方差的降低，模型输出越来越接近于试验测量输出。图 8.9 显示了试验测量噪声方差对运算修正参数方差的影响。随着试验测量更加准确，尽管修正参数的方差有很大程度的降低，但曲线中的间断点还是比较明显的。这些间断点代表估计过程是非线性的，这可以和用来最小化一个非线性函数的 Newton-Raphson 法相比较。独立变量取不同的初始值，Newton-Raphson 法则可以收敛于不同的局部最小值。由于运算是收敛于一个局部的最小值，或者收敛于另一个发生在鞍点的值，那么针对函数的最小值，各个独立变量初始值的曲线将会出现间断点。因为初始参数值是常数，本书中的算法有轻微的变化，改变假设的测量噪声方差，将会有效地改变函数最小化的过程。尽管参数方差(图 8.9)对运算的非线性特征较为敏感，但间断性仍可以从输出向量、参数/测量噪声之间的相关曲线(图 8.8 和图 8.10)看出。

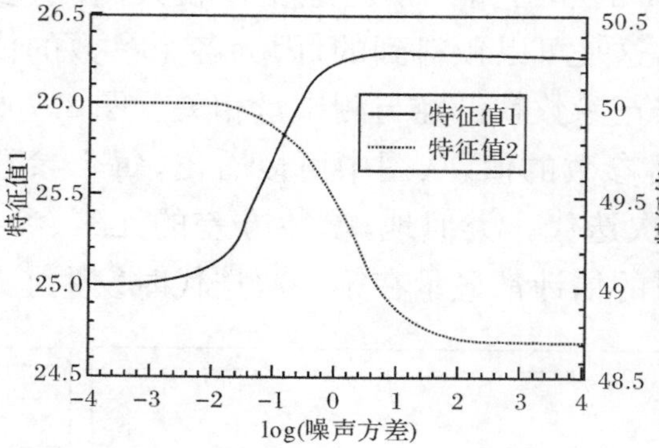

图 8.8　测试噪声对修正特征值的影响

现在考虑假设每次迭代时，参数估计和测试噪声之间的相关为零的情况。测量噪声方差设定为 0.1rad^4/s^4，得到的结果有很大的不同。与先前的示例采用相同的噪声方差和收敛准则，经过 85 次迭代后，给出参数估计向量和参数方差阵为

$$\boldsymbol{\theta}_{85} = \begin{Bmatrix} 128.1 \\ 55.5 \\ 206.5 \end{Bmatrix}, \quad \mathbf{V}_{85} = \begin{bmatrix} 6.8 & -3.9 & -2.5 \\ -3.9 & 2.3 & 1.4 \\ -2.5 & 1.4 & 1.1 \end{bmatrix}$$

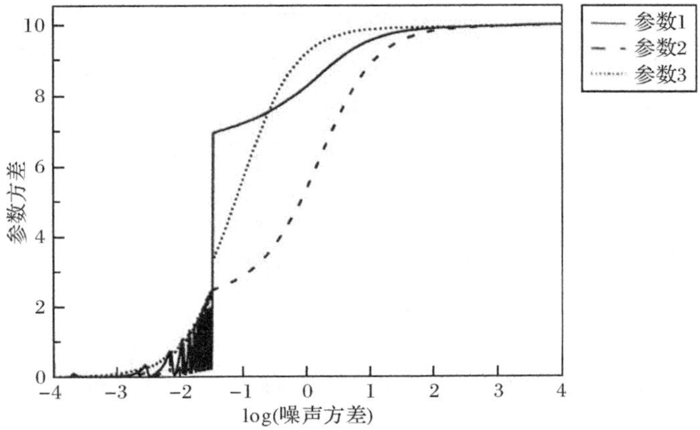

图 8.9　测试噪声对修正参数方差的影响

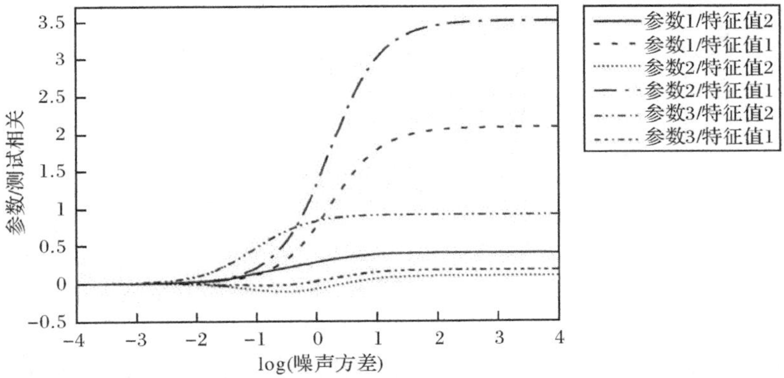

图 8.10　测试噪声对参数与测试之间相关性的影响

同时有

$$z_{85} = \begin{bmatrix} 25.0 \\ 50.0 \end{bmatrix}$$

达到收敛需要的迭代次数有很大的不同，这表示当忽略参数估计与测试噪声之间的相关性时，收敛速度是很慢的。图 8.11 为参数值随着迭代的变化过程，与图 8.7 所示的考虑测试与参数相关情况相比，其收敛速率是极其缓慢的，图 8.12 为参数方差元素的收敛情况。

对于忽略测试噪声和参数之间相关性这种情况，所得出的另一个重要结论是，由估计参数得出的输出向量或者特征值收敛于试验输出

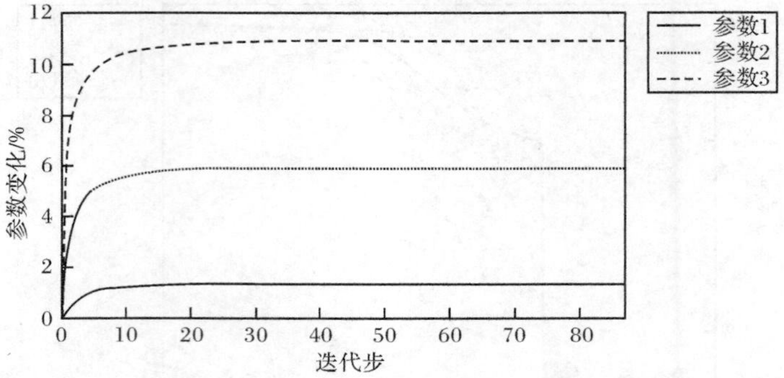

图 8.11　参数估计的收敛情况(忽略参数与噪声的相关)

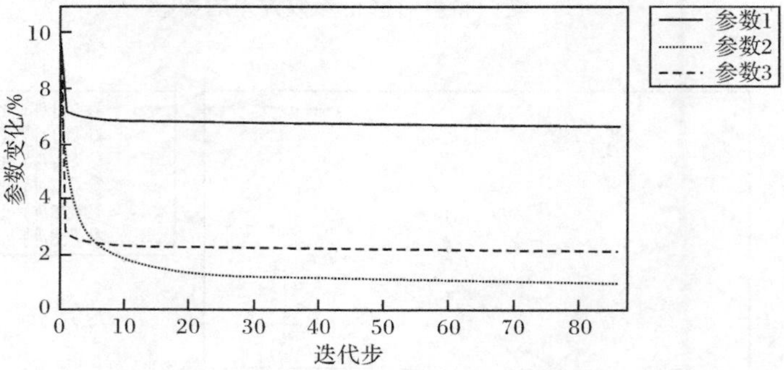

图 8.12　参数方差的收敛情况(忽略参数与噪声的相关)

向量,这是可以预料到的,因为在考虑试验测量噪声时,特征值是不能准确复现的。这个现象在文献已有论述。估计算法会加权预先模型和测试量以获得一个折中模型,除非没有试验测量噪声,否则该模型不会重现试验测量输出。采用罚函数法是在每次迭代时对参数的变化进行加权而不是加权参数的绝对变化,即例 8.2,工况 2,相同的影响也会发生,此例的收敛也是较慢的。

8.3.5　试验示例

例 8.5　图 8.13 所示的试验结构用来演示最小方差修正法则。框架是铝合金材料,截面是 50mm×25mm 的矩形截面,每个连接点用两个螺栓连接。图 8.13 也显示了加速度传感器的位置和力激励的位置。

结构用弹性弹簧支撑，并用一个振动台随机力来激励。用全频域准则提取固有频率、阻尼比和模态振型。前五阶模态可以很清晰地从数据中识别出来，分析模态模型计算给出的固有频率为 52.6Hz、106.7Hz、135.7Hz、187.7Hz 和 492.4Hz，相应的阻尼比是 1.78%、0.40%、0.36%、0.21%和 0.16%。

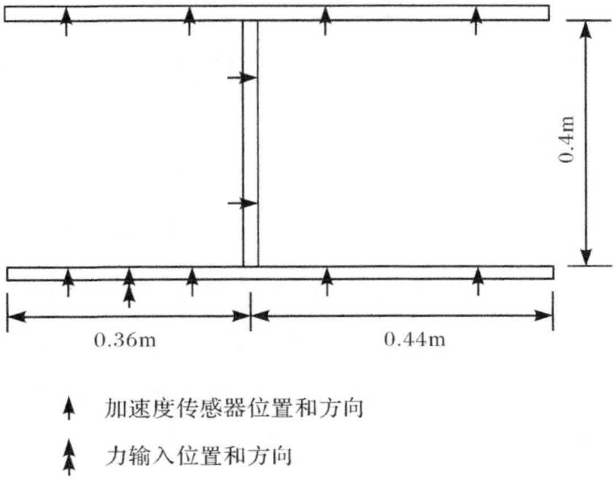

图 8.13　H 形框架的尺寸和试验传感器位置分布

试验测量模态振型和初始分析模型振型的模态置信因子 MAC 为

$$\mathrm{MAC}=\begin{bmatrix}0.970 & 0.000 & 0.007 & 0.005 & 0.020\\ 0.014 & 0.986 & 0.000 & 0.006 & 0.000\\ 0.014 & 0.002 & 0.995 & 0.025 & 0.009\\ 0.009 & 0.017 & 0.000 & 0.922 & 0.001\\ 0.022 & 0.000 & 0.002 & 0.000 & 0.989\end{bmatrix}$$

对角线上的元素都大于 0.9，这一点确保了试验识别出的前五个模态与五个最低的分析模态振型是相对应的。

选择要修正的参数是困难的，为了验证最小方差准则，此处修正了四个参数。表 8.9 给出了各修正参数及其估计分析值。参数包含三个弹性刚度和一个单元长度。因为阻尼的模拟较为困难，所以没有使用试验测量阻尼比，分析模型没有把阻尼考虑在内。

表 8.9　例 8.5 参数的描述及其初始值

参数序号	描述	初始模型的估计值
1	远离连接位置的单元弹性刚度	4560 N · m^2
2	连接位置附近竖柱上单元的弹性刚度	4560 N · m^2
3	连接位置附近横梁上单元的弹性刚度	4560 N · m^2
4	连接位置附近横梁上单元的长度	0.105m

工况 1:应用最小方差修正法,必须估计数据的统计特性。假设初始参数值和试验测量的方差分别为

$$\boldsymbol{V}_0 = \mathrm{diag}(100,900,900,0.0001)$$

$$\boldsymbol{V}_\varepsilon = \mathrm{diag}(0.25,0.25,0.25,0.25,0.25)$$

在最小方差修正法中包含修正参数和测试的相关,参数很快收敛,如图 8.14所示,最终的分析频率列于表 8.10 中。因为假设噪声方差较高,修正模型的固有频率只是适度准确地反映试验测量频率。试验振型和修正模态振型之间的 MAC 阵改变很少。

表 8.10　例 8.5 试验、初始模型和修正模型固有频率

模态阶次	试验	初始模型	修正模型工况 1	修正模型工况 2	修正模型工况 3
1	52.6	54.3	53.5	52.3	52.3
2	106.7	118.6	112.9	106.7	106.7
3	135.7	131.9	135.4	135.5	135.5
4	187.7	184.7	188.0	187.8	187.8
5	492.4	496.5	492.3	492.4	492.4

工况 2:假设测试频率是准确的,理论上就是令试验测量噪声方差为零,针对式(8.38),就是对于所有的 j,有$\boldsymbol{D}_j=\boldsymbol{0}$。因为仅有四个参数要修正,而有五个试验测量频率,故$\boldsymbol{V}_{zj}$是奇异的。因此,准则不能用来估计测量噪声为零或$\boldsymbol{V}_\varepsilon=\boldsymbol{0}$ 时的参数。作为一个折中办法,假设试验测量噪声是很小的,例如:

$$\boldsymbol{V}_\varepsilon = \mathrm{diag}(10^{-6},10^{-6},10^{-6},10^{-6},10^{-6})$$

初始参数方差与工况 1 相同。图 8.15 显示了本工况下参数的收敛过程,表 8.10 显示了收敛后的固有频率。所有的固有频率准确地反映了测试量。因为仅有四个参数和五个频率,即使没有试验测量噪声,所

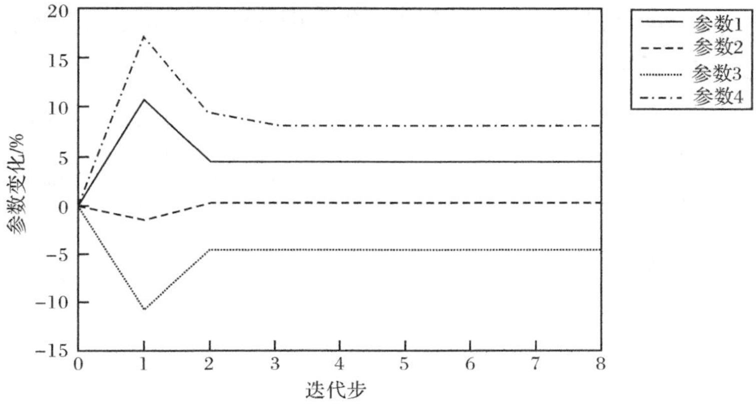

图 8.14　例 8.5 工况 1 的收敛情况

有的五个频率都重新准确的复现也是较为偶然的。同样，试验振型和修正模态振型之间的 MAC 阵改变很小。

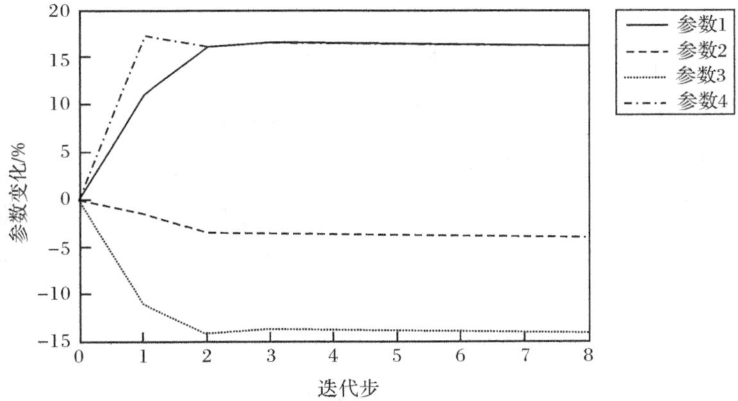

图 8.15　例 8.5 工况 2 参数的收敛情况(假设忽略试验测量噪声)

工况 3：作为最后一个例子，假设测量噪声和初始参数的方差都与工况 1 相同，但修正参数和测试噪声是不相关的，即对于所有的 j，$\boldsymbol{D}_j$ 都为零。图 8.16 显示了本工况下参数的收敛过程，表 8.10 表示收敛后的固有频率。所有固有频率准确地反映了测试量。如前所述，因为仅有四个参数和五个频率，使五个固有频率都准确地复现是不可能的。对这个方法起作用的是假设零测试噪声。这些结果和工况 2 结果主要的不同是，当忽略修正参数和测试噪声之间的相关性时，收敛是比较慢的。这个试验示例证实了先前给出的模拟结果。同样，试验和修正模态振型之间的 MAC 阵也是改变很小。

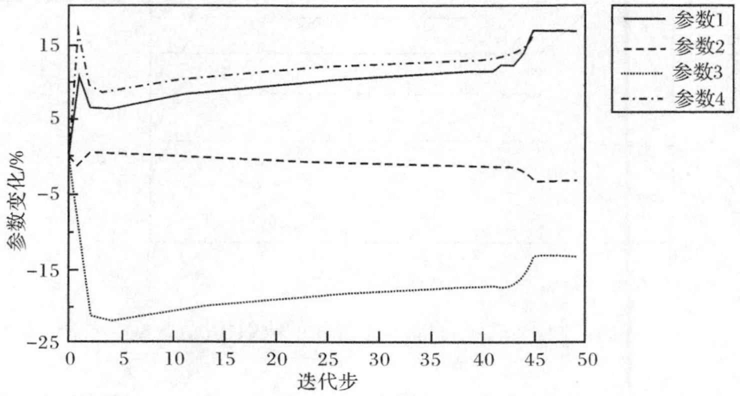

图 8.16　例 8.5 工况 3 参数的收敛情况
（忽略测量噪声和参数与噪声的相关）

需要注意的一个问题是，对于所有的 j，$\boldsymbol{D}_j=\boldsymbol{0}$ 时，方法的数值稳定性。图 8.16 显示经过约 40 次迭代以后，参数发生了快速变化，对于参数值，这意味着修正处理正处于高灵敏度区域。尽管在快速变化后，运算看起来是收敛了，事实上在约经过 55 次迭代后，参数值开始发散并无预期结果。运算发散的原因基本上与工况 2 中零测试噪声不适用的原因相同。

8.4　边界条件摄动试验

直至目前，为使得参数估计问题有良好的条件，本章所提及的修正方法都需要选择一系列初始的、能够分析得到的参数。一般来说，出现这个情况的原因是，可利用的试验测量数据数量不足以估计每个参数。尽管模态振型数据准确率低于固有频率数据准确率，但仍然是可以利用的。另一种增加可利用数据数量的途径是，测量时在结构上添加质量或者弹簧以形成微小差别构造的结构（Nalitolela et al.，1990，1992）。这个技术就是人们常说的边界条件摄动试验（Chen et al.，1993；Lammens et al. ,1993),其可用于改进模态提取方法的数值条件(Li et al. , 1993)。一个较为极端的例子是,分别在自由-自由边界条件下和一端固支一端自由边界条件下对一个梁进行试验。固支梁等效于在梁端和地面之间加上一个刚性很大的弹簧。另一种方法,需要考虑得更加细致,即在结构上加一个小质量。无论哪种方法,都是在结构及其理论模型中,通过添加相同的质量或者刚度进行摄动。添加质量或者刚度前后的试验测量特征值都可用于参数的修正,可通过本章中先前描述的任何一种方法实施具体的应用。结构摄动能够得到准确的模拟是该方法的基本要求。

8.4.1　修正过程

测量结构的一个或者多个 FRFs,然后通过模态分析从 FRFs 获得特征值。将质量或者刚度添加到结构上的一个或者多个位置,再一次测量 FRF 和特征值。通过调整参数得到最好的估计有限元模型,并从中获取相应结构的分析特征值,然后对比相应的测量和分析特征值。模型和结构之间是无误差数据,并没有不当匹配,结构参数调整如下:对于没有摄动的结构,任一个特征值对于每一个未知的系统参数的灵敏度可以确定。对系统的每次摄动,形成了一个新的具有相同未知参数的分析模型。摄动模型的特征值对初始参数的灵敏度可以计算,事实上可以用结构修改技术获得这些灵敏度,这样做的结果是获得与试验测量数据,其中包含摄动系统的数据相关联的、关于不确定参数的灵敏度矩阵,如式(8.4)所示。结构的摄动增加了可利用的数据量,因此增加了灵敏度矩阵 $\boldsymbol{S}$ 的行数。

当附加质量到真实的结构时,可能会引起一个潜在的困难,因为附加质量在实际增加平移自由度惯性的同时,也会增加转动自由度惯性,反之亦然,这个困难可以这样解决,即通过在摄动质量矩阵中同时包含平动和转动惯性元素或者确保摄动惯性有一个可忽略的回转半径和一个显著的质量,或者一个显著的回转半径和一个可忽略的质量。事实上,可以用平动惯性与转动惯性比的范围形成附加惯性,对于形成更多的关于参数独立的方程,这个方法的优势较明显。同时采用两个惯性与分别施加一个质量和一个转动惯性的效果类似。

现在检查如何选择合适的位置附加质量或刚度。这里仅深入研究了附加质量，附加接地刚度与其是相似的。

8.4.2 摄动坐标选择

当选择在哪个位置摄动时，适用的通用规则是，摄动位置越多，修正参数时可利用的信息就越多，参数估计的品质就越好。用伪逆法即式(8.5)可以验证该方法。为了获得未知参数的唯一值，由系统的几种摄动构造出足够的频率是必需的，以形成足够的独立方程来保证成功修正参数。简单计数下测量频率的个数，并检查其个数是否多于未知参数个数，这并不是一个可靠的原则。唯一切合实际的方法是检查用于求解参数的方程的线性独立性，也就是要计算出式(8.5)给出的灵敏度矩阵 $\boldsymbol{S}$ 的条件数。通常通过左乘 $\boldsymbol{S}^{\mathrm{T}}$ 或者应用 SVD 技术求解式(8.5)。第一种方法依赖于 $\boldsymbol{S}^{\mathrm{T}}\boldsymbol{S}$ 的良好条件数。$\boldsymbol{S}^{\mathrm{T}}\boldsymbol{S}$ 的条件数近似为 $\boldsymbol{S}$ 条件数的平方，且应用 SVD 技术使参数中系数矩阵条件数乘方。没有条件退化时(Rothwell and Drachman，1989)，求解式(8.5)的方法和这些方法的一部分在第 5 章中已陈述过。检查矩阵条件数的通用方法是计算矩阵的最大奇异值与最小奇异值的比值。

用这种方法检查摄动坐标的充分性，需要计算灵敏度矩阵，但是不需要任何试验测量的数据。因此，在测试之前就可以进行该检查。由于计算灵敏度矩阵是修正运算必需的一部分，推荐的检查方法便容易执行。修正过程中，未知参数值将不断发生变化，所以灵敏度矩阵有可能变为病态的，如果未知参数的改变是小量的，这种情况则不太可能发生。

可能妨碍选择正确的摄动坐标分布和充足的频率个数的因素是什么？如何增加频率的个数？关于坐标选择问题，不可能做到自由选择摄动结构模型模拟的自由度，因为对于真实结构，某些自由度是无法达到的。关于增加固有频率个数，以及因此增加方程的个数的问题，会出现用两个或更多的不同质量去摄动每一个可利用的坐标以使频率个数增加的情况，然而，这个技术会增加可利用的数据，不会增加独立方程的个数。在相同的坐标位置加上相对小的质量，会发现特征值的变化与质量的变化大体上呈线性关系。因此，对于小质量摄动情况，独立方程的个数并没有增加。为了形成独立的方程，需要增加显著的质量，以使频率变化与所增加质量之间是非线性关系，这种情况在下面例子有所描述。如果需要更多的固有频率且没有其他选择，只有测量结构更宽频带内的 FRF，从而能够包含并识别出更多的固有频率。

8.4.3　摄动坐标选择示例

例 8.6　下述的三个简单的质量弹簧系统将用于验证选择摄动坐标的关键因素。所有的计算，精确度执行标准是到 17 位数。参数已经归一化，以使其初始值为单位值来改善参数估计的条件，图 8.17 表示一个有 4 个自由度和 10 个未知参数(6 个刚度和 4 个质量)的例子，表 8.11表示应用多个不同的摄动坐标和测量频率修正未知参数以及该算法所具有的能力。如果 $\boldsymbol{S}^{\mathrm{T}}\boldsymbol{S}$ 的条件数低，但 $\boldsymbol{S}^{\mathrm{T}}\boldsymbol{S}$ 的秩等于未知参数的个数，那么运算将能够成功。表 8.11 中 $\boldsymbol{S}^{\mathrm{T}}\boldsymbol{S}$ 的有效秩是基于 17 个有效数字漂移点运算法则。可以看出，当摄动 4 个自由度中的 2 个时，仅能独立地识别 9 个参数。

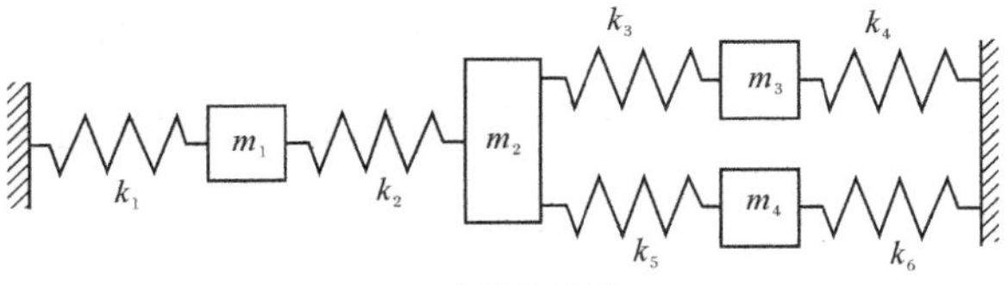

参数初始值

m_1=9.7kg,　m_2=9.7kg,　m_3=4.7kg,　m_4=4.7kg

k_1=1.2MN/m,　k_2=1.2MN/m,　k_3=1.2MN/m

k_4=0.95MN/m,　k_5=0.96MN/m,　k_6=0.6MN/m

图 8.17　一个简单的四自由度离散系统

表 8.11　例 8.6 灵敏度矩阵的条件数(图 8.17 所示的系统)

模态阶次	摄动坐标	$\boldsymbol{S}^{\mathrm{T}}\boldsymbol{S}$ 的条件	方程个数	$\boldsymbol{S}^{\mathrm{T}}\boldsymbol{S}$ 的秩
4	1,2,3,4	5.91×10^5	20	10
3	1,2,3,4	1.11×10^6	15	10
2	1,2,3,4	2.45×10^7	10	10
4	1,2,3	6.70×10^6	16	10
4	1,2,4	3.07×10^6	16	10

续表

模态阶次	摄动坐标	S^TS 的条件	方程个数	S^TS 的秩
3	1,2,3	6.15×10^7	12	10
3	1,2,4	7.46×10^7	12	10
4	1,2	1.15×10^{17}	12	9
4	2,3	9.58×10^{16}	12	9

摄动 3 个坐标足以确定所有的参数。图 8.18 表示一个类似的系统,其未知参数和自由度个数都与图 8.17 系统相同。表 8.12 表示在这个例子中,要识别 10 个参数,用 0.35kg 的质量摄动 3 个甚至是 4 个坐标不一定是充分的。这两个例子说明矩阵 $\boldsymbol{S}$ 的条件不仅依赖于未知参数的个数和测量频率的个数,而且依赖于参数在结构中的分布。对图 8.18 所示的系统,假设在每一个坐标位置,用 2 个或者更多的不同质量进行摄动。对于这个系统,图 8.19 表示在每个坐标位置施加质量时,相对应的情况下特征值所发生的变化。施加的质量以其占摄动坐标上全部质量的百分比形式给出。在较宽范围内,特征值特别是低阶特征值大概是所施加的质量的线性函数。表 8.12 表示用摄动坐标和测量频率不同的组合来修正 10 个未知参数时,修正法则所达到的效果。当施加 2 个质量时,轮流将它们分别施加到每一个坐标上,用 2 个不同的摄动质量仅对第一种工况改善效果显著。当所有的坐标位置都摄动且仅有两个测量频率时,采用一个摄动质量,运算是不成功的,但尝试采用两个摄动质量,算法便成功了。这种情况下,灵敏度矩阵条件数不足,引起了舍入误差,仅有 10 个方程的组合条件下,要修正 10 个参数。当施加不同的质量并产生较多的方程时,固有频率是摄动质量的非线

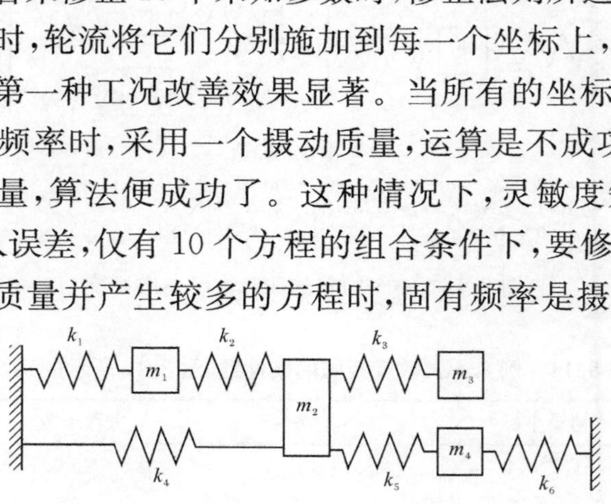

初始值

m_1=9.7kg,　m_2=9.7kg,　m_3=4.7kg,　m_4=4.7kg
k_1=1.2MN/m,　k_2=1.2MN/m,　k_3=0.96MN/m
k_4=0.6MN/m,　k_5=1.2MN/m,　k_6=0.95MN/m

图 8.18　另一个简单的四自由度离散系统

性函数，使病态条件的影响减弱。

表 8.12　例 8.6 灵敏度矩阵的条件数(图 8.18 所示的系统)

模态阶次	摄动坐标	摄动质量 0.35kg			摄动质量 0.35kg&0.7kg			摄动质量 0.35kg&5.0kg		
		$\boldsymbol{S}^{\mathrm{T}}\boldsymbol{S}$ 的条件数	方程个数	$\boldsymbol{S}^{\mathrm{T}}\boldsymbol{S}$ 的秩	$\boldsymbol{S}^{\mathrm{T}}\boldsymbol{S}$ 的条件数	方程个数	$\boldsymbol{S}^{\mathrm{T}}\boldsymbol{S}$ 的秩	$\boldsymbol{S}^{\mathrm{T}}\boldsymbol{S}$ 的条件数	方程个数	$\boldsymbol{S}^{\mathrm{T}}\boldsymbol{S}$ 的秩
4	1,2,3,4	6×10^{5}	20	10	2×10^{5}	36	10	2×10^{4}	36	10
3	1,2,3,4	8×10^{6}	15	10	1×10^{6}	27	10	2×10^{4}	27	10
2	1,2,3,4	6×10^{18}	10	8	9×10^{10}	18	10	7×10^{7}	18	10
4	1,2,3	5×10^{6}	16	10	2×10^{6}	28	10	3×10^{4}	28	10
4	1,2,4	2×10^{17}	16	9	9×10^{16}	28	9	1×10^{17}	28	9
3	1,2,3	3×10^{7}	12	10	4×10^{6}	20	10	5×10^{4}	20	10
3	1,2,4	7×10^{16}	12	9	2×10^{16}	20	9	1×10^{17}	20	9
4	1,2	3×10^{17}	12	9	6×10^{16}	20	9	4×10^{16}	20	9
4	2,3	5×10^{16}	12	8	9×10^{16}	20	8	2×10^{17}	20	8

图 8.20 所示系统验证了另一个不同的问题，如果一个参数对测量频率有很小的影响，那么要获得任何关于它的信息是困难的。假设这个系统中，两个质量是已知的且两个弹簧参数是未知的，表 8.13 表示当摄动不同的自由度时，矩阵 $\boldsymbol{S}$ 的条件数、矩阵 $\boldsymbol{S}^{\mathrm{T}}\boldsymbol{S}$ 的条件数及其秩。在本例中，如果仅测试了低阶固有频率，那么获得关于 k_1 的信息量将会很少，这是因为刚度的量级是不同的。矩阵 $\boldsymbol{S}^{\mathrm{T}}\boldsymbol{S}$ 显示了测量中包含的关于 k_1 的信息不充足的事实，这是由于较小的奇异值与这个单一问题参数相关。

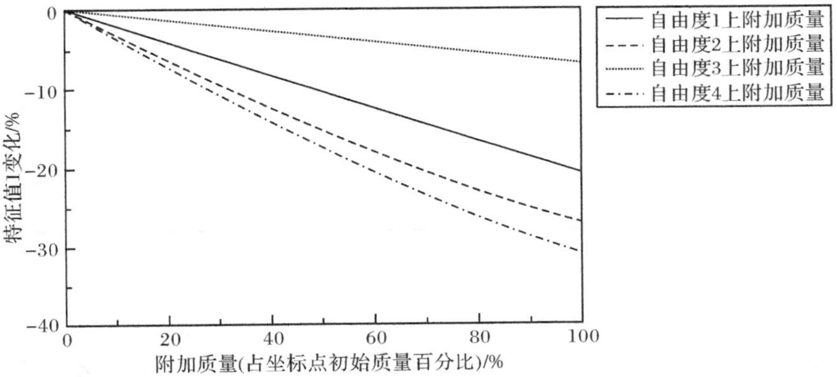

(a) 最小特征值

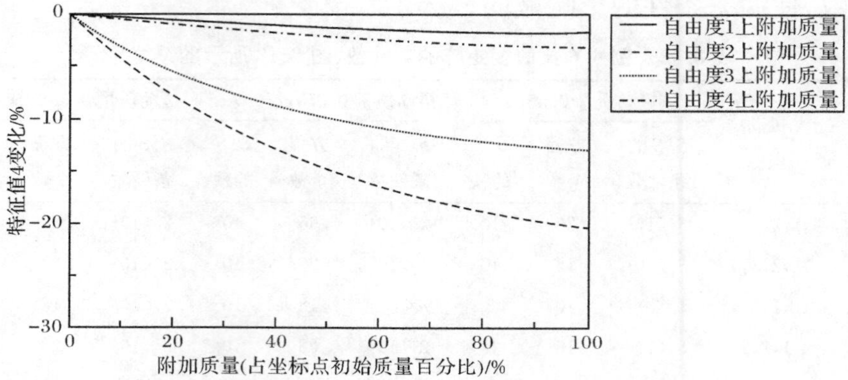

(b) 最大特征值

图 8.19　最小特征值和最大特征值的变化

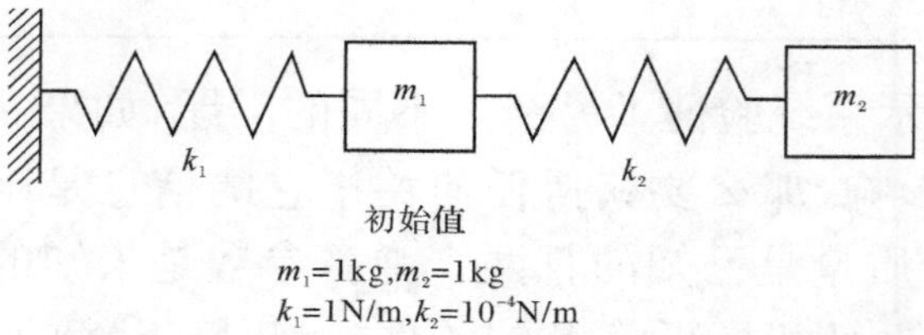

图 8.20　简单的二自由度离散系统

表 8.13　例 8.6 的灵敏度矩阵的条件数(图 8.20 所示系统)

模态阶次	摄动坐标	**S** 的条件	$\boldsymbol{S}^{\mathrm{T}}\boldsymbol{S}$ 的条件	方程个数	$\boldsymbol{S}^{\mathrm{T}}\boldsymbol{S}$ 的秩
2	1,2	1×10^4	1×10^8	6	2
1	1,2	4×10^8	2×10^{17}	3	1
2	1	9×10^3	9×10^7	4	2
2	2	1×10^4	1×10^8	4	2
1	1	7×10^8	5×10^{17}	2	1
1	2	8×10^8	6×10^{17}	2	1

8.4.4　模拟修正示例

例 8.7　采用图 8.17 所示的四自由度弹簧-质量系统来检验修正算法。用表 8.14 给出的质量和刚度参数来模拟该系统,得出固有频率为 42.87Hz、76.33Hz、94.29Hz 和 117.66Hz。假设一个初始的分析模型，其参数列于表 8.14 中，其分析固有频率为 46.46Hz、84.02Hz、98.90Hz和 126.63Hz。通过轮流在坐标 1、2 和 4 位置施加一个0.35kg的附加质量来进行修正，修正过程中采用初始系统和摄动系统对应的前三阶模态特征值。前面的章节显示，这样选择摄动坐标和固有频率能够修正所有的 10 个参数。施加质量和未施加质量的模拟系统、分析模型的固有频率都列于表 8.15 中。用这个特征值数据通过伪逆法[式(8.5)]进行参数修正后，参数收敛于其模拟系统值，表 8.14 显示了每一个迭代步的收敛过程。

表 8.14　例 8.7 参数的收敛情况(图 8.17 所示系统)

修正参数	模拟值	初始估计	修正估计(每迭代步)			
			1	2	3	4
k_1/(MN/m)	1.00	1.20	0.9258	0.9978	1.0000	1.0000
k_2/(MN/m)	1.00	1.20	1.0217	1.0007	1.0000	1.0000
k_3/(MN/m)	1.00	1.20	1.0346	0.9952	1.0000	1.0000
k_4/(MN/m)	1.00	0.95	1.0572	1.0063	1.0000	1.0000
k_5/(MN/m)	1.00	0.96	0.9981	0.9996	1.0000	1.0000
k_6/(MN/m)	0.5	0.60	0.4673	0.4984	0.5000	0.5000
m_1/kg	10.0	9.70	9.8027	9.9954	10.0000	10.0000
m_2/kg	10.0	9.70	9.7228	10.0224	10.0001	10.0000
m_3/kg	5.0	4.70	5.1634	5.0086	4.9999	5.0000
m_4/kg	5.0	4.70	4.9098	4.9945	5.0000	5.0000

表 8.15　例 8.7 的模拟和分析固有频率(图 8.17 所示系统)

0.35kg 附加质量所在坐标位置	模拟系统固有频率/Hz			分析固有频率/Hz		
	模态 1	模态 2	模态 3	模态 1	模态 2	模态 3
没有附加质量	42.87	76.33	94.29	46.46	84.02	98.90
1	42.65	75.47	94.25	46.24	83.09	98.82
2	42.53	76.25	94.19	46.08	83.96	98.78
4	42.60	75.66	92.23	46.19	83.07	97.38

8.4.5 试验示例

例 8.8　一个截面为 25mm×50mm 且长度为 800mm 的铝梁，通过两套相对软的弹簧水平地支撑，模拟无约束状态。支撑位置分别距离梁两端 90mm 和 110mm，并将梁截面的宽边水平放置。在距离梁一端 490mm 的位置，用一个电动激振器随机激励。测量频率为 0～1600Hz，分辨率为 2Hz。

用一个具有 18 个自由度的 8 单元有限元模型来模拟该梁，如图 8.21 所示。铝材料的弹性模量为 70kN/mm²，建模时考虑激振梁的界面质量载荷(m_L)，且假设其初始值为零。利用这些数据并根据梁的尺寸和质量，有限元模型中采用的参数及其置信度用其标准偏差估计来表示，如表 8.16 所示。在测量频率范围内的试验测量固有频率为200.1Hz、548.4Hz 和 1075.0Hz，其对应的分析固有频率为 203.7Hz、561.8Hz 和 1103.0Hz。

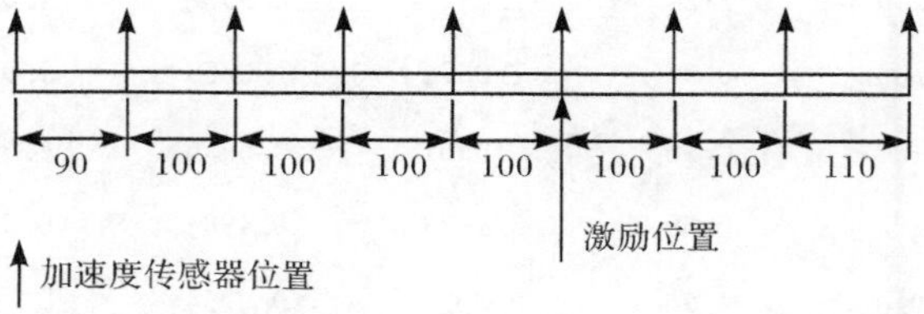

图 8.21　例 8.8 的几何尺寸和测试位置(单位：mm)

表 8.16　例 8.8 的初始和修正参数

单元序号	刚度/(N·m²)			质量/(kg/m)		
	初始值	标准偏差	修正值	初始值	标准偏差	修正值
1	4557	150	4520	3.4	0.1	3.22
2	4557	150	4337	3.4	0.1	3.50
3	4557	150	4384	3.4	0.1	3.52
4	4557	150	4517	3.4	0.1	3.42
5	4557	150	4450	3.4	0.1	3.41
6	4557	150	4426	3.4	0.1	3.41
7	4557	150	4459	3.4	0.1	3.43

续表

单元序号	刚度/(N·m²)			质量/(kg/m)		
	初始值	标准偏差	修正值	初始值	标准偏差	修正值
8	4557	150	4529	3.4	0.1	3.37
m_L/kg				0	0.1	0.076

通过增加质量方法来修正分析模型，使用的是在质量增加之前与之后的前两阶弹性模态的特征值。为了模拟一个多参数系统，8 个梁单元的参数视为互相独立的，这样将共有 17 个参数待修正。在每一个平动坐标上施加 0.2kg 的质量，所增加的质量对相应的转动坐标的惯性影响忽略不计，这样测量了 20 个频率。在本例中，$\boldsymbol{S}^{\mathrm{T}}\boldsymbol{S}$ 的条件数是 3.82×10^{9}，计算中精确到 17 位，$\boldsymbol{S}^{\mathrm{T}}\boldsymbol{S}$ 是非奇异的。因此，如果数据不包含误差，模型矩阵的结构形式准确，那么附加质量的坐标选择足够识别出准确的参数。然而由于试验测量误差的存在，是不可能识别出准确参数的。采用加权最小二乘法即式(8.23)来修正参数，并得到一个最优模型。表 8.17 列出了每一次附加质量后，试验的和分析模型的前两阶模态固有频率。假设所有的一阶和二阶模态频率的标准偏差分别为 0.5Hz和 1Hz。表 8.16 列出了经过 4 次迭代后参数的修正情况。参数的收敛速度较快，经过二次或三次迭代后，收敛效果已经很显著，且修正参数构成的模型准确地预示了测量数据。可以看到，将每个单元的质量和刚度作为未知参数不太可能形成一个有实际物理意义的修正模型，且参数所发生的改变也有很多种可能性。

表 8.17　例 8.8 的试验和分析固有频率

0.2kg 附加质量所在坐标位置	试验固有频率/Hz		分析固有频率/Hz	
	模态 1	模态 2	模态 1	模态 2
没有附加质量	200.1	548.4	203.7	561.8
1	179.3	493.6	183.3	514.1
3	194.1	541.2	198.2	560.6
5	200.1	525.2	203.6	540.4
7	195.2	521.2	198.4	537.6
9	190.8	548.5	194.2	561.5

续表

0.2kg 附加质量所在坐标位置	试验固有频率/Hz		分析固有频率/Hz	
	模态 1	模态 2	模态 1	模态 2
11	193.9	528.6	197.1	542.8
13	199.7	522.5	203.1	535.3
15	196.2	544.9	200.4	561.7
17	179.1	500.9	183.3	514.0

8.5 离散误差:一种二级高斯牛顿法

众所周知,数值结果(特征数据和 FRF)受振型函数离散性的影响。相对应地,如果修正有限元模型参数,并强迫测量和数值数据相一致,那么这个过程一定会引起修正参数值与其“真实”值偏离。Mottershead 和 Shao(1993)、Mottershead 等(1992)建议采用图 8.22 所描述的二级高斯牛顿法。通过允许在离散误差范围内调整测试量,可以使修正参数更接近真实的参数。

图 8.22 中,$\bar{\boldsymbol{Q}}$ 代表试验测量数据,$\hat{\boldsymbol{Q}}$ 为相对应的数值数据,其是从实际物理结构的详细有限元模型获得的。模型要足够精细,以使 $\hat{\boldsymbol{Q}}$ 在关心的频率范围内充分收敛,并且假设它与 $\bar{\boldsymbol{Q}}$ 有区别的唯一原因是模拟误差,这一点需要通过修正来校正。通用程序需要计算 $\hat{\boldsymbol{Q}}$ 的关于某些选择参数的灵敏度,并由此获得一个改善的模型,然而模型规模较大,修正它代价较大,更可取的办法是针对一个小规模(相对于详细模型)的有限元模型进行修正,这里用 $\hat{\boldsymbol{P}}$ 标记来自这样一个模型的数值数据,且注意到它包含 $\hat{\boldsymbol{Q}}$ 中没有体现出的离散误差。如果将离散误差($\hat{\boldsymbol{Q}}-\hat{\boldsymbol{P}}$)引入试验测试量 $\bar{\boldsymbol{Q}}$,那么修正小规模的模型成为可能,且代价较小,具体过程如下:

(1) 用大模型的灵敏度 $\boldsymbol{S}_Q$ 进行筛选,获得修正参数 $\boldsymbol{\theta}_{k+1}$,这一点如图 8.22(a)所示。

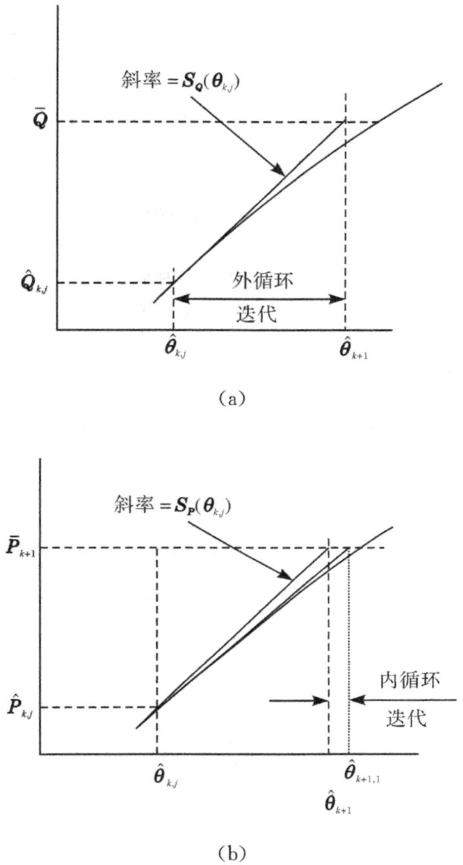

图 8.22　二级高斯牛顿迭代

(2) 根据参数 $\boldsymbol{\theta}_{k+1}$ 与灵敏度 $\boldsymbol{S}_{\hat{\boldsymbol{P}}}$（小模型）的交点，构建目标 $\bar{\boldsymbol{P}}_{k+1}$，它代表修改过的试验测量数据。

(3) 执行小模型修正，直到经 j 次迭代后，$\hat{\boldsymbol{P}}_{k+1,j}$ 足够接近 $\bar{\boldsymbol{P}}_{k+1}$。

(4) 重新回到大模型，得到大模型新的修正参数 $\hat{\boldsymbol{\theta}}_{k+1,j}$。

(5) 如果 $\hat{\boldsymbol{Q}}_{k+1,j}$ 足够接近 $\bar{\boldsymbol{Q}}$，修正过程完成，否则重新回到第一步，重复上述过程。

对于待修正参数向量、测试向量组，$\bar{\boldsymbol{P}}$ 的构建（第二步）可通过如下关系式获得：

$$\bar{\boldsymbol{P}}_{k+1} = \hat{\boldsymbol{P}}_{k,j} + \boldsymbol{S}_{\boldsymbol{P}}(\hat{\boldsymbol{\theta}}_{k,j})\boldsymbol{S}_{Q}^{+}(\hat{\boldsymbol{\theta}}_{k,j})(\bar{\boldsymbol{Q}} - \hat{\boldsymbol{Q}}_{k,j}) \tag{8.45}$$

修正过程包含一个用大规模模型构建$\bar{\boldsymbol{P}}_{k+1}$的外循环和一个修正小模型的内循环。测试数据可以是固有频率、模态振型或者 FRF。

下面以一个悬臂梁来说明该方法。

例 8.9　图 8.23 表示一个悬臂梁的两个有限元模型。较详细的有限元模型是 16 个八节点二阶单元，然而较粗的模型仅包含四个单元(相同的单元类型)。梁长度是 175mm，高度是 15mm，宽度是 65mm。由详细模型得出数值固有频率，在位置 1 和位置 2 分别施加 0.6kg 的质量，所得的结果作为测试数据 $\bar{\boldsymbol{Q}}$。通过二级离散误差方法修正较粗的模型，能更有效地确定所施加的质量。

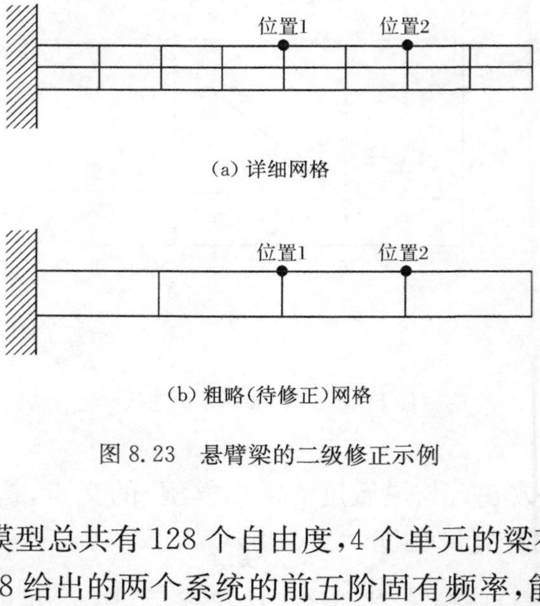

(a) 详细网格

(b) 粗略(待修正)网格

图 8.23　悬臂梁的二级修正示例

16 个单元模型总共有 128 个自由度，4 个单元的梁有 40 个自由度。通过检查表 8.18 给出的两个系统的前五阶固有频率，能够评估离散误差。二级修正过程的结果列于表 8.19 中。两个结果集分别代表工况 1 和工况 2 的结果。其中工况 1 是仅在位置 1 施加一个质量，工况 2 是在位置 1 和位置 2 都施加了质量。修正过程开始，粗网格模型与细网格模型(分别用于内循环和外循环)在任何位置都没有施加质量。每个工况都对 5 个频率进行了修正。表 8.19 示意得到了准确的修正结果，从中可以看出，二级修正方法比常规的一级方法需要较少的外部循环迭代次数。这对于大规模问题来讲，必将显著地降低外部循环的迭代次数。最大的经济性体现在，特征值提取时乘法运算的次数是 n^3 数量级，每个灵敏度计算次数要多于 n^2 数量级（n 是有限元模型自由度个数）。尽管稀疏存储技术能显著地降低乘法运算的次数，但是二级方法的应用，特别是对于大规模系统的修正仍是有价值的。

表 8.18　粗网格和详细网格模型的固有频率

模态阶次	固有频率		
	粗模型/Hz	详细模型/Hz	误差百分比/%
1	412.6	407.1	1.4
2	2583.1	2476.2	4.3
3	7313.9	6647.3	10.0
4	7381.9	7372.2	0.1
5	15176.3	12368.2	22.7

表 8.19　二级高斯牛顿法的修正结果

工况		迭代循环序号		修正质量	
		外部循环	内部循环	位置 1	位置 2
工况 1	简单一级修正	6	—	0.6	—
	二级修正	3	7	0.6	—
工况 2	简单一级修正	7	—	0.6	0.6
	二级修正	4	13	0.6	0.6

8.6　模型品质评估

前面的章节已经发展并讨论了利用试验测量振动数据修正有限元模型参数的多项技术。相比之下，评估修正参数及其基础模型品质的方法还没有得到很好的发展，经常依赖于工程判断。推荐的评估方法是分割数据：一部分数据用于修正不确定程度大的参数；余下的数据，通过比较的方式，用来评估结果参数和模型。作者认为只有这个方法能够用来确定基础模型的品质。通过比较预示的测量值和用于修正过程的测量值之间的一致性来判定修正准则的执行情况。用最小方差修正准则加权初始参数值，将使品质评估复杂化，加权矩阵的选择能显著地影响参数估计值。

只要在关心的频率范围内，就能准确地复现结构的响应，就是模型不是很准确也没关系吗？关于这个问题的回答，主要是看修正模型要用来做什么。例如，如果运用 FRF 数据修正模型，且模型要用于评估在同一位置施加不同的力激励时结构的响应，那么可以忽略当前模型的品质。但如果工程师感兴趣的是超出试验测量频率范围的结构的响应，或者是不同激励位置时的结构响应，那么当前模型品质就是关键的。

8.6.1 品质评估的基本原则

有三个主要的因素影响修正后有限元模型的品质：

(1) 模型与真实结构的接近程度如何？在关心的频率范围内模型应能够复现基于实际物理参数的试验测量数据。

(2) 选择哪些参数作为修正参数？显然，要选择不确定的参数进行修正，要谨慎对已知准确的参数进行修正。这样，可以选择连接参数来修正，而不是选择一个均匀杆的弹性刚度来修正。对模型输出有类似影响的修正参数可能使参数估计问题病态化，因为多个参数集能够产生相同的响应预示。许多情况下，较大幅度的不同参数值设置可以生成相同的固有频率集。使参数固化在一个错误的值，会使未知的参数估计更加困难。如何选择要修正的参数在第 6 章已有所陈述，在接下来的 8.6.2 节会进一步讨论。

(3) 如何为初始参数估计和试验测量数据设定方差和加权值？方差的选择将很大程度地影响最终的参数估计和收敛速度。通常，工程师会要求模型最大限度地接近测量数据，这可以通过设置很低水平的测量噪声来达到目的。这可能导致估计准则变为少优条件、收敛速率较低且需要大的参数偏差以复现测量数据。如果模型/结构相关性很低而可选择的修正参数又较少，这个问题将变得更为恶劣。

评估修正过程中模型的品质可以分为两部分。第一，算法应快速收敛，并改善模型的预示输出。这个预示输出与试验数据的接近程度依赖于测量数据和初始参数值的不确定程度。高的收敛速度要求独立未知参数的选择要适当。预示输出的收敛速度依赖于采用模型及假设未知参数来复现测量数据的能力。第二,应评估当前模型的品质。最容易实现这一点的方法是利用模型预示那些没有用于修正过程的测量数据。对于利用测量模态数据的修正法则,也可能使用一些附加的固有频率。

8.6.2　自由-自由梁示例

例 8.10　评估一个修正后模型的品质所包含的问题,将通过一个模拟自由-自由梁的响应来描述和验证。这个例子仅用于验证目的,不应将其认为是一个现实情况的例子。忽略剪切和旋转惯性,根据连续梁的解析方程得出模拟梁的固有频率。梁长度为 0.8m,每单位长度质量为 3.35 kg/m,弹性刚度为 4500 N · m^2,前五阶固有频率为

$$\omega_1 = 203.9\text{Hz},\quad \omega_2 = 562.1\text{Hz}$$

$$\omega_1 = 1102\text{Hz},\quad \omega_2 = 1822\text{Hz}$$

$$\omega_1 = 2721\text{Hz}$$

仅利用前两阶固有频率就能够进行梁模型的修正。采用 8.3 节描述的最小方差准则来修正参数。

工况 1:此工况演示不能仅通过修正准则的收敛性来评估模型的品质。假设梁的模拟测试是通过在距离梁一端 1/3 梁长度的位置安置一个加速度计测量获得的。未知参数设置为梁的长度和加速度计的质量。在修正过程中,分别采用 3 个、6 个或 9 个梁单元来模拟。注意到模拟数据是由一个连续梁模型获得的,这样就引入了有限元模型和模拟系统之间的不匹配。忽略与加速度计相关的质量,随着模型自由度个数的增加,模型的品质会增加。本例中假设测量误差为 0,初始参数值及其方差为

$$\boldsymbol{\theta}_0 = \begin{bmatrix} 0\text{kg} \\ 0.8\text{m} \end{bmatrix},\quad \mathbf{V}_0 = \begin{bmatrix} 10^{-4}\text{kg}^2 & 0 \\ 0 & 10^{-4}\text{m}^2 \end{bmatrix}$$

表 8.20 表示 3 个单元、12 个自由度模型参数修正的收敛过程。即使模型存在不匹配性,收敛也是极快速的。因为两个未知参数对用于

修正的前两阶固有频率的影响作用是独立的，所以该估计问题是具有良好条件的。使用两个独立的未知参数去修正零测试噪声条件下的两个频率，意味着频率能够得以准确地复现。这个独立性和噪声条件也意味着采用任何初始参数值和参数方差，参数都将收敛于相同的值。表8.20也显示了固有频率的收敛，对于修正过程中没用到的固有频率（ω_3、ω_4 和 ω_5），尽管在修正过程中得到了一定的改善，但预示准确度仍然很低。这些频率低准确度的预示，可能是导致当前模型品质较差的原因。

表 8.20　例 8.10 工况 1 参数和固有频率的收敛（3 个单元 12 个自由度）

修正参数	迭代序号				"准确值"
	0	1	2	3	
θ_1/g	0	10.45	10.70	10.70	—
θ_2/m	0.8000	0.8007	0.8007	0.8007	—
ω_1/Hz	204.5	203.9	203.9	203.9	203.9
ω_2/Hz	565.0	562.1	562.1	562.1	562.1
ω_3/Hz	1239.3	1236.9	1236.9	1236.9	1102.0
ω_4/Hz	2224.6	2216.9	2216.8	2216.8	1821.5
ω_5/Hz	3341.4	3334.6	3334.5	3334.5	2721.1

表 8.21 显示了增加模型自由度对收敛后的前五阶固有频率的影响和作用。正如所预期的，随着自由度个数的增加，第三阶到第五阶固有频率的预示品质有了显著的改善。其中关于离散误差影响的验证，在前面的章节已经讨论过。

表 8.21　例 8.10 工况 1 不同模型的预示固有频率

单元个数	3	6	9	"准确值"
自由度个数	12	21	30	
θ_1/g	10.70	6.45	1.16	0
θ_2/m	0.8007	0.7999	0.8000	0.8

续表

单元个数	3	6	9	“准确值”
自由度个数	12	21	30	
ω_1/Hz	203.9	203.9	203.9	203.9
ω_2/Hz	562.1	562.1	562.1	562.1
ω_3/Hz	1237	1108	1103	1102
ω_4/Hz	2217	1843	1828	1822
ω_5/Hz	3335	2747	2740	2721

工况 2:第 2 个工况演示当选择较少的修正参数时,将导致法则的收敛速度变慢,且出现修正参数变化幅度较大的现象。本例中采用了与前述不同的两个修正参数,即梁的弹性刚度和梁的长度。通过足够广泛的参数值范围,也能够产生相同的固有频率。对于模拟试验测量数据的连续梁模型,弹性刚度为 EI,梁长度为 L,以 EI/L^4 形式体现。初始的参数值和方差为

$$\boldsymbol{\theta}_0 = \begin{bmatrix} 4500\ \mathrm{N\cdot m^2} \\ 0.8\mathrm{m} \end{bmatrix},\quad \boldsymbol{V}_0 = \begin{bmatrix} 10^{-4}\ (\mathrm{N\cdot m^2})^2 & 0 \\ 0 & 10^{-8}\mathrm{m}^2 \end{bmatrix}$$

这说明初始弹性刚度和梁长度估计的标准偏差分别是 0.01 N·m² 和 0.1mm。图 8.24 显示了零测量误差条件假设下参数的收敛过程。因为参数是相互依赖的,参数估计过程是病态的,所以对矩阵求逆是用奇异值分解技术来计算伪逆的。图 8.24 显示参数发生了显著的改变,弹性刚度的改变超过了 200%。图 8.25 绘制了 EI 与 L^4 的比值,收敛后这个比值接近其初始值。收敛后,模型预示的前两阶固有频率为 203.4Hz 和 562.1Hz。两个参数是依赖的,即便是没有测试噪声,也没有给予模型足够的自由来复现前两阶固有频率。

工况 3:前两个工况都假设零测试噪声。无论模型预示的频率多么接近实际,如果差异是由噪声引起的,都一定不能应用到修正过程中吗?收敛后,由于存在测试噪声和某些参数有一定的不确定性,因此不能期望准确地复现这些频率,幸运的是,统计修正法则提供了一些帮助。根据最小方差法的推导,收敛后,由修正参数不确定性引起的预示频率的协方差为

$$\boldsymbol{S}_j\,\boldsymbol{V}_j\boldsymbol{S}_j^{\mathrm{T}}$$

$\boldsymbol{S}_j$ 是第 j 次迭代灵敏度矩阵。这个矩阵的对角元素给出了预示固有频率的方差。使用工况 1 中的梁和未知参数，假设初始参数和测量噪声的方差为

$$\boldsymbol{V}_0=\begin{bmatrix}10^{-4} & 0\\ 0 & 10^{-4}\end{bmatrix},\quad \boldsymbol{V}_\varepsilon=\begin{bmatrix}0.16 & 0\\ 0 & 0.16\end{bmatrix}$$

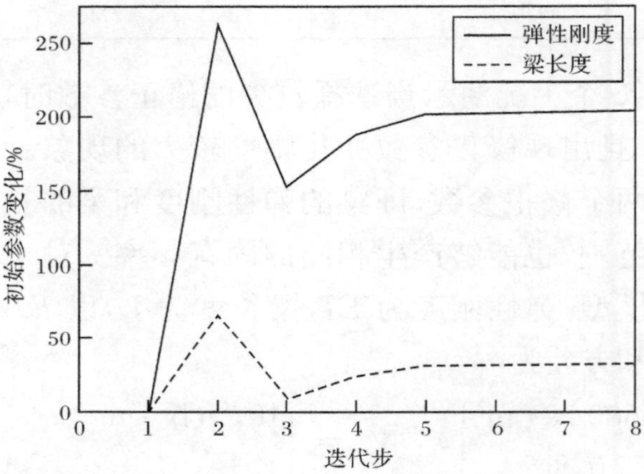

图 8.24　例 8.10 工况 2 参数的收敛过程

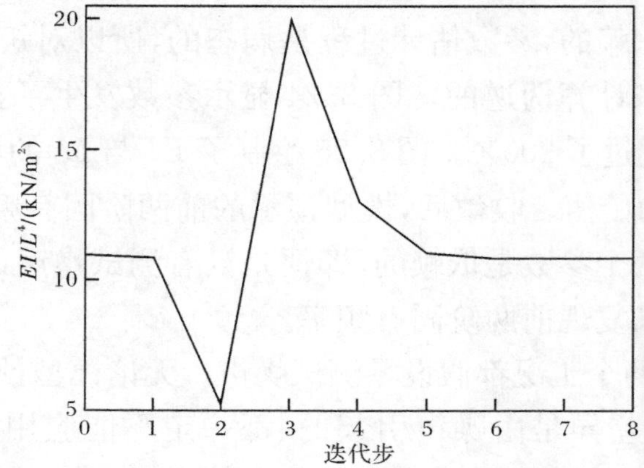

图 8.25　例 8.10 工况 2 的 EI 与 L^4 之比

修正参数和频率列于表 8.22 中。表 8.22 也显示了基于修正参数不确定度，前五阶固有频率预示的标准偏差，这个标准偏差显示了由于

修正参数的不确定性引起的预示频率的不确定性。预示的前两阶固有频率，在不超出由测试噪声引起的标准偏差的 0.4Hz 范围内是容易实现的。对于第三～五阶固有频率，由修正参数不确定性引起的标准偏差和由测试噪声引起的标准偏差，这两者与修正频率和模拟频率之间的误差相比是相对较小的，因此，模型不大可能很好地描述模拟系统的高频区域，这一点可用统计术语，即通过给出修正模型能够实际复现模拟频率的概率来表示。

表 8.22　例 8.10 工况 3 的参数和固有频率的收敛

修正参数	迭代序号				收敛后的标准偏差	"准确值"
	0	1	2	3		
θ_1/g	0	10.45	2.83	2.86	—	—
θ_2/m	0.8000	0.8007	0.8017	0.8017	—	—
ω_1/Hz	204.5	203.9	203.6	203.6	0.04	203.9
ω_2/Hz	565.0	562.1	562.1	562.1	0.20	562.1
ω_3/Hz	1239.3	1236.9	1234.0	1234.0	1.60	1102.0
ω_4/Hz	2224.6	2216.9	2214.2	2214.2	3.87	1821.5
ω_5/Hz	3341.4	3334.6	3333.3	3333.3	3.95	2721.1

必须谨慎的是，不要过多地关注参数修正法则的统计方面。用一个常数因子乘以最小方差准则中的初始参数方差和测试噪声方差，会得到相同的修正参数。因此，修正后的固有频率的估计方差仅能给出一些关于固有频率相对准确度的概念，要谨慎使用它们的绝对准确度结论。

8.6.3　关于模型品质的总结

评估用于参数修正的当前有限元模型的品质，其所涉及的问题已经得到讨论。修正参数的选择，特别是它们对输出影响的独立性决定了参数估计法则的收敛性。判定模型品质需要利用那些没有用于参数修正的测量数据来"控制"，预示模型相对应的输出量和这些"控制"数据的相关性反映当前模型品质如何。

参考文献

Allemang R J, Brown D L. 1982. A correlation coefficient for modal vector analysis. The 1st International Modal Analysis Conference, Orlando: 110-116.

Blakely K D, Walton W B. 1984. Selection of measurement and parameter uncertainties for finite element madel revision. The 2nd International Modal Analysis Conference, Orlando: 82-88.

Chen K, Brown D L, Nicolas V T. 1993. Perturbed boundary condition model updating. The 11th International Modal Analysis Conference, Kissimmee: 661-667.

Collins J D, Young J, Kiefling L. 1972. Methods and applications of system identification in shock and vibration. System Identification of Vibrating Structures, Presented at the 1972 Winter Annual Meeting of the ASME: 45-71.

Collins J D, Hart G C, Hasselman T K, et al. 1974. Statistical identification of structures. AIAA Journal, 12(2): 185-190.

Flores-Santiago O, Link M. 1993. Localization techniques for parametric updating of dynamic mathematical models. International Forum on Aeroelasticity and Structural Dynamics, Strasbourg.

Friswell M I. 1989. The adjustment of structural parameters using a minimum variance estimator. Journal of Mechanical System and Signal Processing, 3(2): 143-155.

Lammens S, Heylen W, Sas P, et al. 1993. Model updating and perturbed boundary condition testing. The 11th International Modal Analysis Conference, Kissimmee: 449-455.

Li S, Vold H, Brown D L. 1993. Application of UMPA to PBC testing. The 11th International Modal Analysis Conference, Kissimmee: 223-231.

Link M. 1992. Requirements for the structure of analytical models used for parameter identification. IUTAM Symposium on Inverse Problems in Engineering Mechanics, Tokyo.

Link M. 1993. Updating of analytical models-procedures and experience. Conference on Modern Practice in Stress and Vibration Analysis, Sheffield, England: 35-52.

Mottershead J E, Goh E L, Shao W. 1992. On the treatment of discretisation errors in finite element model updating. The 17th International Modal Analysis Seminar, K. U. Leuven: 1245-1262.

Mottershead J E, Shao W. 1993. Correction of joint stiffnesses and constraints for finite element models in structural dynamics. Transactions of the ASME, Journal of Applied Mechanics, 60(1): 117-122.

Nalitolela N G, Penny J E T, Friswell M I. 1990. Updating structural parameters of a finite element model by adding mass or stiffness to the system. The 8th International Modal Analysis

Conference, Kissimmee: 836-842.

Nalitolela N G, Penny J E T, Friswell M I. 1992. A mass or stiffness addition technique for structural parameter updating. International Journal of Analytical and Experimental Modal Analysis, 7(3): 157-168.

Rothwell E, Drachman B. 1989. A unified approach to solving ill-conditioned matrix problems. International Journal for Numerical Methods in Engineering, 28: 609-620.

第 9 章　基于频域数据的修正方法

9.1　方程和输出误差算式

本章所述的方法是直接用试验测量的 FRF 数据优化包含 FRF 数据的罚函数。当结构模态较接近或者模态密度较高时，提取结构固有频率和模态振型可能是困难的。可以不必提取固有频率和模态振型，直接用 FRF 数据来修正有限元模型(Sestieri and D'Amrogio，1989)。Friswell 和 Penny(1992)讨论了针对密集模态结构的典型算法的应用问题。直接使用 FRF 数据的任意一种方法都会遇到一个问题，就是有限元模型必须包含阻尼。第 7 章和第 8 章阐述的使用模态数据的方法，之所以能够用无阻尼有限元模型，是因为试验测量固有频率和阻尼比是可以分开的。为了在试验测量和预示的 FRF 之间获得良好的一致性，包含阻尼是极其重要的。由于阻尼是很难准确模拟的，所以通常将其假设为比例阻尼(第 2 章)。本章以下内容将假设一个比例黏性阻尼模型，其比例常数是未知的。其余阻尼模型也可以很容易地包含进来。

对于罚函数，有两个不同类型的误差定义，称为方程误差和输出误差，有时也称为输入和输出残差。它们都是基于频域的运动方程，考虑黏性阻尼，其形式为

$$[-\omega^2\boldsymbol{M}+\mathrm{i}\omega\boldsymbol{C}+\boldsymbol{K}]\boldsymbol{x}(\omega)=\boldsymbol{f}(\omega) \tag{9.1}$$

或者写为动力学刚度矩阵 $\boldsymbol{B}(\omega)$的形式：

$$\boldsymbol{B}(\omega)\boldsymbol{x}(\omega)=\boldsymbol{f}(\omega) \tag{9.2}$$

式中，$\boldsymbol{B}(\omega)=-\omega^2\boldsymbol{M}+\mathrm{i}\omega\boldsymbol{C}+\boldsymbol{K}$。

方程误差方法是通过最小化式(9.2)给出的运动方程的误差：

$$\boldsymbol{\varepsilon}_{EE}=\boldsymbol{f}(\omega)-\boldsymbol{B}(\omega)\boldsymbol{x}(\omega) \tag{9.3}$$

式中，$\boldsymbol{x}$ 和 $\boldsymbol{f}$ 是测试量。

一个小的困难是，对于 FRF，通常测量的是导纳，而不是分别测量位移和力。这种情况下，假设激励力为白谱，那么向量 $\boldsymbol{f}$ 在所有的频率点都是单位值，位移用导纳来替代。

另一个方法是最小化输出误差，定义为试验测量和估计响应之间的误差：

$$\boldsymbol{\varepsilon}_{OE} = \boldsymbol{B}(\omega)^{-1}\boldsymbol{f}(\omega) - \boldsymbol{x}(\omega) \tag{9.4}$$

同样，通常应用测量的 FRF，如同方程误差法一样，假设力谱也是白谱。Fritzen(1986)更详细地讨论了方程误差和输出误差两个工程量。对输出误差进行最小化也可以用对数比尺进行，并且罚函数的任何部分都可以包含模态数据误差(Fritzen and Zhu，1991)。

方程误差方法的主要优势是，误差为参数的线性函数，这里假设参数是一些典型的物理参数，如弹性刚度。它的主要缺点是需要测量所有的建模用到的坐标，并且事实上参数估计也是有偏的。如果不是测量所有的模拟自由度，那么模型必须缩聚或者对测量数据进行扩展(第 4 章)。由于缩聚或扩展变换是参数的函数，因此方程误差将是参数的非线性函数，下面的章节将就这一特性进行讨论。

输出误差方法的优势是最小化测量数据和分析预示数据之间的误差。如果测试数据是零均值噪声，那么参数估计结果是无偏的。也可以只计算与测量自由度相关的预示输出，因此就不需要对模型进行缩聚。输出误差法的缺点是需要对非线性罚函数进行最小化处理，这就带来了收敛和计算时间等问题。

无论采用方程误差方法还是输出误差方法，必须关注 FRF 数据是否包含足够的信息以获得物理上灵敏的参数。尽管 FRF 具有比模态模型更多的数据点，也不能认为它包含的信息量就呈比例地增长。在关心的频率范围内，完整的模态模型可以相当精准地复现 FRF，因此 FRF 包含很少的关于频带外的模态信息，频带外的模态信息也很容易被测试噪声所掩盖。

修正参数的选择几乎是不受限制的。但是为了获得有实际物理意义的结果，参数的修正应该是有实际物理意义的，如第 8 章表述的罚函数法。第 6 章在参数的选择方面进行了更为详细地讨论。通常质量、阻尼和/或刚度矩阵会是这些参数的线性函数,例如,梁的刚度矩阵是梁单元弹性刚度的线性函数。同时,矩阵会是其他参数的非线性函数,如梁的长度。这种情况下,质量、阻尼和刚度矩阵可以写为参数的泰勒级数,然后截断线性项以外的各项。这个泰勒级数方法也必须引入比例阻尼假设,但比例常数是未知的。如果质量和刚度矩阵是一些未知参数的函数,那么阻尼项将是这些参数和比例常数的组合。如果已经用数值方法,或者用解析推导方法进行了线性化,那么质量、阻尼、刚度和动力学矩阵可分别写为

$$
\begin{aligned}
&\boldsymbol{M}(\boldsymbol{\theta})=\boldsymbol{M}_0+\boldsymbol{M}_1\delta\theta_1+\boldsymbol{M}_2\delta\theta_2+\cdots+\boldsymbol{M}_l\delta\theta_l\\
&\boldsymbol{C}(\boldsymbol{\theta})=\boldsymbol{C}_0+\boldsymbol{C}_1\delta\theta_1+\boldsymbol{C}_2\delta\theta_2+\cdots+\boldsymbol{C}_l\delta\theta_l\\
&\boldsymbol{K}(\boldsymbol{\theta})=\boldsymbol{K}_0+\boldsymbol{K}_1\delta\theta_1+\boldsymbol{K}_2\delta\theta_2+\cdots+\boldsymbol{K}_l\delta\theta_l\\
&\boldsymbol{B}(\boldsymbol{\theta},\omega)=\boldsymbol{B}_0(\omega)+\boldsymbol{B}_1(\omega)\delta\theta_1+\boldsymbol{B}_2(\omega)\delta\theta_2+\cdots+\boldsymbol{B}_l(\omega)\delta\theta_l
\end{aligned}
\tag{9.5}
$$

式中,$\delta\boldsymbol{\theta}=\boldsymbol{\theta}-\boldsymbol{\theta}_e$,$\boldsymbol{\theta}_e$ 为当前参数向量的估计值,l 为未知参数的个数,$\delta\theta_i$ 为 $\delta\boldsymbol{\theta}$ 的第 i 个元素。

尽管没有明确说明,参数也应该进行归一化,目的是对初始值、可能的当前值和参数估计值进行统一,尽管这一点不总是必需的,但归一化通常改善问题的数值条件。若没有这个正则过程,问题经常是不可解的。关于估计方法的数值特征,第 5 章给出了更详细地讨论。

9.2 方程误差法

用于方程误差法的罚函数由式(9.3)得出。未加权形式的最小化罚函数 J 为

$$
J(\boldsymbol{\theta})=\|\boldsymbol{\varepsilon}_{EE}\|^2=\sum_{i=1}^{n}\sum_{k=1}^{m}\left|\{\boldsymbol{f}(\omega_k)-\boldsymbol{B}(\boldsymbol{\theta},\omega_k)\boldsymbol{x}(\omega_k)\}_i\right|^2 \tag{9.6}
$$

式中,n 是模型自由度的个数,m 是测量频率的个数,式(9.6)假设测量了理论模型所有的自由度。如果是这种情况,那么根据式(9.5),最小化 J 等效于求解如下方程:

$$\begin{bmatrix} \boldsymbol{B}_1(\omega_1)\boldsymbol{x}(\omega_1) & \boldsymbol{B}_2(\omega_1)\boldsymbol{x}(\omega_1) & \cdots & \boldsymbol{B}_l(\omega_1)\boldsymbol{x}(\omega_1) \\ \boldsymbol{B}_1(\omega_2)\boldsymbol{x}(\omega_2) & \boldsymbol{B}_2(\omega_2)\boldsymbol{x}(\omega_2) & \cdots & \boldsymbol{B}_l(\omega_2)\boldsymbol{x}(\omega_2) \\ \vdots & \vdots & & \vdots \\ \boldsymbol{B}_1(\omega_m)\boldsymbol{x}(\omega_m) & \boldsymbol{B}_2(\omega_m)\boldsymbol{x}(\omega_m) & \cdots & \boldsymbol{B}_l(\omega_m)\boldsymbol{x}(\omega_m) \end{bmatrix} \begin{Bmatrix} \delta\theta_1 \\ \delta\theta_2 \\ \vdots \\ \delta\theta_l \end{Bmatrix} = \begin{Bmatrix} \boldsymbol{f}(\omega_1) - \boldsymbol{B}_0(\omega_1)\boldsymbol{x}(\omega_1) \\ \boldsymbol{f}(\omega_2) - \boldsymbol{B}_0(\omega_2)\boldsymbol{x}(\omega_2) \\ \vdots \\ \boldsymbol{f}(\omega_m) - \boldsymbol{B}_0(\omega_m)\boldsymbol{x}(\omega_m) \end{Bmatrix} \tag{9.7}$$

使用伪逆法求解，就如在第 5 章和第 8 章所讨论的，式(9.7)可写为

$$\boldsymbol{A}\delta\boldsymbol{\theta} = \boldsymbol{b} \tag{9.8}$$

已将式(9.7)的实部和虚部分开，所以 $\boldsymbol{A}$ 和 $\boldsymbol{b}$ 是纯实数。初始参数没有加权时，解为

$$\delta\boldsymbol{\theta} = [\boldsymbol{A}^{\mathrm{T}}\boldsymbol{A}]^{-1}\boldsymbol{A}^{\mathrm{T}}\boldsymbol{b} \tag{9.9}$$

通常会根据结构的模型，将分析推导的参数进行加权。对于加权矩阵，一个较好的选择是采用一个与估计协方差矩阵的逆成比例的矩阵。假设加权函数是$\boldsymbol{W}_{\theta\theta}$，那么罚函数变为

$$J(\boldsymbol{\theta}) = \|\boldsymbol{\varepsilon}_{EE}\|^2 + (\boldsymbol{\theta} - \boldsymbol{\theta}_a)^{\mathrm{T}}\boldsymbol{W}_{\theta\theta}(\boldsymbol{\theta} - \boldsymbol{\theta}_a) \tag{9.10}$$

式中，$\boldsymbol{\theta}_a$ 是参数的分析估计。按照式(9.9)定义的矩阵 $\boldsymbol{A}$ 和向量 $\boldsymbol{b}$，函数 J 写为

$$J(\boldsymbol{\theta}) = (\boldsymbol{A}\delta\boldsymbol{\theta} - \boldsymbol{b})^{\mathrm{T}}(\boldsymbol{A}\delta\boldsymbol{\theta} - \boldsymbol{b}) + (\boldsymbol{\theta} - \boldsymbol{\theta}_a)^{\mathrm{T}}\boldsymbol{W}_{\theta\theta}(\boldsymbol{\theta} - \boldsymbol{\theta}_a) \tag{9.11}$$

注意到 $\delta\boldsymbol{\theta}$ 没有出现在式(9.11)的第二项中，因此该元素仅限制每一步参数的变化，而不是从初始分析开始到结束整个过程的变化。式(9.11)展开可以表示为

$$\begin{aligned} J(\boldsymbol{\theta}) = {} & \delta\boldsymbol{\theta}^{\mathrm{T}}[\boldsymbol{A}^{\mathrm{T}}A + \boldsymbol{W}_{\theta\theta}]\delta\boldsymbol{\theta} - 2\delta\boldsymbol{\theta}^{\mathrm{T}}(\boldsymbol{A}^{\mathrm{T}}\boldsymbol{b} - \boldsymbol{W}_{\theta\theta}(\boldsymbol{\theta}_{\mathrm{e}} - \boldsymbol{\theta}_a)) \\ & + \boldsymbol{b}^{\mathrm{T}}\boldsymbol{b} + (\boldsymbol{\theta}_{\mathrm{e}} - \boldsymbol{\theta}_a)^{\mathrm{T}}\boldsymbol{W}_{\theta\theta}(\boldsymbol{\theta}_{\mathrm{e}} - \boldsymbol{\theta}_a) \end{aligned} \tag{9.12}$$

这里，事实上已经应用了$(\boldsymbol{\theta} - \boldsymbol{\theta}_a) = \delta\boldsymbol{\theta} + (\boldsymbol{\theta}_{\mathrm{e}} - \boldsymbol{\theta}_a)$。对式(9.12)取最小值，有

$$\delta\boldsymbol{\theta} = [\boldsymbol{A}^{\mathrm{T}}\boldsymbol{A} + \boldsymbol{W}_{\theta\theta}]^{-1}(\boldsymbol{A}^{\mathrm{T}}\boldsymbol{b} - \boldsymbol{W}_{\theta\theta}(\boldsymbol{\theta}_{\mathrm{e}} - \boldsymbol{\theta}_a)) \tag{9.13}$$

实际上，也应该对试验测量数据进行加权，一般地，来自不同的传感器、不同的频率点上的 FRF 测量数据不可能都有良好品质的估计。相对

测试，可以采用单一的参数来改变与试验测试量相关的参数的权值，这一点在 8.2.6 节已有所描述(Blakely and Walton，1984)。

9.2.1 模型缩聚

为了克服需要测量所有自由度的问题，可以对分析模型的自由度进行缩聚。实际结构的有限元模型是高阶的，且产生相对较多的固有频率、阻尼因子和模态振型。这些模态中的大多数固有频率超出了实际应用中所关注的频率范围。例如，当用计算机数据采集系统得到结构的测试量时，依据 Nyquist 频率设置的采样频率，可以确定 FRF 可利用的频率范围上限。因此，能够实现在试验测量频率范围内不显著降低精度的要求下，来缩聚理论模型自由度的个数。这里假设考虑了足够的自由度，以保证在所关注的频率范围内，缩聚模型与初始模型提供至少相同个数的模态。通过包括合理数目的超出测量频率范围的模态，使降阶模型在所关注的频率范围内的 FRF 的准确度得到改善。

对用于修正物理参数的算法，缩聚方法与第 4 章讨论的常规的缩聚过程存在一定的不同，因为缩聚后模型必须保持与未知参数的依赖关系。在这里，许多标准方法不适于缩聚结构模型阶次的原因有两个：一是缩聚模型必须能够包含未知的物理参数；二是缩聚模型与完整模型相比，其较低阶特征值不要有大的明显的不同。当完整模型充分地预示系统的固有频率时，降阶模型也能够充分地预示系统的低阶固有频率。那么，模态截断缩聚方法是适用于当前要求的理想方法，这是因为可以保证模拟低阶固有频率保持不变。如果主自由度已知，可以应用 SEREP 方法(O'Callahan et al.，1989)。另一个可用的方法是在模态坐标下进行，这将在本章后面讨论。第 4 章所讨论的 SEREP 方法，是形成一个基于当前的参数估计的变换阵 $\boldsymbol{T}$。将这个变换阵应用到质量、阻尼和刚度矩阵的泰勒级数中[式(9.5)]，给出缩聚质量阵为

$$\boldsymbol{M}_{\mathrm{R}}(\boldsymbol{\theta}) = \boldsymbol{M}_{\mathrm{R0}} + \boldsymbol{M}_{\mathrm{R1}}\,\delta\theta_1 + \boldsymbol{M}_{\mathrm{R2}}\,\delta\boldsymbol{\theta}_2 + \cdots + \boldsymbol{M}_{\mathrm{R}l}\,\delta\boldsymbol{\theta}_l \tag{9.14}$$

式中，$\boldsymbol{M}_{\mathrm{R}i} = \boldsymbol{T}^{\mathrm{T}}\boldsymbol{M}_i\boldsymbol{T}$，其中 $i=0,1,2,\cdots,l$，类似的阻尼、刚度和动力学刚度阵表达式都可以写出。

仅基于当前参数值实现复现较低阶固有频率和模态振型，由于参

数有偏差,因此会将误差引入特征数据。关于模态截断法引入的误差,后面会给出更详细地讨论。

9.2.2　偏差问题和辅助变量方法

Frizten(1986)针对偏差问题进行了研究,他建议采用辅助变量策略来消除偏差。5.2 节详细考虑了参数估计的偏差。大多数参数估计算法会产生超定的未知参数线性方程组,通常写为矩阵形式,并用伪逆技术求解。即使测量噪声是零均值,参数估计也是有偏的,因为式(9.8)或者式(9.13)的参数的系数会受到干扰,这些参数中包含了测得的导纳。考虑式(9.8)的解,即式(9.9),它代表了最简单的分析情况。由于矩阵 $\boldsymbol{A}$ 和向量 $\boldsymbol{b}$ 都包含测试导纳,它们会包含已确定的部分,由下标 d 来标记,随机的或者由干扰决定的部分由下标 s 来标记,这样,有

$$\boldsymbol{A} = \boldsymbol{A}_d + \boldsymbol{A}_s \text{ 且 } \boldsymbol{b} = \boldsymbol{b}_d + \boldsymbol{b}_s \tag{9.15}$$

如果无噪声,测量数据能够根据理论模型由一些参数向量产生,那么向量的实际值可由 $\boldsymbol{\theta}$ 给出:

$$\boldsymbol{\theta} = \boldsymbol{\theta}_e + \delta\boldsymbol{\theta}_d = \boldsymbol{\theta}_e + [\boldsymbol{A}_d^{\mathrm{T}}\boldsymbol{A}_d]^{-1}\boldsymbol{A}_d^{\mathrm{T}}\boldsymbol{b}_d \tag{9.16}$$

此处基于噪声数据的参数估计用 $\hat{\boldsymbol{\theta}}$ 给出,根据式(9.9)有

$$\begin{aligned}\hat{\boldsymbol{\theta}} &= \boldsymbol{\theta}_e + \delta\boldsymbol{\theta} \\ &= [(\boldsymbol{A}_d + \boldsymbol{A}_s)^{\mathrm{T}}(\boldsymbol{A}_d + \boldsymbol{A}_s)]^{-1}(\boldsymbol{A}_d + \boldsymbol{A}_s)^{\mathrm{T}}(\boldsymbol{b}_d + \boldsymbol{b}_s)\end{aligned} \tag{9.17}$$

参数估计 $\hat{\boldsymbol{\theta}}$ 的偏差定义为

$$\text{bias} = E[\hat{\boldsymbol{\theta}}] - \boldsymbol{\theta}$$

式中,$E[\cdot]$代表期望值。利用无干扰参数原始联立方程组,即

$$\boldsymbol{b} = \boldsymbol{b}_d + \boldsymbol{b}_s = \boldsymbol{A}_d\boldsymbol{\theta} + \boldsymbol{b}_s = \boldsymbol{A}\boldsymbol{\theta} - \boldsymbol{A}_s\boldsymbol{\theta} + \boldsymbol{b}_s$$

且将这个表达式代入式(9.17)得

$$\hat{\boldsymbol{\theta}} = \boldsymbol{\theta} + [(\boldsymbol{A}_d + \boldsymbol{A}_s)^{\mathrm{T}}(\boldsymbol{A}_d + \boldsymbol{A}_s)]^{-1}(\boldsymbol{A}_d + \boldsymbol{A}_s)^{\mathrm{T}}(\boldsymbol{b}_s - \boldsymbol{A}_s\boldsymbol{\theta}) \tag{9.18}$$

由于

$$[(\boldsymbol{A}_d + \boldsymbol{A}_s)^{\mathrm{T}}(\boldsymbol{A}_d + \boldsymbol{A}_s)]^{-1}(\boldsymbol{A}_d + \boldsymbol{A}_s)^{\mathrm{T}}\boldsymbol{A} = [\boldsymbol{A}^{\mathrm{T}}\boldsymbol{A}]^{-1}\boldsymbol{A}^{\mathrm{T}}\boldsymbol{A} = \boldsymbol{I}$$

因此参数估计的偏差为

$$E[\hat{\boldsymbol{\theta}}]-\boldsymbol{\theta}=E[[(\boldsymbol{A}_d+\boldsymbol{A}_s)^{\mathrm{T}}(\boldsymbol{A}_d+\boldsymbol{A}_s)]^{-1}(\boldsymbol{A}_d+\boldsymbol{A}_s)^{\mathrm{T}}(\boldsymbol{b}_s-\boldsymbol{A}_s\boldsymbol{\theta})] \tag{9.19}$$

因为元素$\boldsymbol{A}_s^{\mathrm{T}}\boldsymbol{A}_s$和$\boldsymbol{A}_s^{\mathrm{T}}\boldsymbol{b}_s$包含干扰部分的平方和，所以即使测试噪声均值为零，这个偏差一般也都是非零量。

利用辅助变量策略可以获得无偏估计，用与因子矩阵$\boldsymbol{A}$相同维数的矩阵的转置乘以方程，该矩阵是与测试噪声(5.2节)不相关的，式(9.8)的解变为

$$\delta\boldsymbol{\theta}=[\boldsymbol{A}_{\mathrm{IV}}^{\mathrm{T}}\boldsymbol{A}]^{-1}\boldsymbol{A}_{\mathrm{IV}}^{\mathrm{T}}\boldsymbol{b} \tag{9.20}$$

式中，$\boldsymbol{A}_{\mathrm{IV}}$是辅助矩阵。偏差的计算产生一个类似于式(9.19)的量，这里干扰部分的平方项数目降低了，且参数估计是渐进无偏的。那么随着数据点个数的增加，偏差接近于零。事实上，辅助变量技术降低了参数估计的偏差。

Eykhoff(1974)和Ljung(1987)给出了更多的关于该方法的细节，且讨论了辅助矩阵如何选择。通常来源于模型的等效数据用于形成辅助矩阵。对于参数估计过程的第一次迭代，这个数据单纯由系统模型产生，因此与测试量是不相关的。值得注意的是，尽管辅助变量法通常用于迭代过程，但是经第一次迭代后辅助矩阵不再是与测试数据不相关的，测试数据一旦用于修正参数，那么就会包含测量噪声，由这些参数所做的任何量的计算也将因此受到干扰，严格来说是不应该用于辅助矩阵中的，但事实上这个干扰在估计过程中不会产生问题。Cottin等(1984)的研究表明，有显著的测试噪声时，由方程误差法得出的结果比由输出误差法得出的结果偏差要大。对于方程误差法，另一个用于缩聚偏差的方法是用当前分析模型加权误差，9.3节将就这一方法进行讨论。

9.3 加权方程误差法

在早期，人们就已经放弃对测量数据进行加权，因为构建其加权矩阵较为困难。关于方程误差方法中加权策略的一个特别的例子值得提

及，方程误差可以通过基于当前参数估计的动力学刚度矩阵的逆来加权，因此，在收敛方面，罚函数与输出误差算式类似。该方法也可包含有限元模型自由度数目的缩聚。Friswell 和 Penny(1990)详细地讨论了这个方法。这里仅考虑黏性比例阻尼情况，将这个方法扩展到其余的阻尼模型是简单易懂的，尽管需要将运动方程转换成状态空间来表示(Friswell and Penny，1990)。Link 和 Zhang(1992)讨论了带有动力学缩聚的加权方程误差法的应用。

模态截断法(Friswell，1990)能够用于降低模型阶次。模态截断法有两个明显的优势：方法确保低阶固有频率保持不变，且缩聚质量和刚度矩阵是对称的，这有数值上的优势。为使用该方法，运动方程在式(9.1)或式(9.2)基础上做了一些改变。输入力的个数总体是变小的，测量自由度将是完整自由度集的一个线性组合，因此有

$$\begin{aligned}&[-\omega^2\boldsymbol{M}+\mathrm{i}\omega\boldsymbol{C}+\boldsymbol{K}]\boldsymbol{x}(\omega)=\boldsymbol{F}\boldsymbol{u}(\omega)\\&\boldsymbol{y}(\omega)=\boldsymbol{D}\boldsymbol{x}(\omega)\end{aligned}\tag{9.21}$$

式中，$\boldsymbol{F}$ 代表修正自由度上的力分布矩阵，力向量 $\boldsymbol{u}$ 的长度是输入力 q 的个数，向量 $\boldsymbol{y}$ 代表响应测试量。质量、阻尼和刚度矩阵是未知参数的函数，如式(9.5)的定义，阻尼假设为比例黏性阻尼。

9.3.1　缩聚变换

假设未知参数的当前估计 $\boldsymbol{\theta}_e$ 是可利用的，其可根据理论分析或者估计运算过程中前一次迭代结果获得。对于完整模型，在当前的参数估计下，第 i 阶固有频率和质量归一化特征向量分别为 ω_{n0i} 和 $\boldsymbol{\phi}_{0i}$，有

$$[-\omega_{n0i}^2\boldsymbol{M}_0+\boldsymbol{K}_0]\boldsymbol{\phi}_{0i}=0,\quad i=1,\cdots,n\tag{9.22}$$

式中，n 是完整模型自由度的个数。类似地，依赖于参数的固有频率和特征向量通过式(9.23)给出：

$$[-\omega_{ni}^2\boldsymbol{M}+\boldsymbol{K}]\boldsymbol{\phi}_i=0,\quad i=1,\cdots,n\tag{9.23}$$

固有频率阶次按升序排列。比例阻尼假设下，无阻尼模型的特征向量也是有阻尼模型的特征向量。

令降阶模型有 r 个自由度。一般降阶模型自由度的个数远低于完整模型，也就是说，通常 $r\ll n$。一般模态近似法是用一个包含前 r 阶特

征向量的矩阵，将完整阶次状态变换为缩聚阶次状态。因为特征向量依赖于未知参数，故情况比较复杂。解决办法是将特征向量写为 $\delta\boldsymbol{\theta}$ 的泰勒级数并截断其后续项，形成所需要的变换矩阵，一阶变换是这样定义的，但是变换需要特征向量对每个参数求导数，Nelson(1976)认为特征向量导数可以写为所有的特征向量 $\boldsymbol{\phi}_{0i}$ 的线性组合。

对于方程缩聚，仅仅需要用前 r 个特征值和特征向量，将其组合为矩阵形式，定义为

$$
\begin{aligned}
\boldsymbol{\Lambda} &= \mathrm{diag}(-\omega_{n1}^2, -\omega_{n2}^2, \cdots, -\omega_{nr}^2) \\
\boldsymbol{\Phi} &= [\boldsymbol{\phi}_1, \boldsymbol{\phi}_2, \cdots, \boldsymbol{\phi}_r]
\end{aligned} \tag{9.24}
$$

式中，ω_{ni} 和 $\boldsymbol{\phi}_i$ 是第 i 阶依赖于参数的固有频率和特征向量。矩阵 $\boldsymbol{\Lambda}_0$ 和 $\boldsymbol{\Phi}_0$ 的定义方式类似，分别基于当前参数估计的固有频率和特征向量。矩阵 $\boldsymbol{\Phi}_0$ 是用于将初始模型缩聚为 r 个自由度模型的变换矩阵。$\boldsymbol{\Lambda}_0$ 和 $\boldsymbol{\Phi}_0$ 的下标 0 表示这些特征值和特征向量调整为 $\delta\boldsymbol{\theta}$ 的零阶，如果调整为 $\delta\boldsymbol{\theta}$ 的一阶，那么 $\boldsymbol{\Lambda}$ 和 $\boldsymbol{\Phi}$ 可表示为

$$
\begin{aligned}
\boldsymbol{\Lambda} &= \boldsymbol{\Lambda}_0 + \delta\theta_1 \boldsymbol{\Lambda}_1 + \delta\theta_2 \boldsymbol{\Lambda}_2 + \cdots + \delta\theta_l \boldsymbol{\Lambda}_l \\
\boldsymbol{\Phi} &= \boldsymbol{\Phi}_0 + \delta\theta_1 \boldsymbol{\Phi}_1 + \delta\theta_2 \boldsymbol{\Phi}_2 + \cdots + \delta\theta_l \boldsymbol{\Phi}_l
\end{aligned} \tag{9.25}
$$

$\boldsymbol{\Lambda}_i$ 和 $\boldsymbol{\Phi}_i$ 可以由特征值和特征向量导数得出。对应的零阶变换为

$$
\boldsymbol{x} = \boldsymbol{\Phi}_0 \boldsymbol{w} \tag{9.26}
$$

式中，$\boldsymbol{w}$ 是 r 维降阶状态向量，将这个变换应用于运动方程式(9.21)，且左乘 $\boldsymbol{\Phi}_0^{\mathrm{T}}$ 形成降阶方程：

$$
\begin{aligned}
&[-\omega^2[\boldsymbol{M}_{\mathrm{R}0} + \delta\theta_1 \boldsymbol{M}_{\mathrm{R}1} + \cdots + \delta\theta_l \boldsymbol{M}_{\mathrm{R}l}] \\
&+ \mathrm{i}\omega[\boldsymbol{C}_{\mathrm{R}0} + \delta\theta_1 \boldsymbol{C}_{\mathrm{R}1} + \cdots + \delta\theta_l \boldsymbol{C}_{\mathrm{R}l}] \\
&+ [\boldsymbol{K}_{\mathrm{R}0} + \delta\theta_1 \boldsymbol{K}_{\mathrm{R}1} + \cdots + \delta\theta_l \boldsymbol{K}_{\mathrm{R}l}]]\boldsymbol{w}(\omega) = \boldsymbol{F}_{\mathrm{R}} \boldsymbol{u}(\omega) \\
&\boldsymbol{y}(\omega) = \boldsymbol{D}_{\mathrm{R}} \boldsymbol{w}(\omega)
\end{aligned} \tag{9.27}
$$

式中，

$$
\begin{aligned}
\boldsymbol{M}_{\mathrm{R}i} &= \boldsymbol{\Phi}_0^{\mathrm{T}} \boldsymbol{M}_i \boldsymbol{\Phi}_0 \\
\boldsymbol{C}_{\mathrm{R}i} &= \boldsymbol{\Phi}_0^{\mathrm{T}} \boldsymbol{C}_i \boldsymbol{\Phi}_0 \\
\boldsymbol{K}_{\mathrm{R}i} &= \boldsymbol{\Phi}_0^{\mathrm{T}} \boldsymbol{K}_i \boldsymbol{\Phi}_0 \\
\boldsymbol{F}_{\mathrm{R}} &= \boldsymbol{\Phi}_0^{\mathrm{T}} \boldsymbol{F} \\
\boldsymbol{D}_{\mathrm{R}} &= \boldsymbol{D} \boldsymbol{\Phi}_0
\end{aligned}
$$

这是 r 个自由度模型的方程，现在可用于参数识别过程，通过其定义可以看出 $\boldsymbol{M}_{R0}$、$\boldsymbol{C}_{R0}$ 和 $\boldsymbol{K}_{R0}$ 是对角阵。

9.3.2　一阶模态近似的误差

本节考察上面所应用的基础零阶变换和式(9.25)用参数变化的一阶量表示的特征向量矩阵给出的变换以及两者之间的不同。事实上，由式(9.27)即降阶模型提供的前 r 阶特征值为参数变化的一阶量。式(9.25)中的 $\boldsymbol{\Lambda}_i$ 矩阵由式(9.28)给出：

$$\boldsymbol{\Lambda}_i = \operatorname{diag}\left(\frac{\partial(-\omega_{n1}^2)}{\partial\theta_i}, \frac{\partial(-\omega_{n2}^2)}{\partial\theta_i}, \cdots, \frac{\partial(-\omega_{nr}^2)}{\partial\theta_i}\right) \tag{9.28}$$

式中(Fox and Kapoor，1968)，

$$\frac{\partial(-\omega_{nk}^2)}{\partial\theta_i} = -\boldsymbol{\phi}_k^{\mathrm{T}}[-\omega_{nk}^2\boldsymbol{M}_i + \boldsymbol{K}_i]\boldsymbol{\phi}_k \tag{9.29}$$

降阶模型的正则特征向量 $\boldsymbol{u}_k$，即式(9.27)，在当前的参数估计值下，第 k 个坐标方向为单位向量。这样，第 i 个参数引起的降阶模型的第 k 个特征值的变化为

$$\begin{aligned}\frac{\partial(-\omega_{nk}^2)}{\partial\theta_i} &= -\boldsymbol{u}_k^{\mathrm{T}}[-\omega_{nk}^2\boldsymbol{M}_{Ri} + \boldsymbol{K}_{Ri}]\boldsymbol{u}_k \\ &= -\boldsymbol{u}_k^{\mathrm{T}}\boldsymbol{\Phi}_0^{\mathrm{T}}[-\omega_{nk}^2\boldsymbol{M}_i + \boldsymbol{K}_i]\boldsymbol{\Phi}_0\boldsymbol{u}_k \\ &= -\boldsymbol{\phi}_k^{\mathrm{T}}[-\omega_{nk}^2\boldsymbol{M}_i + \boldsymbol{K}_i]\boldsymbol{\phi}_k\end{aligned} \tag{9.30}$$

这样，基于零阶变换的降阶系统的固有频率，即式(9.26)，可调整为参数变化的一阶量。采用一阶变换，那么降阶方程为

$$\boldsymbol{x} = \boldsymbol{\Phi}\boldsymbol{v} \tag{9.31}$$

式中，$\boldsymbol{v}$ 是降阶状态，且 $\boldsymbol{\Phi}$ 是参数变化的一阶量对应的特征向量矩阵，即式(9.25)。评估降阶模型需要求解前 r 个特征向量 $\boldsymbol{\Phi}_i$ 对于未知参数的灵敏度。Nelson(1976)、Chen 和 Garba(1980)讨论了用不同的方法计算这些灵敏度。

相对于零阶近似法，一阶模态近似法的优势是，输入和输出的关系是用参数变化的一阶量表示的。当然，相对于完整系统，因为没有包含所有的模态，只是更多地提高了其近似程度。对于许多应用，零阶近似法会产生与基于一阶模态截断形成的模型一样好的降阶模型。如果应

用零阶模态截断，会引入哪些误差呢？第 h 个特征向量的导数可以表示为完整模型在当前参数估计值下的 n 个特征向量的线性组合（Chen and Garba，1980）：

$$\frac{\partial \boldsymbol{\phi}_h}{\partial \theta_i} = \sum_{k=1}^{n} a_{ihk} \boldsymbol{\phi}_k \tag{9.32}$$

式中，

$$a_{ihk} = \frac{1}{\omega_h^2 - \omega_k^2} \boldsymbol{\phi}_k^{\mathrm{T}} [-\omega_h^2 \boldsymbol{M}_i + \boldsymbol{K}_i] \boldsymbol{\phi}_h, \quad k \neq h$$

$$a_{ihh} = \frac{1}{2} \boldsymbol{\phi}_h^{\mathrm{T}} \boldsymbol{M}_i \boldsymbol{\phi}_h$$

显而易见，用类似于特征值导数的方法[式(9.30)]，零阶近似的特征向量导数仅包含这个序列的前 r 个元素。如果降阶模型包含足够的模态，对于 $k>r$，在所关注的频率范围内，对于所有模态的固有频率，元素 $\omega_h^2-\omega_k^2$ 的模量是较大的。一般来说，这意味着相对于高量级的固有频率，特征向量导数更多的是由相关的低量级固有频率来确定。这样，对于频率响应函数，零阶和一阶近似法的差别在低频处很小，而在高频率处将变大。所以应选择降阶模型的阶次，以使得在测量频率范围内，这个误差可以接受。

9.3.3　状态估计

本节描述当测试量个数超出关注频率范围内含有的模态个数时，确定系统状态的方法。如果阻尼不是比例阻尼，那么测试量个数必须超出模态个数的 2 倍。由于估计测量数据中包含的模态个数较困难，如果有比可识别的模态更多的测试数据，方法效果会更好，源于模型阶次缩聚运算所带来的误差也会较小。方程误差估计以及类似的算法的困难是需要对状态向量进行估计。如果有大量的测试量，分析模型可以缩聚成 r 个自由度的模型，这样 $r \leqslant m$，m 是响应测试的个数，那么状态估计问题成为超定的，只能用最小二乘法求解。而后，方程误差法可应用于降阶模型，并进行降阶状态估计。应注意 $r<m$ 是允许的，且在某些条件下也是推荐的。如果 $r=m$，那么状态向量和测试向量维数是相等的。这种情况下，状态向量可以通过矩阵逆得出。现实问题是这

个矩阵的逆可能是病态的，这个问题可以通过使用低阶的降阶模型来改善，当然该模型应有足够的自由度以模拟所有的测量模态。记住，随着降阶模型阶数的增加，零阶缩聚准则的准确性将进一步得到改善。

降阶状态向量变换 $\boldsymbol{w}(\omega)$ 必须根据测试输出 $\boldsymbol{y}_m(\omega)$ 估计。如果 $r\leqslant m$，且 $\boldsymbol{D}_{\mathrm{R}}$ 的秩为 r，那么基于降阶状态的 FRF 的最小二乘估计可通过 $\boldsymbol{w}_m(\omega)$ 给出：

$$\boldsymbol{\alpha}_{\mathrm{R}m}(\omega)=\frac{\boldsymbol{w}_m(\omega)}{\boldsymbol{u}_m(\omega)}=[\boldsymbol{D}_{\mathrm{R}}^{\mathrm{T}}\boldsymbol{D}_{\mathrm{R}}]^{-1}\boldsymbol{D}_{\mathrm{R}}^{\mathrm{T}}\boldsymbol{\alpha}_m(\omega) \tag{9.33}$$

式中，$\boldsymbol{\alpha}_m(\omega)$ 是测试导纳。如果 $\boldsymbol{D}_{\mathrm{R}}^{\mathrm{T}}\boldsymbol{D}_{\mathrm{R}}$ 的逆是病态条件的，会发生什么呢？这个矩阵可以写为

$$\boldsymbol{D}_{\mathrm{R}}^{\mathrm{T}}\boldsymbol{D}_{\mathrm{R}}=\boldsymbol{\Phi}_0^{\mathrm{T}}\boldsymbol{D}^{\mathrm{T}}\boldsymbol{D}\boldsymbol{\Phi}_0 \tag{9.34}$$

由于 $\boldsymbol{\Phi}_0$ 的秩为 r，如果 $\boldsymbol{D}_{\mathrm{R}}^{\mathrm{T}}\boldsymbol{D}_{\mathrm{R}}$ 有逆，那么 $\boldsymbol{D}$ 的秩至少为 r。因此，确定 r 时，一定要使 $r\leqslant\mathrm{rank}(\boldsymbol{D})$。一般 $\mathrm{rank}(\boldsymbol{D})$ 与测试向量的维数相同。如前面所述，对于最大可能的 r 要在初始时进行试算，这样由缩聚处理所带来的分析 FRF 的不准确度将很小。一直降低缩聚模型的阶次，直到矩阵的逆仍保持良好条件的，这一点可通过忽略 $\boldsymbol{D}_{\mathrm{R}}^{\mathrm{T}}\boldsymbol{D}_{\mathrm{R}}$ 的行和列来完成。式(9.34)确定的矩阵元素可以写为

$$[\boldsymbol{D}_{\mathrm{R}}^{\mathrm{T}}\boldsymbol{D}_{\mathrm{R}}]_{ik}=\boldsymbol{\phi}_{0i}^{\mathrm{T}}\boldsymbol{D}^{\mathrm{T}}\boldsymbol{D}\boldsymbol{\phi}_{0k} \tag{9.35}$$

这样，通过去掉 $\boldsymbol{D}_{\mathrm{R}}^{\mathrm{T}}\boldsymbol{D}_{\mathrm{R}}$ 最后的行和列，缩聚模型自由度的个数。

9.3.4　修正算法

假设状态估计已经用于以缩聚状态向量 $\boldsymbol{\alpha}_{\mathrm{R}m}(\omega)$ 的形式获得FRF，那么基于这些频率响应函数，输出误差方法可最小化：

$$J(\boldsymbol{\theta})=\|\boldsymbol{\varepsilon}_{\mathrm{OE}}\|^2=\sum_{i=1}^{r}\sum_{j=1}^{q}\sum_{k=1}^{m}\left|[\boldsymbol{\alpha}_{\mathrm{R}m}(\omega_k)-\boldsymbol{B}_{\mathrm{R}}^{-1}(\boldsymbol{\theta},\omega_k)\boldsymbol{F}_{\mathrm{R}}]_{ij}\right|^2 \tag{9.36}$$

式中，$\boldsymbol{B}_{\mathrm{R}}(\boldsymbol{\theta},\omega_k)$ 是缩聚的动力学矩阵，类似于式(9.5)定义的完整动力学矩阵。$\boldsymbol{B}_{\mathrm{R}}^{-1}(\boldsymbol{\theta},\omega_k)$ 是 $\boldsymbol{\theta}$ 的高度非线性函数，式(9.36)的直接最小化可以利用计算机求解。如果参数初始值和最终估计值不相近，那么利用 New-Raphson 方法直接最小化或许存在一些问题。Goyder(1980)提出

了利用一维系统克服这些困难的方法。Goyder 通过一次考虑一个自由度进行迭代，将这个方法延伸到多自由度系统。该方法简单地假设方程误差表达式中关于测量频率 ω_k 的项，可通过式(9.37)进行加权：

$$W_k = \left|\frac{1}{\omega_{ni}^2 - \omega_k^2 + 2\mathrm{i}\xi_i\omega_{ni}\omega_k}\right| \tag{9.37}$$

式中，ω_{ni} 和 ξ_i 是第 i 个固有频率和阻尼比。这个方法可以通过最小化式(9.38)扩展应用到当前的问题。

$$J(\boldsymbol{\theta}) = \sum_{i=1}^{r}\sum_{j=1}^{q}\sum_{k=1}^{m}\left|\left[\boldsymbol{B}_{\mathrm{R}}^{-1}(\boldsymbol{\theta}_{\mathrm{e}},\omega_k)(\boldsymbol{B}_{\mathrm{R}}(\boldsymbol{\theta},\omega_k)\boldsymbol{\alpha}_{\mathrm{R}m}(\omega_k) - \boldsymbol{F}_{\mathrm{R}})\right]_{ij}\right|^2 \tag{9.38}$$

由于缩聚过程已经使用了在当前的参数估计 $\boldsymbol{\theta}_{\mathrm{e}}$ 下的模态变换，$\boldsymbol{B}_{\mathrm{R}}(\boldsymbol{\theta}_{\mathrm{e}},\omega_k)$是对角阵：

$$\boldsymbol{B}_{\mathrm{R}}(\boldsymbol{\theta}_{\mathrm{e}},\omega_k) = \mathrm{diag}(\omega_{ni}^2 - \omega_k^2 + 2\xi_i\omega_{ni}\omega_k)$$

$\boldsymbol{B}_{\mathrm{R}}(\boldsymbol{\theta}_{\mathrm{e}},\omega_k)$的形式意味着在所有的测试频率点，该矩阵的逆是简单且可计算的。在收敛方面，最小化式(9.38)与最小化基于估计状态向量的 FRF 的输出误差是类似的。收敛于与真实的输出误差更接近的输出误差，可通过最小化式(9.39)获得。

$$J(\boldsymbol{\theta}) = \sum_{i=1}^{r}\sum_{j=1}^{q}\sum_{k=1}^{m}\left|\left[\boldsymbol{D}_{\mathrm{R}}\boldsymbol{B}_{\mathrm{R}}^{-1}(\boldsymbol{\theta}_{\mathrm{e}},\omega_k)(\boldsymbol{B}_{\mathrm{R}}(\boldsymbol{\theta},\omega_k)\boldsymbol{\alpha}_{\mathrm{R}m}(\omega_k) - \boldsymbol{F}_{\mathrm{R}})\right]_{ij}\right|^2 \tag{9.39}$$

如果$\boldsymbol{D}_{\mathrm{R}}$ 是方阵，最小化式(9.39)，收敛后，也就最小化了输出误差。通常，遇到这样的条件是可能的。在状态评估的论述过程中，已经对$\boldsymbol{D}_{\mathrm{R}}$ 的秩和降阶模型自由度个数的选择进行了讨论。为了使$\boldsymbol{D}_{\mathrm{R}}[\boldsymbol{D}_{\mathrm{R}}^{\mathrm{T}}\boldsymbol{D}_{\mathrm{R}}]^{-1}\boldsymbol{D}_{\mathrm{R}}^{\mathrm{T}}$尽可能接近识别矩阵，这个方法要求降阶模型自由度的个数尽可能大。事实上，这个矩阵会有 r 个一致的特征值，且余下的特征值为零。

对式(9.38)和式(9.39)所描述的价值函数进行最小化所获得的参数与求解非加权情况的式(9.7)和式(9.8)是类似的。例如，使用式(9.38)的最优参数估计，可通过式(9.40)的最小二乘解获得：

$$\begin{bmatrix} \boldsymbol{B}_{R0}^{-1}(\omega_1)\boldsymbol{B}_{R1}(\omega_1)\boldsymbol{\alpha}_{Rm}(\omega_1) & \cdots & \boldsymbol{B}_{R0}^{-1}(\omega_1)\boldsymbol{B}_{Rl}(\omega_1)\boldsymbol{\alpha}_{Rm}(\omega_1) \\ \boldsymbol{B}_{R0}^{-1}(\omega_2)\boldsymbol{B}_{R1}(\omega_2)\boldsymbol{\alpha}_{Rm}(\omega_2) & \cdots & \boldsymbol{B}_{R0}^{-1}(\omega_2)\boldsymbol{B}_{Rl}(\omega_2)\boldsymbol{\alpha}_{Rm}(\omega_2) \\ \vdots & & \vdots \\ \boldsymbol{B}_{R0}^{-1}(\omega_m)\boldsymbol{B}_{R1}(\omega_m)\boldsymbol{\alpha}_{Rm}(\omega_m) & \cdots & \boldsymbol{B}_{R0}^{-1}(\omega_m)\boldsymbol{B}_{Rl}(\omega_m)\boldsymbol{\alpha}_{Rm}(\omega_m) \end{bmatrix} \begin{Bmatrix} \delta\theta_1 \\ \delta\theta_2 \\ \vdots \\ \delta\theta_l \end{Bmatrix}$$

$$= \begin{Bmatrix} \boldsymbol{B}_{R0}^{-1}(\omega_1)\{\boldsymbol{F}_R - \boldsymbol{B}_{R0}(\omega_1)\boldsymbol{\alpha}_{Rm}(\omega_1)\} \\ \boldsymbol{B}_{R0}^{-1}(\omega_2)\{\boldsymbol{F}_R - \boldsymbol{B}_{R0}(\omega_2)\boldsymbol{\alpha}_{Rm}(\omega_2)\} \\ \vdots \\ \boldsymbol{B}_{R0}^{-1}(\omega_m)\{\boldsymbol{F}_R - \boldsymbol{B}_{R0}(\omega_m)\boldsymbol{\alpha}_{Rm}(\omega_m)\} \end{Bmatrix} \tag{9.40}$$

至于非加权方程误差法，这些方程可以分割为实部和虚部，且通过伪逆获得适当的解，也可以将未知参数的初始估计的加权考虑进去。

9.4 方程误差法模拟示例

采用一个模拟示例来验证未加权和加权方程误差方法，同时，也用于验证辅助变量法。模拟系统由一个悬臂梁构成，仅在一个弯曲平面上振动。用10个单元模拟梁，这样模型有20个自由度。同样的模型用于获得模拟结果，并对模型进行修正。尽管这不是真实的情况，但它的确可以显示方法的重要特征。本节测试了5个自由度，且测试位置是沿着梁等间距分布的。图9.1显示了测试位置和激励力的位置。对于该梁，未知参数是4个点质量，对应的位置如图9.1所示。梁是等截面的，长为1m，弹性刚度为1kN/m，质量为1kg。采用4个0.1kg的点质量获得模拟数据，在修正过程中，将这些质量的初始值设为零。通过模态截断将20自由度模型缩聚为5个自由度，以适合方程误差法的应用，假设阻尼能够忽略。

表9.1显示了应用方程误差、加权方程误差和辅助变量法修正4个"未知的"点质量的效果。本例中，假设模拟数据没有干扰、随机或者系统误差。辅助矩阵的选择类似于通过式(9.7)由测试量得到的矩阵，但"测量"的FRF数据是由当前的参数估计下的模拟数据来代替的。即使是收敛之后，通过方差误差法和辅助变量法获得参数的估计也是不准确的。对于所有情况，如果所有的自由度都进行了测试，那么很快就

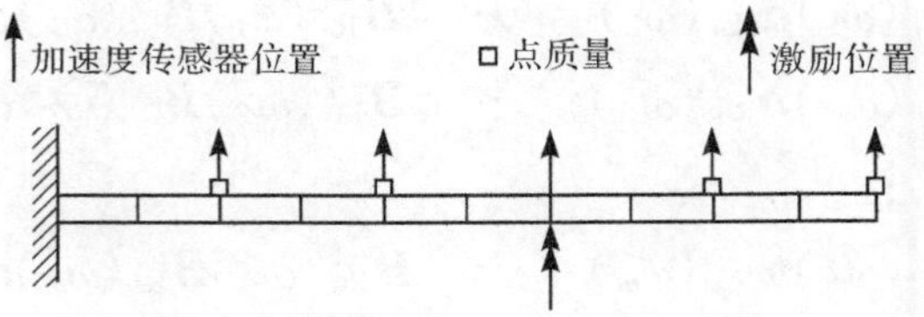

图 9.1　模拟悬臂梁示例

会收敛于正确的参数。测试个数受限制以及需要减缩完整模型将产生参数的收敛误差。辅助变量法需要更多的迭代，且修正过程中产生一些很不准确的参数，甚至包括一些负值的质量。故其没有得到很好地执行。尽管收敛质量估计值看起来是好的，注意到利用模拟结果获得所谓的“测量”数据时，并没有添加随机干扰。如果加权方程误差法执行得非常好，相对于收敛参数，其所产生的误差可忽略。

表 9.1　没有干扰时模拟梁示例结果

方法	迭代次数	质量 1	质量 2	质量 3	质量 4
标准方程误差方法	0	0	0	0	0
	1	0.0911	0.1061	0.1045	0.0999
	2	0.1004	0.0998	0.1007	0.1001
	3	0.1000	0.1000	0.1007	0.1001
	4	0.1001	0.1000	0.1007	0.1001
加权方程误差方法	0	0	0	0	0
	1	0.1010	0.1002	0.1005	0.0997
	2	0.1000	0.1000	0.1000	0.1000
	3	0.1000	0.1000	0.1000	0.1000
辅助变量法	0	0	0	0	0
	1	−0.0709	−0.0332	0.1179	0.1048
	2	0.0781	0.0576	0.1072	0.1024
	3	0.0954	0.1043	0.0934	0.1009
	4	0.1006	0.0994	0.1003	0.1002
	5	0.1005	0.0998	0.1002	0.1002
	6	0.1005	0.0998	0.1002	0.1002

表 9.2 显示代表测试数据的模拟 FRF 增加 1%随机干扰所产生的

影响。在这种情况下，辅助变量法不收敛，此处不做更深入的探讨。正如所预期的，尽管相对于未加权方法，加权方程误差法已经产生了很接近于“实际值”的参数，但参数并未收敛于用于获得模拟数据的这些参数。因此，由加权方程误差法引入的偏量要小于其未加权时的方法。

表 9.2　存在随机干扰时模拟梁示例结果

方法	迭代次数	质量 1	质量 2	质量 3	质量 4
标准方程误差方法	0	0	0	0	0
	1	0.0945	0.1218	0.1003	0.1062
	2	0.1053	0.1127	0.0990	0.1057
	3	0.1048	0.1131	0.0990	0.1057
	4	0.1048	0.1131	0.0990	0.1057
加权方程误差方法	0	0	0	0	0
	1	0.1078	0.1013	0.1027	0.0981
	2	0.0997	0.1014	0.1014	0.0991
	3	0.0997	0.1012	0.1012	0.0992
	4	0.0997	0.1012	0.1012	0.0992

9.5　输出误差法

关于参数的非线性函数的罚函数可以直接最小化(Sestieri and D'Ambrogio，1989)。对于式(9.21)，输出误差可写为

$$J(\boldsymbol{\theta}) = \|\boldsymbol{\varepsilon}_{OE}\|^2 = \sum_{i=1}^{r}\sum_{j=1}^{q}\sum_{k=1}^{m}\left|\left[\boldsymbol{\alpha}_m(\omega_k) - \boldsymbol{D}\boldsymbol{B}^{-1}(\boldsymbol{\theta},\omega_k)\boldsymbol{F}\right]_{ij}\right|^2 \tag{9.41}$$

用 Newton-Raphson 或者梯度类型方法最小化这个关于参数的输出误差，需要计算动力学矩阵的逆的灵敏度。这可以通过对 $\boldsymbol{B}^{-1}(\boldsymbol{\theta},\omega_k)\boldsymbol{B}(\boldsymbol{\theta},\omega)=\boldsymbol{I}$ 求参数 θ_j 的偏微分，很容易地算得

$$\begin{aligned}\frac{\partial \boldsymbol{B}^{-1}(\boldsymbol{\theta},\omega)}{\partial \theta_j} &= -\boldsymbol{B}^{-1}(\boldsymbol{\theta},\omega)\frac{\partial \boldsymbol{B}(\boldsymbol{\theta},\omega)}{\partial \theta_j}\boldsymbol{B}^{-1}(\boldsymbol{\theta},\omega)\\ &= -\boldsymbol{B}^{-1}(\boldsymbol{\theta},\omega)\boldsymbol{B}_j(\omega)\boldsymbol{B}^{-1}(\boldsymbol{\theta},\omega)\end{aligned} \tag{9.42}$$

式中，$\boldsymbol{B}_j$ 如式(9.5)所定义。严格来说，使用 Newton-Raphson 方法，需

要 Jacobian 矩阵或者罚函数关于参数的二阶偏微分矩阵。

这涉及动力学矩阵对参数的二阶偏微分计算。这些二阶导数的计算,需要考虑可计算性。对式$\boldsymbol{B}^{-1}(\boldsymbol{\theta},\omega)\boldsymbol{B}(\boldsymbol{\theta},\omega)=\boldsymbol{I}$取两次微分,得

$$\frac{\partial^2\boldsymbol{B}^{-1}}{\partial\theta_j\partial\theta_k}=-\boldsymbol{B}^{-1}\frac{\partial^2\boldsymbol{B}}{\partial\theta_j\partial\theta_k}\boldsymbol{B}^{-1}+\boldsymbol{B}^{-1}\frac{\partial\boldsymbol{B}}{\partial\theta_j}\boldsymbol{B}^{-1}\frac{\partial\boldsymbol{B}}{\partial\theta_k}\boldsymbol{B}^{-1}+\boldsymbol{B}^{-1}\frac{\partial\boldsymbol{B}}{\partial\theta_k}\boldsymbol{B}^{-1}\frac{\partial\boldsymbol{B}}{\partial\theta_j}\boldsymbol{B}^{-1} \tag{9.43}$$

这里忽略了关于动力学刚度阵的争论以便使问题更清晰。注意到式(9.43)关于参数 θ_j 和参数 θ_k 是对称的,所以 Jacobian 矩阵是对称的。注意到通常质量和刚度阵是参数的线性函数,这时质量和刚度阵的二阶偏微分为零。另外,可能减慢参数的收敛性的情况是将输出误差表达为参数的一阶泰勒级数(Mottershead and Shao,1991)。Link 和 Zhang(1992)指出了用这个方法的困难之处,特别是测试结果不完整的情况。FRF 对于参数的灵敏度也可以用特征值和特征向量的灵敏度来计算(Sharp and Brooks,1988;Nalecz and Wicher,1988)。

对于一套完备的测量数据,Lin 和 Ewins(1990)提出了将导纳的变化表示为参数的线性函数的方法。对于非完备数据情况,可以考虑加权方程误差法,该方法是基于矩阵的恒等性:

$$[\boldsymbol{X}+\boldsymbol{Y}]^{-1}=\boldsymbol{X}^{-1}-[\boldsymbol{X}+\boldsymbol{Y}]^{-1}\boldsymbol{Y}\boldsymbol{X}^{-1} \tag{9.44}$$

式中,$\boldsymbol{X}$ 和 $\boldsymbol{Y}$ 是复矩阵,$\boldsymbol{X}$ 和 $\boldsymbol{X}+\boldsymbol{Y}$ 是非奇异的,通过乘以 $\boldsymbol{X}+\boldsymbol{Y}$ 很容易验证式(9.44)的正确性。

如果 $\boldsymbol{X}$ 代表分析模型$\boldsymbol{B}_a(\omega)$的阻抗矩阵,$\boldsymbol{X}+\boldsymbol{Y}$ 代表测量$\boldsymbol{B}_m(\omega)$的阻抗矩阵,那么式(9.44)可写为

$$\boldsymbol{B}_m^{-1}(\omega)=\boldsymbol{B}_a^{-1}(\omega)-\boldsymbol{B}_m^{-1}(\omega)[\boldsymbol{B}_m(\omega)-\boldsymbol{B}_a(\omega)]\boldsymbol{B}_a^{-1}(\omega) \tag{9.45}$$

式(9.45)可写为导纳形式:

$\boldsymbol{\alpha}_m(\omega)=\boldsymbol{B}_m^{-1}(\omega),\boldsymbol{\alpha}_a(\omega)=\boldsymbol{B}_a^{-1}(\omega)$

可得

$$\Delta\boldsymbol{\alpha}(\omega)=\boldsymbol{\alpha}_m(\omega)-\boldsymbol{\alpha}_a(\omega)=\boldsymbol{\alpha}_m(\omega)\Delta\boldsymbol{B}(\omega)\boldsymbol{\alpha}_a(\omega) \tag{9.46}$$

式中,$\Delta\boldsymbol{B}(\omega)$是阻抗误差矩阵,定义为 $\Delta\boldsymbol{B}(\omega)=\boldsymbol{B}_a(\omega)-\boldsymbol{B}_m(\omega)$。如果测量数据足够,式(9.46)可给出导纳矩阵,阻抗误差矩阵为[由式(9.5)推

出]

$$\Delta \boldsymbol{B}(\boldsymbol{\theta},\omega)=\boldsymbol{B}_0(\omega)-\boldsymbol{B}_a(\omega)+\boldsymbol{B}_1(\omega)\,\delta\theta_1 \\ +\boldsymbol{B}_2(\omega)\,\delta\theta_2+\cdots+\boldsymbol{B}_l(\omega)\,\delta\theta_l \tag{9.47}$$

因此，对于完备的数据，式(9.46)形成一组关于未知参数的线性联立方程。

对于非完备性数据，其应用时有两个等级。首先是仅测量了导纳矩阵的一行或者一列。由线性系统互易性可知，一个量等于另一个量的共轭变换，故测量的是一行或者一列都无关紧要。此是，$\boldsymbol{\alpha}_m(\omega)$包含一行或者一列，并不是一个矩阵。这种情况下，仅考虑式(9.46)的一行，方法可以很容易地延伸。这样，如果测试了第 j 行，可得

$$[\boldsymbol{\alpha}_m(\omega)]_j^{\mathrm{T}}-[\boldsymbol{\alpha}_a(\omega)]_j^{\mathrm{T}}=[\boldsymbol{\alpha}_m(\omega)]_j^{\mathrm{T}}\Delta\boldsymbol{B}(\omega)\boldsymbol{\alpha}_a(\omega) \tag{9.48}$$

$[\cdot]_j$ 表示矩阵的第 j 列。注意到式(9.48)中应用了分析模型完备的导纳矩阵。

常见的数据不完备性等级是仅测量了导纳矩阵的一列或者一行中的少量元素(第 3 章)。Lin 和 Ewins(1990)推荐将分析的导纳矩阵的元素用于测量导纳中不可用的地方。式(9.46)修改为导纳误差的一阶，因此必须迭代运用该方法以获得所需要的解。在这种情况下，测试模型与分析模型之间的区别应该是小的，以保证收敛性。不完备数据情况下，这个方法也可以视为加权方程误差方法。

9.6　频域滤波器

可供选择的直接最小化的方法是引入频域滤波器，其实质是参数估计时通过一次仅引入一个频率点的测量数据进行递推估计。尽管获得满意的参数需要几次扫过这些数据，但这种方式降低了方法的存储需求。Simonian(1981a，1981b)针对风载估计，发展了一个基于测量的功率谱密度的滤波器。Mottershead 和 Stanway(1986)修改了 Detchmendy 及 Sridhar 的法则，通过最小化输出误差来修正结构参数发展了一个类似的方法，用于方程误差(Mottershead et al.，1987，1988，1990)，也适用于辅助变量法(Mottershead，1988；Mottershead and Foster,1988)。

为了突出这个方法的本质特征,现在将对方程误差频域滤波器进行总结。方程误差、输出误差和辅助变量法就批处理方法角度来讲,属性是相同的,这一点在本章前面的章节已经讨论过。用连续频域滤波器最小化方程误差罚函数,对于一个单一载荷输入为

$$J(\boldsymbol{\theta})=\int_{0}^{\Omega}\{\boldsymbol{f}(\omega)-\boldsymbol{B}(\boldsymbol{\theta},\omega)\boldsymbol{x}(\omega)\}^{\mathrm{H}}\boldsymbol{W}\{\boldsymbol{f}(\omega)-\boldsymbol{B}(\boldsymbol{\theta},\omega)\boldsymbol{x}(\omega)\}\mathrm{d}\omega \tag{9.49}$$

式中,$\boldsymbol{W}$ 是加权矩阵,Ω 是所关注的当前频率,其余的变量也都已经定义过[式(9.1)和式(9.2)]。上角标 H 表示复共轭变换,这里假设测量了所有的自由度。向量 $\boldsymbol{x}$ 和 $\boldsymbol{f}$ 分别代表位移和力测试量。如果已经测量了导纳,那么位移可以用导纳和假设为白谱的力来重新表示。经过一些分析之后(Mottershead,1988),用于修正参数的方程为

$$\frac{\mathrm{d}\boldsymbol{\theta}}{\mathrm{d}\Omega}=2\boldsymbol{P}\mathrm{Re}\{H(\Omega)\}\boldsymbol{W}\mathrm{Re}\{\boldsymbol{f}-\boldsymbol{B}(\boldsymbol{\theta},\Omega)\boldsymbol{x}(\Omega)\} \tag{9.50}$$

此处的矩阵 $\boldsymbol{P}$ 用式(9.51)修正:

$$\frac{\mathrm{d}\boldsymbol{P}}{\mathrm{d}\Omega}=-2\boldsymbol{P}\mathrm{Re}\{\boldsymbol{H}(\Omega)\}\boldsymbol{W}\mathrm{Re}\{\boldsymbol{H}^{\mathrm{T}}(\Omega)\}\boldsymbol{P} \tag{9.51}$$

矩阵 $\boldsymbol{H}$ 由式$[\boldsymbol{H}(\omega)]_{kj}=\dfrac{\partial}{\partial\theta_j}\{\boldsymbol{B}(\boldsymbol{\theta},\omega)\boldsymbol{x}(\omega)\}_k$ 给出。如果质量和刚度阵是未知参数的线性函数,矩阵 $\boldsymbol{H}$ 将是常数,如果 $\boldsymbol{H}$ 是常数,那么关于 $\boldsymbol{P}$ 的方程式(9.51),可以脱离关于参数的方程式(9.50)进行独立积分。式(9.50)和式(9.51)仅是可使用数据的实部,同样,利用虚部的方程也具有相同的结构形式,可以依次顺序地利用数据的实部和虚部。矩阵 $\boldsymbol{P}$ 收敛于参数的未缩放的协方差矩阵(Mottershead,1988)。这个矩阵的合理的开始值是由大的、正的元素构成的对角阵,这说明参数的初始值有相当大的不确定性。参数收敛于反映测量数据的一个值。值得说明的是,方程以连续形式给出,而 FRF 测试量是在离散的频率点,当对式(9.50)和式(9.51)进行数值积分(在相同的离散频率点)以分别得到 $\boldsymbol{\theta}$ 和 $\boldsymbol{P}$ 时,并不存在问题。

批处理和滤波方法之间的一个有趣的区别是,批处理方法总是需

要对$\boldsymbol{A}^{\mathrm{T}}\boldsymbol{A}$形式的矩阵取逆[式(9.9)]，而用滤波方法没有这样的取逆需求。基于矩阵相等性($\frac{\partial \boldsymbol{A}^{-1}}{\partial \boldsymbol{\theta}}=-\boldsymbol{A}^{-1}\frac{\partial \boldsymbol{A}}{\partial \boldsymbol{\theta}}\boldsymbol{A}^{-1}$)和系统的相互关系($\boldsymbol{A}^{\mathrm{T}}=\boldsymbol{A}$)，即根据式(9.51)可得

$$\frac{\mathrm{d}\boldsymbol{P}^{-1}}{\mathrm{d}\Omega}=2\mathrm{Re}\{\boldsymbol{H}(\Omega)\}\boldsymbol{W}\mathrm{Re}\{\boldsymbol{H}^{\mathrm{T}}(\Omega)\} \tag{9.52}$$

正如式(9.50)和式(9.51)所表达的，滤波方法对解$\boldsymbol{\theta}$没有限制(如最小范数)。通过积分式(9.51)的替代方程式(9.52)，并利用奇异值分解执行伪逆操作，会发现解接近于初始分析模型的解(Mottershead，1990；Mottershead and Foster，1991；Foster and Mottershead，1990)。

9.7　频域和模态域数据的联合

通常结构的固有频率可以估计得很准确，因此使基于 FRF 的罚函数包含这些测量值是可行的。这种做法对本章所讨论的方法不带来新的困难。与参数变化相对应的固有频率灵敏度矩阵，可容易地对式(9.7)产生一个附加方程，也可以采用类似的途径来引入测量模态振型。真正的困难是确定模态和 FRF 数据的相对权重，如果模态数据权重太高，那么 FRF 数据的影响将会忽略，反之亦然。

参考文献

Blakely K D, Walton W B. 1984. Selection of measurement and parameter uncertainties for finite element model revision. The 2nd Internafional Modal Analysis Conference, Orlando: 82-88.

Chen J C, Garba J A. 1980. Analytical model improvement using modal test results. AIAA Journal, 18(6): 684-690.

Cottin N, Felgenhauer H P, Natke H G. 1984. On the parameter identification of elastomechanical systems using input and output residuals. Ingenieur Archiv, 54(5): 378-387.

Detchmendy D M, Sridhar R. 1966. Sequential estimation of states and parameters in noisy nonlinear dynamical systems. ASME Journal of Basic Engineering, 88D: 362-368.

Eykhoff P. 1974. System Identification: Parameter and State Estimation. New York: John Wiley & Sons.

Foster C D, Mottershead J E. 1990. A method for improving finite element models by using experimental data: Application and implications for vibration monitoring. International Journal of Mechanical Sciences, 32(3): 191-203.

Fox R L, Kapoor M P. 1968. Rates of change of eigenvalues and eigenvectors. AIAA Journal, 6(12): 2426-2429.

Friswell M I. 1989. Updating physical parameters from frequency response function data. The 12th Biennial ASME Conference on Mechanical Vibration and Noise, Montreal, 18-4: 393-400.

Friswell M I. 1990. Candidate reduced order models for structural parameter estimation. Transactions of the ASME, Journal of Vibration and Acoustics, 112(1): 93-97.

Friswell M I, Penny J E T. 1990. Updating model parameters from frequency domain data via reduced order models. Mechanical Systems and Signal Processing, 4(5): 377-391.

Friswell M I, Penny J E T. 1992. The effect of close or repeated rigenvalues on the updating of model parameters from FRF data. Transactions of the ASME, Journal of Vibration and Acoustics, 114(4): 514-520.

Fritzen C P. 1986. Identification of mass, damping and stiffness matrices of mechanical systems. Transactions of the ASME, Journal of Vibration, Acoustics, Stress and Reliability in Design, 108(1): 9-16.

Fritzen C P, Zhu S. 1991. Updating of finite element models by means of measured information. Computers and Structures, 40(2): 475-486.

Goyder H G D. 1980. Methods and applications of structural modelling from measured structural frequency response data. Journal of Sound and Vibration, 68(2): 209-230.

Lin R M, Ewins D J. 1990. Model updating using FRF data. The 15th International Modal Analysis Seminar, K. U. Leuven: 141-163.

Link M, Zhang L. 1992. Experiences with different procedures for updating structural parameters of analytical models using test data. The 10th International Modal Analysis Conference, San Diego: 730-738.

Ljung L. 1987. System Identification: Theory for the User. London: Prentice-Hall.

Mottershead J E, Stanway R. 1986. Identification of structural vibration parameters by using a frequency domain filter. Journal of Sound and Vibration, 109(3): 495-506.

Mottershead J E, Lees A W, Stanway R. 1987. A linear, frequency domain filter for parameter identification of vibrating structures. Transactions of the ASME, Journal of Vibration, Acoustics, Stress and Reliab ility in Design, 109(3): 262-269.

Mottershead J E. 1988. A unified theory of recursive, frequency domain filters with application to system identification in structural dynamics. Transactions of the ASME, Journal of Vibration, Acoustics, Stress and Reliability in Design, 110(3): 360-365.

Mottershead J E, Foster C D. 1988. An instrumental variable method for the estimation of mass, stiffness and damping parameters from measured frequency response functions. Mechanical Systems and Signal Processing, 2(4): 379-390.

Mottershead J E. 1990. Theory of the estimation of structural vibration parameters from incomplete data. AIAA Journal, 28(7): 1326-1328.

Mottershead J E, Foster C D. 1991. On the treatment of ill-conditioning in spatial parameter estimation from measured vibration data. Mechanical Systems and Signal Processing, 5(2): 139-154.

Mottershead J E, Shao W. 1991. On the tuning of analytical models by using experimental vibration data. The 4th International Conference on Recent Advances in Structural Dynamics, Southampton: 432-443.

Nalecz A G, Wicher J. 1988. Design sensitivity analysis of mechanical systems in frequency domain. Journal of Sound and Vibration, 120(3): 517-526.

Natke H G. 1988. Updating computational models in the frequency domain based on measured data: A survey. Probabilistic Engineering Mechanics, 3(1): 28-35.

Nelson R B. 1976. Simplified calculation of eigenvector derivatives. AIAA Journal, 14(9): 1201-1205.

O'Callahan J, Avitabile P, Riemer R. 1989. System equivalent reduction expansion process. The 7th International Modal Analysis Conference, Las Vegas: 29-37.

Sestieri A, D'Ambrogio W. 1989. Why be modal: How to avoid the use of modes in the modification of vibrating systems. International Journal of Analytical and Experiemental Modal Analysis, 4(1): 25-30.

Sharp R S, Brooks P C. 1988. Sensitivities of frequency response functions of linear dynarnic systems to variations in design parameter values. Journal of Sound and Vibration, 126(1): 167-172.

Simonian S S. 1981a. Inverse problems in structural dynamics-I. Theory. International Journal of Numerical Methods in Engineering, 17(3): 357-365.

Simonian S S. 1981b. Inverse problems in structural dynamics-II. Applications. International Journal of Numerical Methods in Engineering, 17(3): 367-386.

第 10 章　案例研究:汽车车身

本章从汽车车身结构出发,讨论相关性和确认技术的应用,这里的车身通常指“白车身”。汽车模型是 1991 年 GM Saturn 公司生产的四门小轿车(Brughmans et al.,1992)。建立的汽车有限元模型有 46830 个自由度(一半模型)。采用 360 个响应自由度进行多点模态试验分析(experiment modal analysis,EMA)研究,同时采用第 4 章讲到的 MAC 进行相关性分析,并运用误差定位识别方法确定有限元模型中引起模型和试验之间差异大的区域,最后采用第 8 章讲到的 Bayesian 法或者最小方差法对有限元模型进行修正,使其计算结果达到可接受的范围。

10.1　大型有限元模型修正

由于迭代技术的快速发展,工程师加深了对修正过程的物理本质的认识,增强了对修正过程的内在控制。但是基于实测数据的大型复杂有限元模型修正仍受到几个因素的限制。

模型修正过程中选用的参数是具有实际物理意义的有限元模型属性。而对于复杂结构模型,如汽车主体,由于汽车的几何、材料属性、连接存在理想假设,导致误差来源不可能全部识别。

测试模态可以通过多种参数组合获得,但通常情况下,变化较大的参数是灵敏度高的参数,而不是那些有误差的参数,甚至有些情况下,所有的误差来源于单元输入数据的错误定义。因此,修正能否成功,很大程度上取决于修正时所选用的设计参数。

通常,分析模型和试验模型是不一致的,如模型尺寸的不匹配(或者不完备,第 3 章和第 6 章),因此,基于正交性条件的模型修正方法受到了严格的限制。当测试自由度少于有限元模型自由度的一半时,试验向量的扩展(或者有限元模型矩阵的缩聚)几乎不可能。另一个引起不一致性的因素是模态试验时获得的是复模态,这些复模态必须转换为实数向量(第 4 章;Niedbal,1984;Lembregts and Brughmans,1989;Brughmans and Lembregs,1990)。模型修正过程中具有模态振型的单元一定要保留,如果试验曲线拟合得很好,试验结果和分析结果会有很好的一对一对应;假如试验结果中振型向量采用了合适的缩放比例(与有限元模型互相协调),那么复模态转换为实模态过程产生的误差就可以忽略,通常这些限制导致修正过程中忽略振型数据,当可利用的试验数据太少时,就不能获得参数的唯一解。这种情况下,分析人员首先要做的是确定误差的可能位置。在识别误差位置时,误差定位方法有助于验证分析人员的经验判断。

10.2　白　车　身

分析结构采用 1991 年 GM Saturn 四门轿车的白车身结构,如图 10.1所示。本节描述了模型修正用到的有限元模型和试验模型。

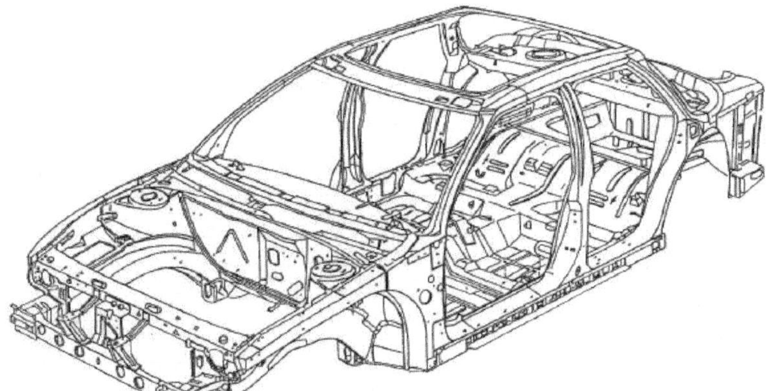

图 10.1　1991 年 GM Saturn 白车身

10.2.1　有限元模型

白车身结构的有限元模型是在 MSC-Nastran 中建立的。因为结构是对称的,所以建模时只建立了结构的一半。通过施加对称和反对称边界条件可以获得对称和反对称模态。图 10.2 给出了建立的有限元模型。

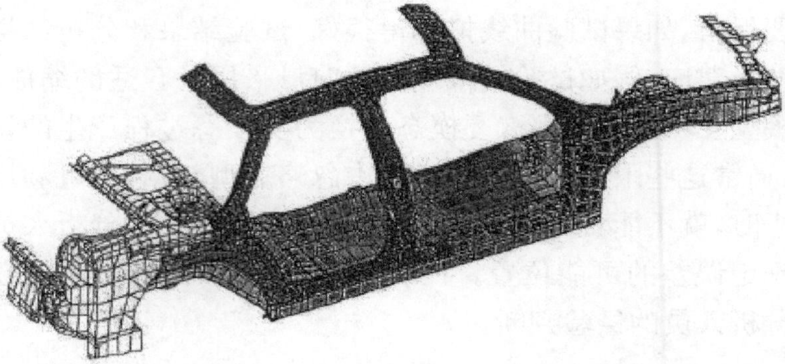

图 10.2 半个车身的有限元网格

建模时，采用壳单元 QUAD4 和 TRIA3 建立车身面板，而加强筋、连接部件采用梁单元。通过 RBE2 模拟部件之间的点焊。表 10.1 给出了 MSC-Nastran 模型的信息。这个分析模型在 0～75Hz 时会得到 8 个对称和 9 个反对称模态。

表 10.1 Saturn 白车身 MSC-Nastran 模型属性

Nastran 模型属性		个数
单元类型	QUAD4	5421
	TRIA3	1365
	BAR	160
	RBE2	1390
节点	GRID	7805
材料	MAT1	164
单元属性	PBAR	11
	PSHELL	82

10.2.2 试验模型

为了鉴别车身的动特性，需要对车身进行地面模态试验，以验证有限元模型的预示能力。车身通过四个气囊支撑，达到一种近似“自由-自由”的试验状态。

使用两个电磁激振器并采用随机激励方式激励车身。测量的频率为 0～100Hz。使用 120 个压电加速度计得到 360 个通道的频率响应函数。图 10.3 给出了用线框表示的车身模态试验模型。激励位置处用箭头表示。

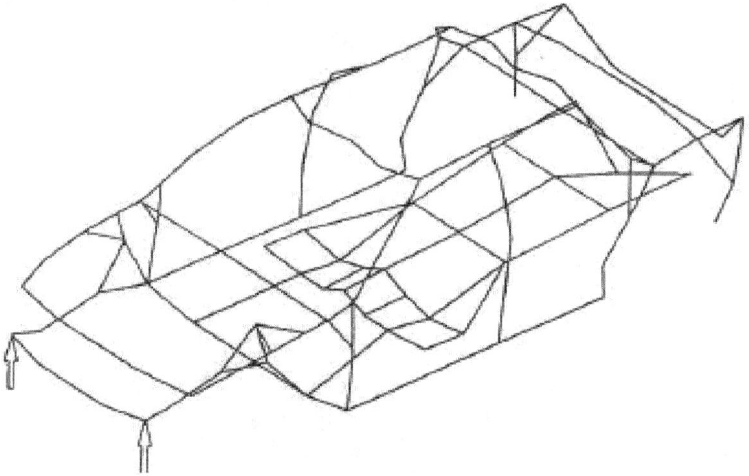

图 10.3　线框代表测试自由度

基于测试的频率响应函数数据采用复指数参数评估技术获得车身的模态参数。在 0～100Hz 内共获得 34 个重要模态。

10.3　相关性分析

10.3.1　试验与分析几何相关性

大型模型的数据处理要求具备对巨大的原始分析数据和试验数据进行存储管理的工具，这样可以实现试验结果和分析结果的同时可视化，从而实现有限元模型的相关性分析和修正。在试验和分析的匹配度中，一个重要指标就是确定有限元模型和试验模型共有的自由度。有限元几何外形与试验线框模型进行比较，使用平动、转动、缩放的方法使试验模型坐标系与分析模型坐标系保持一致。检查可能存在的节点自由度不匹配和节点位置不一致的问题。图 10.4 和图 10.5 给出了全车试验线框模型与有限元半模型的匹配结果。在完成试验模型与分析模型的自由度匹配后，就可以将试验模型振型转换到相应的有限元模型坐标系下。然后对有限元模型进行镜像，并进行第二次几何匹配。其实没有必要对整个分析模型进行镜像。镜像操作时，只需要对具有相同自由度的分析模型振型进行镜像。在完成与试验线框模型的几何匹配后，就可以开始进行全车有限元模型模态振型与试验振型的相关性分析工作。

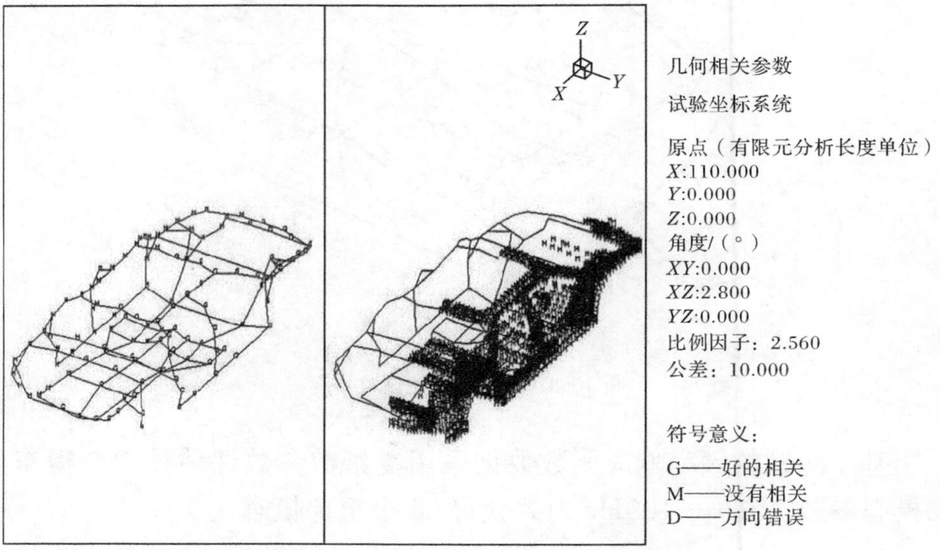

图 10.4　分析外形和测试网格几何相关

10.3.2　基于 MAC 准则的试验与分析模态相关性

将分析模型获得的反对称和对称模态数据放到一起，然后采用模态置信准则方法比较分析模态与试验模态的相关性。图 10.6 给出了使用 17 个分析模态和 20 个试验模态数据获得的 MAC 矩阵。通过模态矩阵，可以识别具有较高 MAC 值的模态对（排除刚体模态），将其列入表 10.2 中。图 10.7 和图 10.8 分别给出了频率误差和频率分布。

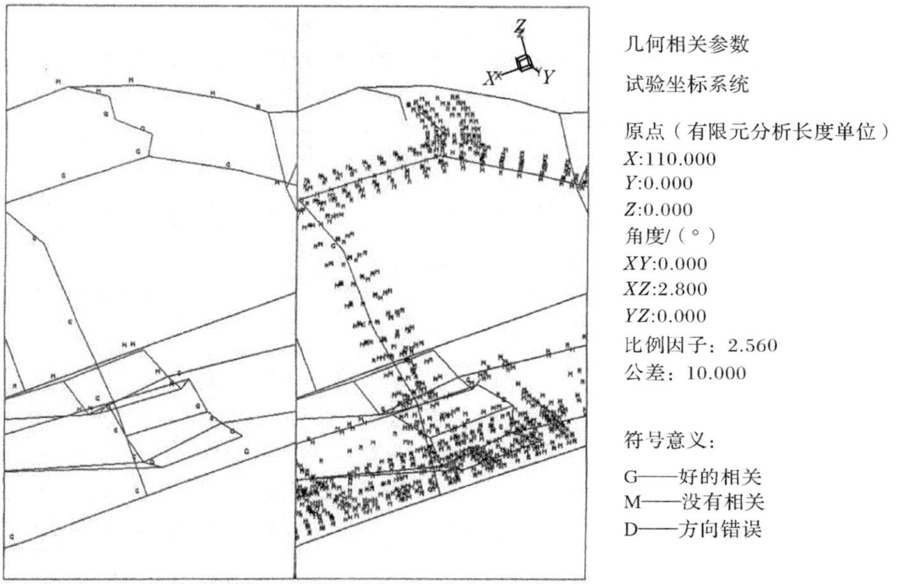

图 10.5　分析外形和测试网格几何相关局部放大

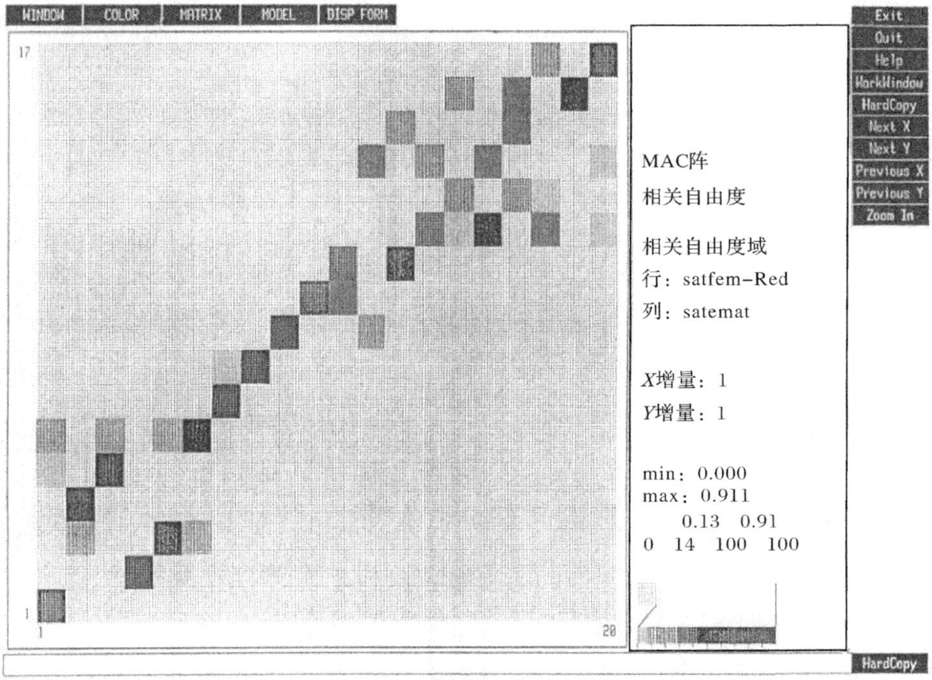

图 10.6　分析模态和测试模态相关 MAC 阵

表 10.2　测试数据和初始分析数据比较

初始 FEM 频率/Hz	EMA 频率/Hz	频率差/Hz	频率差百分比/%	MAC 值
27.277	25.419	−1.859	−6.8	0.867*
28.513	28.631	0.117	0.4	0.905*
42.051	42.025	−0.027	−0.1	0.810*
49.408	43.318	−6.089	−12.3	0.661*
51.833	52.376	0.543	1.0	0.556
55.998	57.340	1.342	2.4	0.446
61.631	59.797	−1.834	−3.0	0.239
62.054	61.221	−0.833	−1.3	0.412
64.424	61.421	−3.003	−4.7	0.399
68.959	66.742	−2.217	−3.2	0.503
71.373	69.249	−2.123	−3.0	0.797*

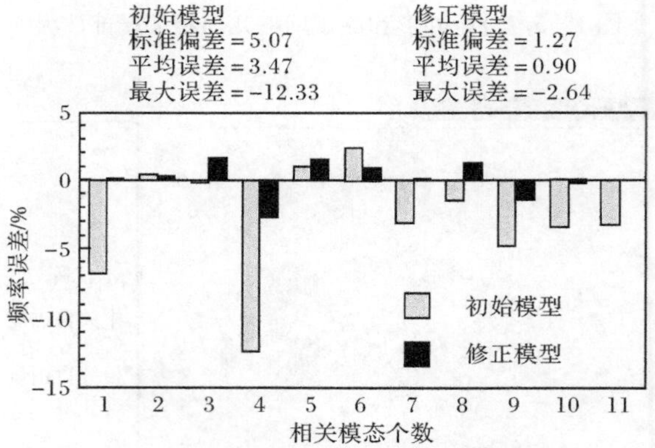

图 10.7　测试频率和分析频率差别

从表 10.2 中可以看出,MAC 值高于 0.65 的有五个模态对(MAC 用 * 注释)。图 10.9 给出了其中一个模态对的对比结果。表 10.2 中还有一个 MAC 值很小的模态对。图 10.10 给出了这个模态对的分析模态与试验模态的对比情况,可以看出,在车身尾部存在局部大变形,这是由于激振器位于车身前部,不可能在该位置激励正确的局部模态,从而无法获得正确的模态匹配。其他模态的 MAC 相对较高,为 0.4～0.55。如果在模型修正过程中,包括了 MAC 值的模态对,那么需要保

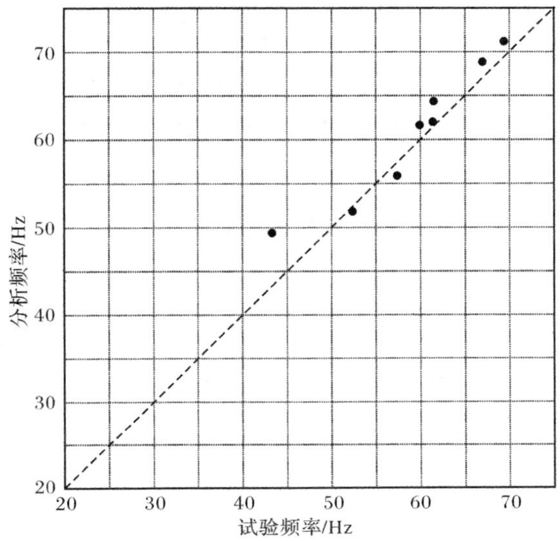

图 10.8　测试频率和修正前分析频率比较

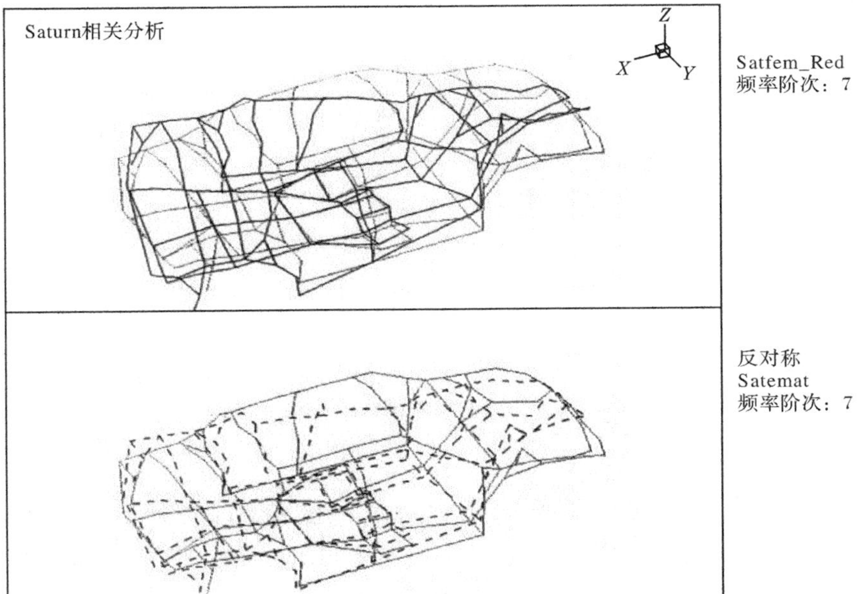

图 10.9　测试和分析整体模态比较

证模态对中的分析模态和试验模态是正确的，假如弯曲模态的分析频率修正后与扭转模态的试验频率一样，那么这样的模型修正没有意义。尽管可以通过后处理动画显示查看低 MAC 值的模态对模态振型的差异，但是有时很难用肉眼识别这些振型的微小差异。而通过 MAC 值就可以直接反映模态振型之间的差异程度。Brughmans 等在 1992 年提出了采用 MAC 变分技术去除试验数据和分析数据中个别自由度的方法，以提高 MAC 值。

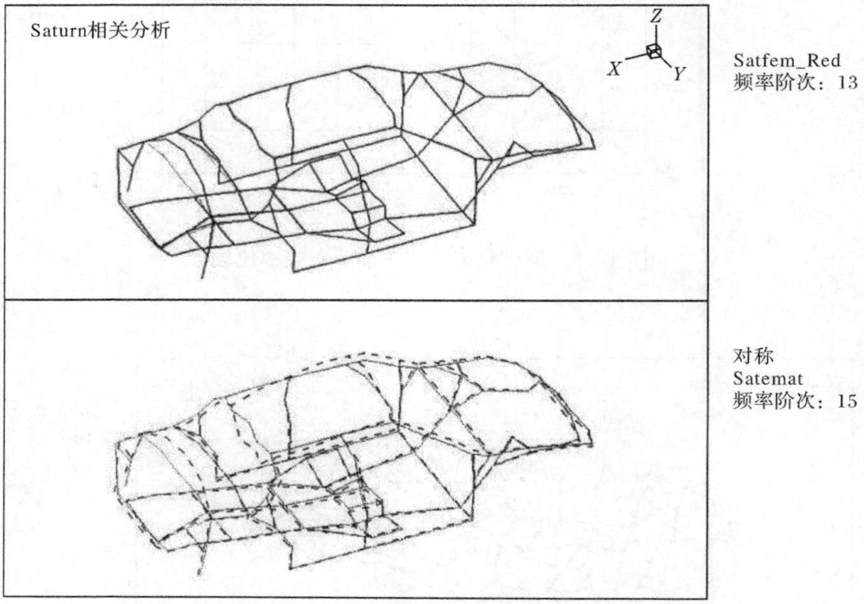

图 10.10　测试和分析局部模态比较

10.4　模型修正方法

目前应用广泛的修正技术是基于灵敏度法则，即分析矩阵对模型参数变化的灵敏度，这种方法是 Leuridan 等在 1989 年提出的。第 j 次迭代时，测试数据可以用如下关系近似。

线性近似形式表示(第 8 章)为

$$\boldsymbol{z}_m = \boldsymbol{z}_j + \boldsymbol{S}_j(\boldsymbol{\theta}_j)\delta\boldsymbol{\theta} \tag{10.1}$$

式中,z_m 为测试向量,z_j 为基于参数 $\boldsymbol{\theta}_j$ 的测试估计向量,$\boldsymbol{\theta}_j$ 为第 j 次迭代修正参数向量。

这些参数选择原则要与单元质量或者刚度矩阵成比例或者与一组单元的质量或者刚度矩阵成比例,$\boldsymbol{S}_j(\boldsymbol{\theta}_j)$为测试对修正参数变化的灵敏度矩阵(第 2 章;Zeischka et al. ,1988)$\delta\boldsymbol{\theta}=\boldsymbol{\theta}_{j+1}-\boldsymbol{\theta}_j$,使用第 8 章中的 Bayesian 参数评估方法确定修正参数。这个方法可以帮助分析人员确定试验数据和不确定参数以进行评估。测试数据可以是固有频率,也可以是模态振型。

10.4.1　模型修正参数的定义

在有限元模型修正中选择合适的修正参数是很重要的。半个车身有限元模型的单元按照物理特性进行分组,这样同一组内的所有单元的刚度特性和质量特性可以同时改变。对于个别大型组集,还需要分割为更小的区域。一共产生了 106 个组集,如图 10.2 所示。

10.4.2　基于灵敏度方法的误差定位

整个模型系统共有 106 个单元组,包含 212 个质量和刚度参数,这样规模的参数完全超过了测试数据的数量。因此在模型修正开始之前,有必要对主要误差源进行定位。1988 年 Lallement 等提出了一种解决方法,第 6 章详细描述了这种方法,本章只对其进行概述。方法的基本思路就是保留灵敏度矩阵中可以表征试验数据和分析数据误差的列向量 $\delta \boldsymbol{z}$:

$$\delta \boldsymbol{z} = \boldsymbol{S}\delta\boldsymbol{\theta} \tag{10.2}$$

这就像在参数集中选择一个子集来进行修正,而这个子集可以准确评估试验数据。这个方法是逐步进行的:首先在每一步选择一个参数放入修正参数子集中。选择参数的标准就是满足式(10.2)的误差最小。为了防止超出绝对偏差,可以使用 Bayesian 参数评估方法对每一组参数集进行评估。参数的改变可以通过权重因子实现。用这种方法,可以在误差定位过程中识别出低灵敏度值的参数。当参数增加时,式(10.2)的误差范数将减小,图 10.11 给出了一个典型案例。图形中

X 轴对应的每一步代表选择的每一个列向量。尽管没有使用列编号，但是通过组集名称和参数类型(刚度或质量)可以看出列向量代表的参数意义。当选择合适的参数时，在评估初始时就可以将有限元模型和结构的大多数差异消除。当迭代若干步后，误差范数的斜率将变得很小。此时，再在组集中增加一个参数时，误差向量不会有大的变化。

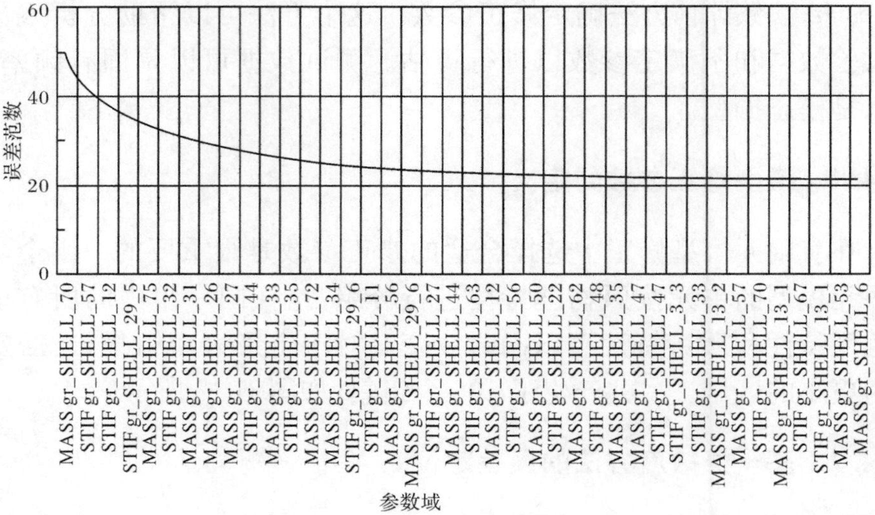

图 10.11　误差定位范数(参数权重值适中)

此外，通过曲线可以了解随分析步增加时单一修正参数的变化过程。图 10.12 给出了一个典型例子，显示了图 10.11 中第一步选择的参数的变化过程。修正参数向量每一步的变化过程都可以用时间历程曲

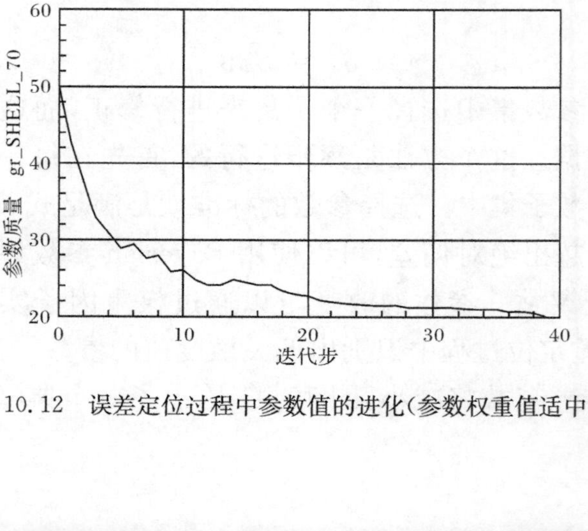

图 10.12　误差定位过程中参数值的进化(参数权重值适中)

线的方式给出。图 10.13 给出了图 10.11 最后一步选择修正参数的变化过程。影响误差定位的结果有试验数据类型和数量、修正参数选择和参数的权重因子。参数权重对于误差定位影响如图 10.11～图 10.19所示,其中,图 10.11～图 10.13 给出的是权重值适中的情况,

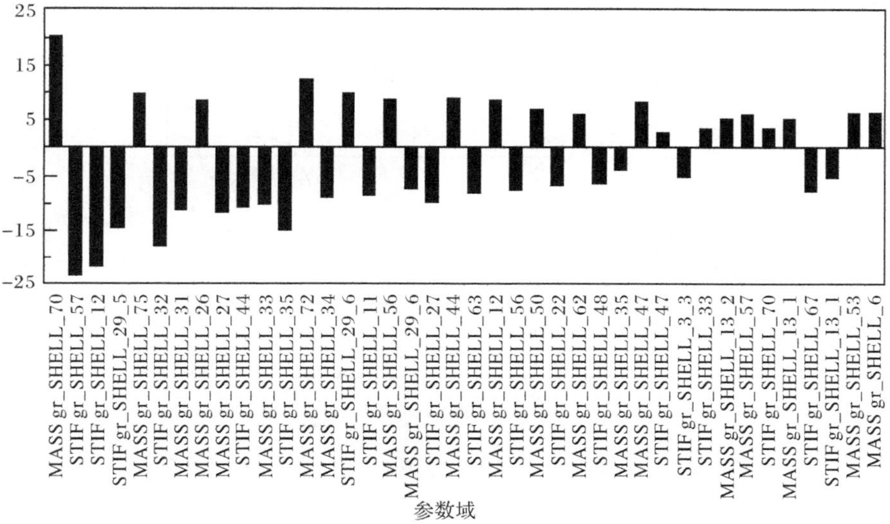

图 10.13　误差定位后已修正的参数值——图 10.11 中的最后一步修正(参数权重值适中)

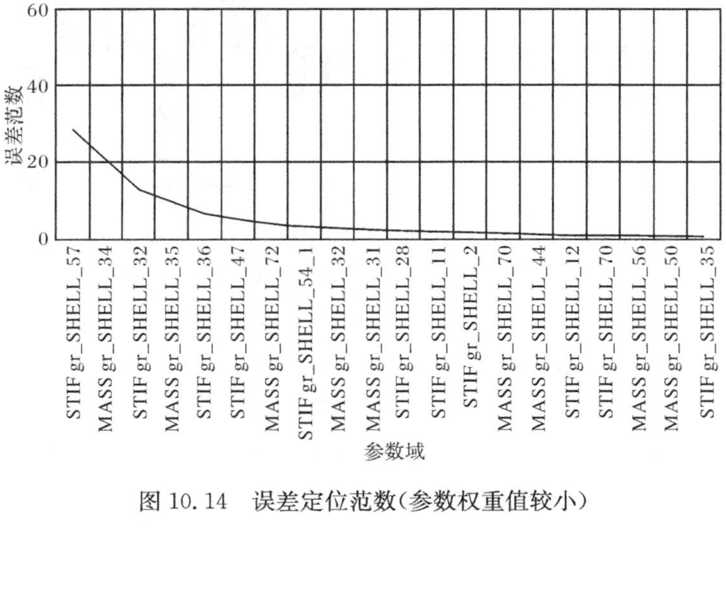

图 10.14　误差定位范数(参数权重值较小)

图 10.14～图 10.16 给出的是权重值较小的情况，图 10.17～图 10.19 给出的是权重值较大的情况。尽管小权重值产生的结果更好，但是修正参数值改变的幅值也很大，如图 10.16 所示。大权重值的情况与这种情况正好相反，中等权重值得到的结果正好介于上面两者之间。因此，大多数情况下使用中等权重值同样可以进行误差定位。

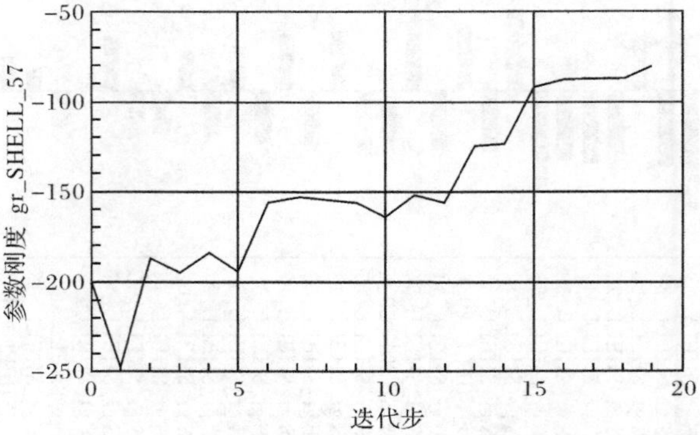

图 10.15　误差定位过程中参数值的进化(参数权重值较小)

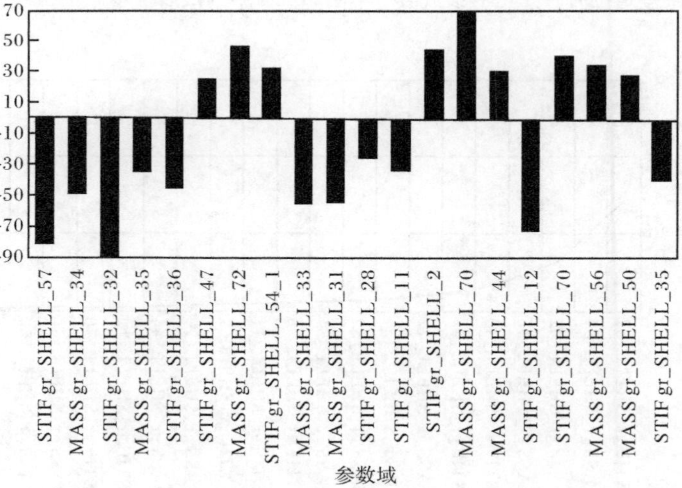

图 10.16　误差定位后已修正的参数值——图 10.14 的最后一步修正结果(参数权重值较小)

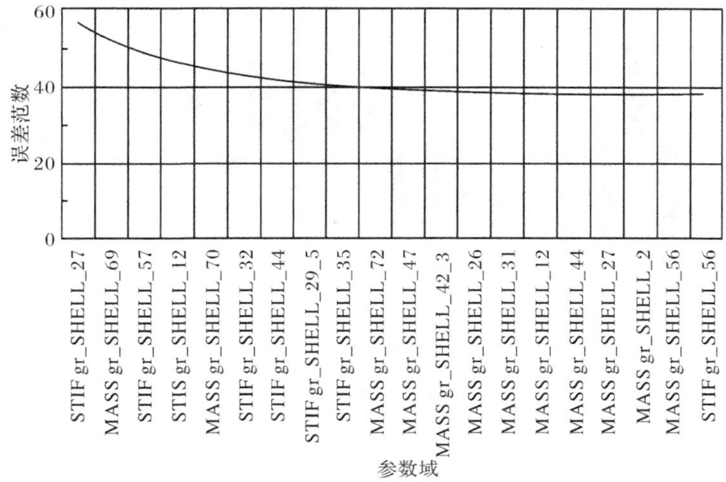

图 10.17　误差定位范数(参数权重值较大)

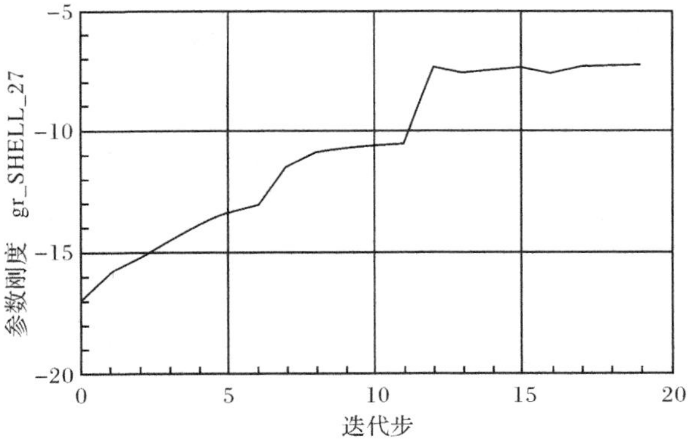

图 10.18　误差定位过程中参数值的进化(参数权重值较大)

10.4.3　模型修正

基于 Bayesian 评估方法的动力学模型修正技术已经可以在 LMS 的软件包中实现。正如 10.4.1 节中所述,为了修正一个车身结构的 11 个模态对,选用 212 个参数的案例。基于 10.4.2 节所述的误差定位方法识别的参数最有可能成为修正的参数。在经过 8 次迭代后,频率修正结果如表 10.3、图 10.7 和图 10.20 所示。经过修正后,频率误差降

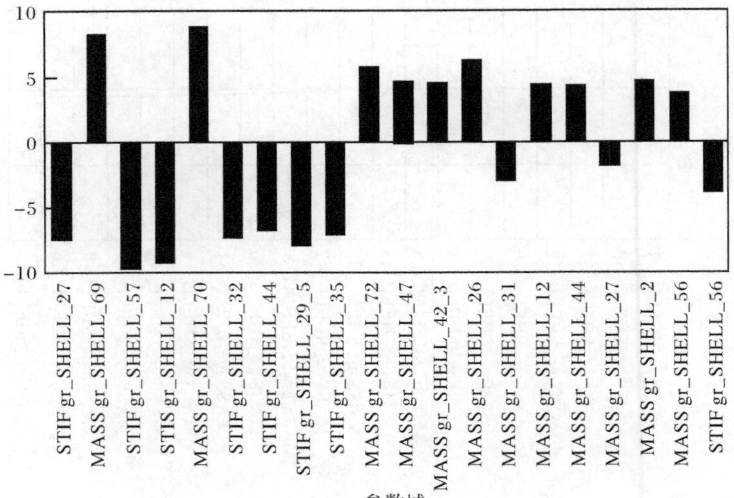

图 10.19 误差定位后已修正的参数值——图 10.17 中的最后一步修正结果(参数权重值较大)

低至 2.6%,初始误差范数降低至 75%。而选择的修正参数就来自于误差定位方法识别出的参数。

表 10.3 测试数据和修正分析数据比较

修正 FEM 频率/Hz	EMA 频率/Hz	频率差/Hz	频率差百分比/%	MAC 值
25.388	25.419	0.031	0.1	0.915
28.545	28.631	0.085	0.3	0.880
41.377	42.025	0.647	1.6	0.805
44.495	43.318	−1.177	−2.6	0.673
51.587	52.376	0.789	1.5	0.460
56.805	57.340	0.537	0.9	0.552
59.727	59.797	0.069	0.1	0.373
60.421	61.221	0.800	1.3	0.351
62.174	61.421	−0.753	−1.2	0.369
66.833	66.742	−0.091	−0.1	0.518
69.257	69.249	−0.008	0	0.796

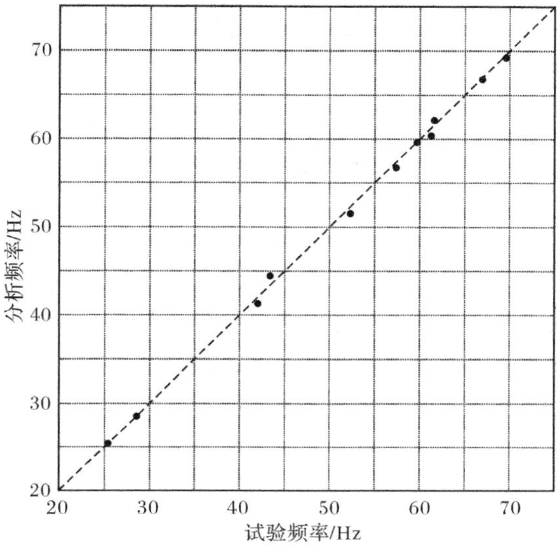

图 10.20　修正后试验和分析频率比较

10.5　总结评论

有限元模态与试验模态的相关性分析和验证技术已经在工程实际问题中得到应用。当对大型有限元模型的动特性进行模型修正时,一些经典的相关性分析技术如模态振型扩阶、数值分析模型降阶技术、正交性检查也无法获得满意的结果。尽管在观察振型差异方面,动画显示是一个强有力的工具,但是无法获得两个模态之间的局部差异对整体相关性分析的影响。一旦通过误差定位方法获得有限元模型的误差源,就可以使用 Bayesian 模型修正技术基于频率对有限元模型进行修正,从而降低有限元模型的频率误差。由于使用这种方法可以获得修正后的有限元模型,因此,有助于分析人员结合工程经验对模型修正结果做出合理解释。

参考文献

Brughmans M, Leuridan J, Blauwkamp K. 1992. The application of FEM-EMA correlation and validation techniques on a body-in-white. The 11th International ModalAnalysis Conference, Kissimmee: 646-654.

Brughmans M, Lembregts F. 1990. Using experimental normal modes for analytical model updating. The 8th Infernational Modal Analysis Conference, Kissimmee: 389-396.

Lembregts F, Brughmans M. 1989. Estimation of real modes from FRF's via direct parameter identification. The 7th Infemational Modal Analysis Conference, Las Vegas: 631-636.

Lallement G, Piranda J, Fillod R. 1988. Recalage parametrique par une methode de sensibilite. STRUCOME, Paris: 979-1001.

Leuridan J, Brughmans M, Bakkers W, et al. 1989. FEM model correlation and updating in a heterogeneous hardware and software environments. The 14th International Seminar on Modal Analysis, Leuven.

Niedbal N. 1984. Analytical determination of real normal modes from measured complex responses. The 25th Structures, Structural Dymnamics and Materials Conference, Palm Springs: 292-295.

Zeischka H, Storrer O, Leuridan J, et al. 1988. Calculation of modal parameter sensitivities based on a finite element proportionality assumption. The 6th International Modal Analysis Conference, Orlando: 1082-1087.

第 11 章　讨论和建议

本章主要简要回顾一些与模型修正相关的重要问题，然后概述一些特殊方法使用的条件限制，最后就研究的新方向和已有技术的深入发展进行讨论。

11.1　修正参数的选择

参数选择可能是模型修正中最重要的工作。当然，所选修正参数必须是那些对结构系统没有充分模拟的部分进行描述的参数，假如是这种情况，模型修正不会是困难的问题。不仅需要对不确定区域进行参数化建模，而且要求特征值(或者其他的模型输出)对所选择的参数灵敏。如果不是这种情况，就需要选择更加灵敏的参数以确保有实际测量的模型输出和测量结果一致，问题是可能发生调试参数与模型误差无关的情况。许多情况下，模型误差就与有限元模型模拟质量差的区域一致，最显著的就是：边界条件和连接情况(焊接、点焊、黏接和螺栓连接)。正如 2.7.1 节验证算例中，连接和边界条件的参数化通常都不是明确的。可以通过几何参数对一些连接件进行修正，因此，对于标准连接件的参数化建模亟须进一步研究。

当模型误差源不是在边界条件和连接处时，有许多方法可以排除误差，如建模技术、误差源定位。式(2.74)中描述的指标可以用来识别网格质量差的区域，但需要注意的是，假如结构某位置网格过于简化，无法反映结构特征，则这个指标是无法用于这种情况的。因此，当网格划分足够细时，可认为模型误差源不是来自边界条件、连接方式和几何简化，这时，就可以应用误差源定位方法排除误差。大多数误差定位方法选择的参数都是结果数据对于其比较灵敏的参数。6.4.4 节给出的例子就说明在使用误差源定位方法时需要格外小心，建议选择不同的方法和常用的参数进行误差源定位。

在修正参数选择方面，特别需要注意的是参数的权重因子的选择，这个权重因子可以在对参数的标准差或者置信区间评估（仅通过工程判断）后获得，认为这两个量都有一个包含真实值的范围。

在6.3节中讲述的参数化方法中，物理参数法是唯一一个可以用几何参数来表征连接件和边界条件的方法。因此，不是所有的修正技术需要选择修正参数。

11.2　修正方法

目前，有限元模型修正方法已经得到了很好的发展，似乎未来可以开展的方法研究不多，但是对于参数化研究仍是一种新方向。在修正方法选择上，首要确定的问题就是选用直接法还是选用灵敏度法。直接法通常都可以使修正模型的结果与试验数据保持一致。而且拉格朗日乘子法和矩阵混合法在计算效率方面具有优势。当然，它们也有劣势：第一，为了与有限元模型阶数一致，需要将测试模态振型进行扩阶；第二，在试验的频率范围内引入不真实的模态；第三，不利于修正参数的选择。第三点劣势特别严重，这是因为修正参数无法控制。

如果采用灵敏度方法，有必要确定是基于频率和振型还是基于频率响应函数。使用频率响应函数的优势就是可以避免进行模态分析，从而不会引入误差，但这也是其唯一的优势。相比于频率、阻尼、模态振型，频率响应函数提供的信息也没有增加。这是因为通过模态数据完全可以重新生成主要模态的频率响应函数。有限元模型修正的主要目的就是改善质量和刚度参数。由于有限元模型阻尼无法确定，因此，没有直接证据说明修正后的模型品质得到提高。

使用频率响应函数数据进行修正时有两种基本方法。一种是输出误差法，这种方法是非线性的，属于小范围的收敛。另一种是方程误差法，这种方法是线性的，收敛范围较大。但是，这种方法要求在有限元模型的每个点上进行测量，或使有限元模型降阶后的维数与试验测点的个数相同。方程误差的权重因子采用动刚度取逆后有助于克服偏差问题并加速收敛，这个方法可能比辅助变量法更有用。

相比于模态振型，固有频率的测量精度通常要更高。在频率和振型的权重取值时一定要反映出来，修正参数时振型的权重因子相对较小。虽然可以将固有频率和频率响应函数联合起来进行模型修正，但是通常固有频率的灵敏度更高。可以通过改变边界条件进行试验或者选择灵敏度大的参数进行试验设计来增加固有频率数据量，总之，如果可能，就获取足够多的数据保证已修正参数是超定的。当权重矩阵具有明显的统计性意义时，可以得出修正参数的最小方差估计。总之，目前的技术状态就是采用频率灵敏度的方法，也可以采用模态振型的灵敏度。无论如何，希望有兴趣的读者可以采用书中描述的各种方法进行尝试，提出更高效的方法。